环境科学原理
及保护技术探究

李家兵　赵　捷　余海龙　编著

中国水利水电出版社
www.waterpub.com.cn

内 容 提 要

　　本书系统阐述了环境科学及其相关交叉学科的基础理论,并结合学科前沿领域、热点问题探讨了环境保护的相关技术。全书共 12 章,主要内容包括绪论、环境影响评价制度与管理、可持续发展的理论与实施、清洁生产与循环经济理论、当前全球性的环境问题、自然资源的生态保护、水环境保护技术、大气环境保护技术、土壤环境保护技术、固体废物环境保护技术、物理性污染与防治、环境规划与环境管理等,可供从事环保工作的工程技术人员参考。

图书在版编目(CIP)数据

　　环境科学原理及保护技术探究/李家兵,赵捷,余
海龙编著.--北京:中国水利水电出版社,2015.10(2022.10重印)
　　ISBN 978-7-5170-3776-7

　　Ⅰ.①环…　Ⅱ.①李…　②赵…　③余…　Ⅲ.①环境科
学－研究②环境保护－研究　Ⅳ.①X

　　中国版本图书馆 CIP 数据核字(2015)第 255967 号

策划编辑:杨庆川　责任编辑:陈　洁　封面设计:马静静

书　　名	环境科学原理及保护技术探究
作　　者	李家兵　赵　捷　余海龙　编著
出版发行	中国水利水电出版社
	(北京市海淀区玉渊潭南路 1 号 D 座 100038)
	网址:www. waterpub. com. cn
	E-mail:mchannel@263. net(万水)
	sales@ mwr.gov.cn
	电话:(010)68545888(营销中心)、82562819(万水)
经　　售	北京科水图书销售有限公司
	电话:(010)63202643、68545874
	全国各地新华书店和相关出版物销售网点
排　　版	北京厚诚则铭印刷科技有限公司
印　　刷	三河市人民印务有限公司
规　　格	184mm×260mm　16 开本　18 印张　438 千字
版　　次	2016年1月第1版　2022年10月第2次印刷
印　　数	1501-2500册
定　　价	60.00 元

前　　言

　　环境问题是指人类的生产和生活活动引起的生态系统破坏和环境污染反过来又危及人类自身的生存和发展的现象。环境问题是 21 世纪全球性问题之一，从 20 世纪 80 年代以来人类世界相继出现臭氧层破坏、全球气候变暖、人口爆炸、有毒化学物质扩散、水资源污染和短缺、生物多样性锐减等一系列全球性环境问题。地球作为全人类的生存和发展中心，需要全人类共同面对环境问题，只有全世界通力合作才能有效缓解环境问题。

　　环境科学是在现代社会经济和科学发展过程中形成的一门综合性科学，提供了综合、定量和跨学科的方法来研究环境系统。该学科主要运用自然科学和社会科学的有关学科的理论、技术和方法来研究环境问题，集中研究探索全球范围内环境演化的规律，揭示人类活动同自然生态之间的关系，探索环境变化对人类生存的影响，研究区域环境污染综合防治的技术和管理措施。环境科学和自然科学学科以及工程学科紧密交叉，且由于大多数环境问题涉及人类活动，还与社会、经济、管理、政治等人文学科相互渗透。在相关研究探索中人们认识到人与环境是一个相互影响、相互制约、相互依存的统一体。一个国家或地区的不恰当的开发活动，可能影响更大范围的环境，甚至影响到整个生物的平衡。解决环境问题需要全人类的共同行动，普及环境保护知识与技能、培养环境保护相关意识和专业人才等任务需求迫在眉睫。

　　本书结合当前几大典型全球性环境问题，以"人类—环境"系统为整体，多层次、多角度地对当今环境的热点问题进行了介绍和探讨；深入分析了生态学原理、可持续发展、清洁生产与循环经济理论等理念含义和应用；探讨了自然资源的生态保护、水环境、大气环境、土壤环境、固体废物环境保护的相关技术，以及物理性污染与防治；概述了环境规划、管理理念和实践。本书内容反映了当今环境科学发展的趋势和最新的研究动向。

　　本书在撰写的过程中参考了大量的文献资料，在此对原作者及相关同仁表示由衷感谢！此外，书中谬误和不妥之处在所难免，恳请广大读者批评指正，以便后续的修改、完善。

作　者
2015 年 7 月

目　　录

前言

第1章　绪论 ………………………………………………………………………… 1
　1.1　环境与环境问题 ……………………………………………………………… 1
　1.2　环境科学的产生与发展 ……………………………………………………… 11
　1.3　环境科学的研究内容与任务 ………………………………………………… 13

第2章　生态学原理 ………………………………………………………………… 18
　2.1　生态学的概念及其发展 ……………………………………………………… 18
　2.2　生态系统及其功能研究 ……………………………………………………… 18
　2.3　生态平衡与生态失调 ………………………………………………………… 28

第3章　可持续发展的理论与实施 ………………………………………………… 33
　3.1　可持续发展概述 ……………………………………………………………… 33
　3.2　可持续发展战略的实施 ……………………………………………………… 43
　3.3　中国可持续发展战略 ………………………………………………………… 45

第4章　清洁生产与循环经济理论 ………………………………………………… 51
　4.1　清洁生产理论 ………………………………………………………………… 51
　4.2　循环经济理论 ………………………………………………………………… 76

第5章　当前全球性的环境问题 …………………………………………………… 80
　5.1　全球环境问题概述 …………………………………………………………… 80
　5.2　全球气候变化 ………………………………………………………………… 84
　5.3　臭氧层的破坏 ………………………………………………………………… 88
　5.4　酸雨污染 ……………………………………………………………………… 90
　5.5　生物多样性锐减 ……………………………………………………………… 91
　5.6　土地荒漠化 …………………………………………………………………… 96

第6章　自然资源的生态保护 ……………………………………………………… 99
　6.1　概述 …………………………………………………………………………… 99

6.2 水资源的利用与保护 …………………………………………………………… 101

6.3 土地资源的利用与保护 …………………………………………………… 104

6.4 森林资源利用与保护 …………………………………………………… 112

6.5 矿产资源的利用与保护 …………………………………………………… 115

6.6 海洋资源的利用与保护 …………………………………………………… 118

6.7 能源的利用与保护 …………………………………………………… 121

第 7 章　水环境保护技术 ……………………………………………………… 125

7.1 水质指标与水环境质量标准 ……………………………………………… 125

7.2 水体污染与自净 …………………………………………………… 131

7.3 污染物在水体中的迁移、转化 ……………………………………… 135

7.4 水体污染的控制 …………………………………………………… 138

第 8 章　大气环境保护技术 ……………………………………………………… 154

8.1 大气的结构与组成 …………………………………………………… 154

8.2 大气污染及其危害 …………………………………………………… 158

8.3 影响大气污染的因素 …………………………………………………… 164

8.4 大气污染的控制 …………………………………………………… 170

第 9 章　土壤环境保护技术 ……………………………………………………… 181

9.1 土壤的组成与性质 …………………………………………………… 181

9.2 土壤污染及其危害 …………………………………………………… 187

9.3 土壤污染的防治措施与修复技术 ……………………………………… 196

第 10 章　固体废物环境保护技术 ……………………………………………… 202

10.1 固体废物的来源与分类 …………………………………………… 202

10.2 固体废物的污染途径及危害 …………………………………… 205

10.3 固体废物的处理、处置 …………………………………………… 207

10.4 固体废物的综合利用 …………………………………………… 217

第 11 章　物理性污染与防治 ……………………………………………………… 224

11.1 噪声污染与防治 …………………………………………………… 224

11.2 放射性污染与防治 …………………………………………………… 236

11.3 电磁辐射污染与防治 …………………………………………… 241

11.4 光污染与防治 …………………………………………………… 245

11.5 热污染与防治 …………………………………………………… 248

第 12 章　环境规划与环境管理 ·· 251

　12.1　环境规划 ·· 251

　12.2　环境管理 ·· 254

参考文献 ·· 279

第1章 绪 论

1.1 环境与环境问题

1.1.1 环境概念

环境是人类生存和发展的基础,一般来说环境是为围绕着某个中心事物而存在的,环境和中心事物之间的关系是相辅相成,和谐统一的,并相互依存制约。以环境科学领域的含义来看,2014年4月24日修订通过《中华人民共和国环境保护法》(2015年1月1日起施行)第一章第二条给予明确的界定,本法所称环境是指影响人类生存和发展的各种天然的和经过人工改造的自然因素的总体,包括大气、水、海洋、土地、矿藏、森林、草原、湿地、野生生物、自然遗迹、人文遗迹、自然保护区、风景名胜区、城市和乡村等。可见环境科学领域所指环境是以人类为中心事物的所有对人类生存、发展都有影响的自然因素集合。

图1-1所示为以人类为核心的所有外在因素集合。具体可进一步划分为自然环境和人工环境。

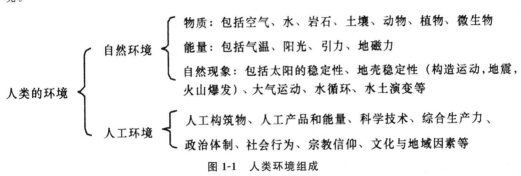

图1-1 人类环境组成

自然环境是人类出现之前就已经存在的,是人类目前赖以生存、生活和生产所必需的自然条件和自然资源的总称,可概括为"直接或间接影响到人类的一切自然形成的物质、能量和自然现象的总体"。同时也可以将自然环境看作由地球环境和外围空间环境两部分组成。地球环境对于人类具有特殊的重要意义。据目前科研水平分析,在千万亿个天体中,可适于人类生存的只地球这一个天体。地球是太阳系的一颗行星,太阳是对地球表面自然环境影响最大的天体,它是地球能量,也是生命能量的主要来源。当然,随着人类的科学技术不断地发展,人类利用和改造环境的能力越来越强,从而环境的时空范围也在向外拓展,图1-2所示为地球环境明显的圈层结构。

人工环境是指由于人类的活动而形成的环境要素,对人的工作与生活、对社会的进步的影响都极大。它包括由人工形成的物质、能量和精神产品,以及人类活动中所形成的人与人之间的关系或称上层建筑。

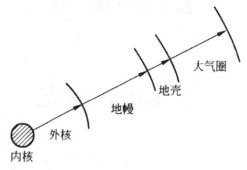

图 1-2　地球环境的圈层结构

1982 年联合国环境规划理事会特别会议提出新的环境概念——"新的环境概念"中指出:"经济文化发展计划必须慎重考虑到地球的生命支持系统中各个组分和各种反应过程之间的相互关系,对一个部门的有利行动,可能会对其他部门引起意想不到的损害",并指出经济与社会发展计划必须考虑到"环境系统的稳定性的极限"。若人类社会确实按照这一环境概念进行建设和改造环境,则人类不但可在地球上继续生存下去,更是可以进一步改善整个环境的循环发展,即常说的可持续发展。

环境要素即环境基质,是指组成人类环境整体的各个独立的、性质不同的而又服从整体演化规律的基本物质组分,分自然环境要素和人工环境要素。自然环境要素通常指水、大气、生物、阳光、岩石、土壤等。环境要素组成环境结构单元,环境结构单元又组成环境整体或环境系统。例如,由水组成水体,全部水体总称为水圈;由大气组成大气层,整个大气层总称为大气圈;由生物个体组成生物群落,全部生物群落构成生物圈等等。

环境质量,一般是指在一个具体的环境内,环境的总体或环境的某些要素,对人群的生存和繁衍以及社会经济发展的适宜程度,是反映人群的具体要求而形成的对环境评定的一种概念。一般用"环境质量"表示环境遭受污染的程度。由于环境质量是对环境状况的一种描述,而环境状况更多地受人为原因的影响,故环境质量除了有大气环境质量、水环境质量、土壤环境质量、城市环境质量之外,还有所谓生产环境质量、文化环境质量等等。

1.1.2　环境分类

按照系统论观点,人类环境是由若干个规模大小不同、复杂程度有别、等级高低有序、彼此交错重叠、彼此互相转化变换的子系统组成,是一个具有程序性和层次结构的网络。人们可以从不同的角度或以不同的原则,按照人类环境的组成和结构关系,将它划分为一系列层次,每一层次就是一个等级的环境系统,或称等类环境。根据不同原则,人类环境有不同的分类方法。通常的分类原则是:环境范围的大小、环境的主体、环境的要素、人类对环境的作用以及环境的功能。

1.聚落环境

聚落是人类聚居的地方与活动的中心,聚落环境可分为院落环境、村落环境和城市环境。

院落环境是由一些功能不同的构筑物和与它联系在一起的场院组成的基本环境单元。由于经济文化发展的不平衡性。不同院落环境及其各功能单元的现代化程度相差甚远,并具有鲜明的时代和地区特征。村落环境则是农业人口聚居的地方。由于自然条件的不同,以及从事农、林、牧、渔业的种类及规模大小、现代化程度不同,因而村落环境无论从结构上、形态上、规模上,还是从功能上看,其类型都极多。最普遍的有所谓农村、渔村、山村。城市环境则是非农业人口聚居的地方。城市是人类社会发展到一定阶段的产物,是工业、商业、交通汇集的地方。随着社会的发展、城市的发展越来越快、越来越大,越来越成为政治、经济和文化的中心。而且由于人口的高度集中,致使城市中人与环境的矛盾异常尖锐,成了当前环境保护工作的前沿阵地。

2. 地理环境

地理环境由 1786 年法国地理学家 E. 列克留提出,是指围绕人类的自然现象的总体。地理环境位于地球的表层,即岩石圈、水圈、土圈、大气圈和生物圈相互制约、相互渗透、相互转化的交错带上,其厚度约 10~30 km。地理环境是能量的交锋带;有来自地球内部的内能和主要来自太阳的外部能量,并在此相互作用;它具有构成人类活动舞台和基地的三大条件,即常温常压的物理条件、适当的化学条件和繁茂的生物条件;这一环境与人类的生产和生活密切相关,直接影响着人类的饮食、呼吸、衣着和住行。

现代地理环境概是自然地理环境和人文地理环境的统一体。人文地理环境是人类的社会、文化和生产生活活动的地域组合,包括人口、民族、聚落、政治、社团、经济、交通、军事、社会行为等许多成分。它们在地球表面构成的圈层,称为人文圈或称为社会圈、智慧圈、技术圈。自然地理环境是自然地理物质发展的产物,人文地理环境是人类在前者的基础上进行社会、文化和生产活动的结果。

3. 地质环境

地质环境是指地理环境中除生物圈以外的其余部分,可以为人类提供丰富的矿物资源。

4. 宇宙环境

环境科学中宇宙环境是指地球大气圈以外的环境,又称星际环境。不过,此处所指宇宙环境,仅限于人类进入空间活动的年代以后,人和飞行器(人造卫星、探测器、航天飞机等)在太阳系内飞行触及的环境。宇宙环境由广漠的空间和存在于其中的各种天体以及弥漫物质组成,几近真空。各星球周围的大气状况及温度差别极大,对人类的生存而言,环境条件极为恶劣。人类要征服宇宙,这都是不容忽视的环境条件。

1.1.3　环境功能特性

环境系统是一个复杂的,有时、空、量、序变化的动态系统和开放系统。系统内外存在着物质和能量的变化和交换。系统外部的各种物质和能量,通过外部作用而进入系统内部,即输入;系统内部也对外界发生一定的作用,通过系统内部作用,一些物质和能量排放到系统外部,即输出。在一定的时空尺度内,若系统的输入等于输出则为平衡,称为环境平衡或生态平衡。

环境成为一个系统后其中的各子系统和各组成分之间,相互作用,并组织成一定的网络结构,使环境具有整体功能,形成集体效应,起到协同作用。可以说环境的整体功能大于各子系统和各组成成分功能之和。

1. 整体性

人与地球环境是一个整体,地球的任一部分,或任一个系统,均为人类环境的组成部分。各部分之间存在着紧密的相互联系、相互制约关系。局部地区的环境污染或破坏,总会对其他地区造成影响和危害。因此本质上来说人类的生存环境具有无国界和区域性的。

2. 有限性

地球是宇宙中独一无二的,且其空间也有限。因此人类环境的稳定性有限,资源有限,容纳污染物质的能力有限,或对污染物质的自净能力有限。当污染到一定程度时环境容量饱和无法自净时环境质量恶化,便会出现环境污染。

3. 不可逆性

人类环境系统运行中包含能量流动和物质流动循环,能量流动不可逆,物质流动可逆,整个过程不可逆的。也就是说这个过程一旦遭到破坏是无法完整恢复到原有的状态的。

4. 隐显性

人类社会发展过程会出现众多不同的大小破坏和污染,有些是明显可预见,有些则无法真正做到评估,例如,使用 DDT 农药后,药物进入生物圈循环,虽然已停用,但还是需要历经几十年才能真正排出生物体。

5. 持续反应性

相关实验表明,环境污染的持续性很长,不但会给现在的人类造成危害,还会影响其子孙后代,不管是遗传基因方面或是生存环境等。

6. 灾害放大性

经过这些年的研究发现,通常一个小的人类破坏和污染,经过环境的综合作用多数会产生不可预料的灾害,例如,臭氧遭破坏,较高紫外线会杀死地球上的浮游生物和幼小生物,断了大量食物链的始端,导致整个生物圈可能被毁。

人类要想真正发展社会经济,就需要遵循所有规律,将自然、经济和社会这三者和谐融合,真正做到为人类发展、优化做贡献。为此,人们要正确掌握环境的组成、结构、功能和演变规律,消除各项工作中的主观性和片面性。

1.1.4 环境问题

1. 环境问题定义与分类

人类社会发展到今天,创造了前所未有的文明,但同时又带来了一系列环境问题。什么叫环境问题,早期人们只局限在对环境污染或公害的认识上,因此那时把环境污染等同于环境问题,而地震、水、旱、风灾等则认为全属自然灾害。可是随着近几十年来经济的迅猛发展,自然灾害发生的频率及受灾人数都在激增,造成巨大损失,这些也都成了环境问题。

广义而论,环境问题是指由自然的或人为的原因引起生态系统破坏,直接或间接影响人类生存和发展的一切现实的或潜在的问题。从狭义上讲,环境问题是指由于人类的生产和生活方式所导致的各种环境污染、资源破坏和生态系统失调。全球环境问题是指对全球产生直接影响或具有普遍性,并对全球造成危害的环境问题,也是引起全球范围内生态环境退化的问题。

通常可将环境问题可分为两大类:一类是原生环境问题;另一类是次生环境问题,具体可见表1-1所示。

表 1-1 环境问题分类

环境问题			内容
原生环境问题			火山、地震、台风等
次生环境问题	环境破坏		水土流失、沙漠化、盐渍化、物种灭绝等
	环境污染与干扰	环境污染	水污染、大气污染、土壤污染、固体废物污染等
		环境干扰	噪声、振动、电磁波干扰、热干扰等

原生环境问题也称第一环境问题,是自然因素造成的,如洪水、旱灾、虫灾、台风、地震、火山爆发等。不完全属于环境学所解决的范围。次生环境问题,是由于人为因素引起的环境问题,也称第二环境问题。环境学研究的主要对象是次生环境问题,常见问题为环境破坏和环境污染与干扰。

环境破坏也称生态破坏,主要指由于人类生活和生产活动对环境的破坏,导致环境退化,从而影响人类正常的生产和生活,如滥伐森林,使森林的环境调节功能下降,导致水土流失、土地荒漠化的加剧;由于不合理的灌溉,引起土壤盐碱化;由于大量燃煤和使用消耗臭氧物质,导致大气中 CO_2 的含量增加和臭氧层的破坏等。

环境污染是由于人类任意排放废物和有害物质,引起大气、土壤、水、固体废弃物、噪声、海洋以及放射性污染,导致环境质量下降,危害人体健康。环境干扰指的是人类活动所排出的能量进入环境,达到一定程度,产生对人类不良的影响,如噪声、振动、电磁波干扰、热干扰等。环境干扰一般是局部性的、区域性的,在环境中不会有残余物质存在,当污染源停止作用后,污染也就马上随之消亡。

相较于发达国家的环境问题,发展中国家面临的环境问题更为严重,具体由于:①发展中国家处在经济发展初期,且人口增长迅速,这两方面给环境很大压力;②由于经济的限制发展中国家面对环境问题没有能力妥善处理;③发达国家转移到发展中国家的污染进一步加深了发展中国家的环境问题。但从整体角度出发,可知所有的环境问题最终都会影响到全球人类的生存,故人类应该联合起来共同维护治理环境问题。

2.环境问题产生与发展

(1)生态环境的早期问题

原始社会中,由于生产力水平极低,人类依赖自然环境,过着以采集天然动植物为生的生活。当时的人类主要是利用环境,很少有意识地改造环境,因此,虽然当时已经出现环境问题,但是并不突出,且容易被自然生态系统自身的调节能力所调和。到了奴隶社会和封建社会时期,由于生产工具不断进步,生产力逐渐提高,人类学会了驯化野生动植物,出现了耕作业和渔牧业的劳动分工,即人类社会的第一次劳动大分工。由于耕作业的发展,人类利用和改造环境的力量与作用越来越大,与此同时也产生了相应的环境问题。大量砍伐森林、破坏草原,引起严重的水土流失;兴修水利事业,往往又引起土壤盐渍化和沼泽化等。

(2)近代环境问题

近代环境问题特指工业革命至20世纪80年代发现臭氧洞为止。工业革命作为分界点,它的出现具有重大意义,各种环境问题也逐渐发展出新特点并逐渐复杂化和全球化。这一时期社会发展高度城市化,大量的环境问题伴随着工业和城市的发展迅速出现。

从人口、工业密集导致燃煤和燃油量增加,出现空气污染问题,随后出现水污染和垃圾污染,工业三废、汽车尾气等进一步加剧了污染公害。20世纪60~70年代,发达国家开始意识到环保的重要性,并开始进行相关整治,其中将很多污染严重的工业移至发展中国家,造成发展中国家延续发达国家的老路,也出现严重的城市环境问题,甚至是更为严重的生态环境问题。

表1-2所示为1909到1973年世界公害病的对比。

表1-2 1909—1973年世界公害病的比较

期别、年份	公害事故次数	公害病患者		公害病死亡	
		人数/人	年平均人数/人·a	人数/人	年平均人数/人·a
前期22年(1909—1930)	3	9092	413.27	915	41.6
中期22年(1931—1952)	10	14348	652.18	5529	251.3
后期21年(1953—1973)	52	458946	21854.3	139887	6661.3
共计	65	482388		146331	

(3)当代环境问题

20世纪80年代至今是环境问题从局部问题、区域问题发展到全球性问题的阶段。英国科学家于1984年发现南极上空的臭氧洞开始,人类环境问题进入当代环境问题阶段。这一阶段的环境问题,主要集中在酸雨、臭氧层破坏和全球变暖几大问题上。并且发展中国家的城市环境问题及生态破坏越来越严重,并且经济也更加贫困,全球范围水资源短缺严重,各类资源陆续出现耗竭。众多自然环境已然出现无法支持人类的社会活动的迹象,各类环境问题均有复杂性和长远性。

总而言之,不一样的环境问题之间并不是相互独立的,它们互为因果,相互交叉,彼此协同强化,使得问题更加恶化和复杂化。可以概括环境问题为综合型的病变结果,是人们强行、毁灭性的开发地球后所引发的后果。环境质量恶化,干扰和破坏了生态系统中各要素之间的内在联系,使人类失去了洁净的空气、水和土壤;生态破坏,严重地削弱了自然环境对人类社会生存发展的支撑能力。环境问题已经危及全人类的生存和发展。

近年来由于全球经济迅速发展,工业不断集中和扩大,城市化速度加快,世界人口膨胀,能源和资源的消费量急速增加。除了煤烟污染之外,随着石油的消费在能源中所占比例的加大,也增加了新的污染源。同时农药污染和放射性污染也相继出现。生产活动排放的污染物成倍的增长,人工合成的难降解的化学物质层出不穷,大型工程的建设以及城市人口的高度集中等原因,使许多国家时有发生严重的环境污染和生态破坏,形成了新的环境灾害,如印度中央邦博帕尔毒气泄漏事件、前苏联切尔诺贝利核电站事故。与这种突发性的严重环境污染相比,人们更关心影响范围广、危害严重的全球性环境问题,如全球变暖、臭氧层破坏与耗损、酸雨蔓延、土地荒漠化等。

我国是世界上最大的发展中国家,拥有丰富的自然资源和生物多样性,有居世界第二的煤储量和居世界第一的水力发电潜量和农业产量。但与这些优势相抵消的是,我国有世界上最大的人口数量和较快的经济增长速度,这都对大气质量、水质量和其他自然资源造成巨大的压力。

在亚洲城市中,大气污染最严重的是在中国。亚洲十大大气污染最严重的城市有九个在中国,世界十大大气污染最严重的城市有五个在中国。中国的大多数大江大湖被严重污染。要改善这一状况,任务还很艰巨。农业用水过度,且北方城市的地下水下降很严重。森林砍伐、草地退化、沙漠化和水土流失对我国也是重要的威胁。

据可靠的研究表明,由于大气污染和水污染对人体健康的影响而造成的经济损失占我国GDP 的 $3.5\% \sim 7.7\%$。大气污染也是我国经济损失的主要部分,并且对人体健康影响巨大。

3. 环境问题实质

综上可知,环境问题是随着经济和社会的发展而产生和发展的。因此,环境问题一直无法杜绝,其中所涉及的原因:

①人口庞大。人口基数和人口增长率都居高不下,全球人口压力巨大。人口的庞大,也给物质资源的开发带来压力,相对应的物质消化废物也随之增多。

②资源利用率及合理性。全球人类寻求经济发展,所有自然资源的消耗速度惊人,这些资源无法短时间内恢复、再生,但是人类对资源的开发利用的不合理进一步加剧这一局面的恶化。资源恢复十分艰难,尤其是不可再生资源。当代社会对不可再生资源的巨大需求,更加剧了这些资源的耗竭速度。若不把握好发展与环境之间的平衡,使得生态系统遭到破坏,自然生产力下降,便会形成恶性循环。

③片面追求经济的增长。传统发展模式只是为了产值和利润的增长、物质财富的增加。人们为了获得最大经济效益,通过不断、无节制地向自然环境索取的方式来发展自己,最终导致全球范围内爆发环境问题。

环境问题通常都涉及人口、资源、发展三个方面,人类要发展也要涉及这三方面也就是说所有问题的核心就是合理、科学地处理好这三者之间的关系。

4. 当前环境问题特征

(1)全球化

某些环境污染具有跨国、跨地区的流动性。如国际河流上游发生污染就可能影响下游国家;邻近国家大气污染出现酸雨,可能会影响别国等。

气候变暖、臭氧层空洞等这些环境问题,其影响的范围是全球性的,对应产生的后果也是全球性的。

目前许多环境问题涉及高空、海洋甚至外层空间,其影响的空间尺度已远非农业社会和工业化初期出现的一般环境问题可比,具有大尺度、全球性的特点。环境问题的全球化,决定了环境问题的解决要靠全球的共同努力。

（2）社会化

目前环境问题已影响到社会的各个方面，影响到每个人的生存与发展。因此，当代环境问题已绝不是限于少数人、少数部门关心的问题，而成为全社会共同关心的问题。

（3）高科技化

随着科技的迅猛发展，由高新技术引发的环境问题日渐增多。如核事故引发的环境问题、电磁波引发的环境问题、超音速飞机引发的臭氧层破坏、航天飞行引发太空污染等。这些环境问题技术含量高、影响范围广、控制难、后果严重，已引起世界各国的普遍关注。

（4）综合化

20世纪中期出现的"八大公害事件"在世界范围内引起了很大振荡，但其实际上都是由污染引起的损害人们健康的问题。而当代环境问题已远远超出这一范畴，涉及人类生存环境的各个方面，如森林锐减、草场退化、沙漠扩大、土壤侵蚀、物种减少、水源危机、气候异常、城市化问题等，已深入到人类生产、生活的各个方面。

（5）政治化

目前的环境问题涉及的内容不仅是技术问题，更是国际政治、各国国内政治的重要问题。例如，环境问题已成为国际合作和交往的重要内容；环境问题已成为国际政治斗争的导火索之一，如各国在环境义务的承担、污染转嫁等问题上经常产生矛盾并引起激烈的政治斗争；世界范围内出现了一些以环境保护为宗旨的组织，如绿色和平组织等，这些组织在国际政治舞台上已占有一席之地，成为一股新的政治力量。

（6）富集化

目前人类已进入现代文明时期，进入后工业化、信息化时代，但历史上不同阶段所产生的环境问题，仍然存在于当今地球。并且与现代社会又滋生了一系列的环境问题。因此形成了从人类社会出现以来各种环境问题在地球上的积累、组合、集中爆发的复杂局面。

5.全球环境问题

（1）全球变暖

全球变暖指的是全球地表平均气温的升高。区域性气候变化以及高空气温变化与地表平均气温变化并不相同。近百年来全球气温的变化特点为：①呈现冷暖交替波动；②上升趋势明显，平均大约上升0.6℃。1991年国际应用系统分析研究所的预测表明：2050年，全球气温将上升4.5℃～10℃；21世纪末，全球气温将上升12℃～15℃。

全球变暖可能会出现的影响：

①海平面上升。导致低地被淹、海岸被冲蚀、排洪不畅、土地盐渍化、海水倒灌等。

②动植物变化。动植物对历史上缓慢的气候变化，或者是适应，或者是被淘汰。部分动物可能会灭绝或体型普遍"缩水"。

③对农业的影响。全球气温升高后，世界粮食生产的稳定性和分布状况将会有很大变化。气候变暖引起农业结构发生变化，从而使许多农产品贸易模式也会发生相应的变化。气候变暖对农作物的影响过程如图1-3所示。

④对人类健康的影响。气候变暖有可能增加疾病危险和死亡率、传染病发病率。随着温

度升高,可能使许多国家的疟疾、血吸虫病、黑热病等疾病的传播率增大。

图 1-3　气候变暖对农作物的影响

(2)酸雨

酸雨降落到地表后,可使土壤、湖泊、河流酸化。酸雨抑制土壤中有机物的分解和氮的固定,淋洗土壤中钙、镁、钾等营养元素,使土壤贫瘠化。酸雨损害植物的新生叶芽,从而影响其生长发育,导致森林生态系统退化。进入湖水或河水也会影响鱼类的繁殖和发育。土壤和底泥中的金属可被溶解到水中,毒害鱼类。水体酸化还可能改变水生生态系统。酸雨还能腐蚀建筑材料、金属结构、油漆等,尤其是许多以大理石和石灰石为材料的历史建筑物和艺术品,耐酸性差,容易受酸雨腐蚀和变色。

(3)损害生物多样性

自 1600 年以来,大约有 113 种鸟类和 83 种哺乳动物已经消失。在 1850—1950 年间,鸟类和哺乳动物平均每年灭绝一种。20 世纪 90 年代初,联合国环境规划署首次评估生物多样性的一个结论是:在可以预见的未来,5%～20%的动植物种群可能受到灭绝的威胁。国际上其他一些研究也表明,若根据目前的灭绝趋势继续,在 1990—2015 年间,地球上每 10 年大约有 5%～10%的物种要消失。

(4)臭氧层破坏

大气中的臭氧含量仅 $1/10^8$,但在离地面 20～30 km 的平流层中,臭氧层的臭氧含量虽极其少,却具有非常强烈的吸收紫外线的功能,可吸收太阳光紫外线中的 UV-B 辐射,降低该辐射对地球上生物体的危害,保证类和地球上的各种生命能存在、繁衍和发展。1994 年,南极上空的臭氧层破坏面积已达 2.4107 km²,北半球上空的臭氧层比以往任何时候都薄,欧洲和北美上空的臭氧层平均减少了 10%～15%,西伯利亚上空甚至减少了 35%。

(5)海洋问题

海洋问题包括过度捕捞和海洋污染。海洋鱼类过度捕捞不仅使海洋捕捞量陷于停滞,还使捕捞结构发生变化,高价值鱼类减少,处于食物链低层次的低价值鱼类增多。人类活动产生的大部分废物和污染物最终都进入海洋,海洋污染越来越严重。人类的各种垃圾进入沿海水域,造成世界许多沿海水域,特别是一些封闭和半封闭的海湾和港湾出现富营养化,过量的氮、磷等营养物造成藻类和其他水生植物的迅速生长,有可能发生由有毒藻类构成的赤潮,给沿海养殖业带来毁灭性影响。

(6)淡水资源短缺与水污染

联合国世界淡水资源综合评价报告指出,世界约 1/3 人口生活在面临中度和高度水紧张的地区,水资源的短缺制约了当地经济和社会的发展,若不采取行动,预计 2025 年世界人口的 2/3 或近 55 亿人口将有面临这种局面的风险。

水污染有 3 个主要来源:生活废水、工业废水和含农业污染物的地面径流。另外,固体废弃物渗漏和大气污染物沉降也造成对水体的交叉污染。水体污染大大减少了淡水的可供量,加剧了淡水资源的短缺。目前由于水污染和缺少供水设施,全世界有 10 亿多人口无法得到安全的饮用水。

（7）森林面积急剧降低

森林是陆地生态的主体，在维持全球生态平衡、调查气候、保持水土、减少洪涝等自然灾害方面有着极其重要的作用，各种林产品也有着广泛的经济用途。从全球来看，目前森林破坏仍然是许多发展中国家所面临的严重问题。

（8）土地荒漠化

荒漠化是当今世界最严重的环境与社会经济问题。土地荒漠化是自然因素和人为活动综合作用的结果。自然因素主要是指异常的气候条件，特别是严重的干旱条件，由此造成植被退化，风蚀加快，引起荒漠化。人为因素主要指过度放牧、乱砍滥伐、开垦草地并进行连续耕作等，由此造成植被破坏，地表裸露，加快风蚀或雨蚀。

6. 我国环境问题

（1）生态环境问题

①森林生态功能弱。我国的森林覆盖率，据第三次全国森林资源清查，已增加到 13.4%，林地面积达 12867 万 hm^2。但由于历史和自然条件的限制，我国森林生态功能仍然较弱人均林地面积仅 0.11hm^2，只有世界人均水平的 11.3%；人均占有森林蓄积量约 8.4 m^3，只有世界人均水平的 10.9%。

②草原状况堪忧。由于长期不合理开垦，过度放牧，重用轻养，使本处于干旱、半干旱地区的草原生态系统遭受严重破坏而失去平衡，造成生产能力下降，产草减少和质量衰退。目前，全国退化草原面积达 8700 万 hm^2。草原生态建设的投资大、周期长、见效慢，而工农业的发展又将占用草地；此外，草原生产力明显受气候因素影响，复原的难度较大。

③水土流失、土壤沙化、耕地侵占。我国农业生态环境有恶化的危险，水土流失严重，每年流失表土量达 50 亿 t，相当于我国耕地每年被刮去 1cm 厚的沃土层，由此流失的氮、磷、钾大约相当于 4000 多万吨化肥。自新中国成立以来，土壤沙化的发展很快，沙漠面积几乎扩大了 1 倍此外，我国耕地还因人口增加、经济发展和城市建设而被大量侵占。

④水旱灾害。我国是个水旱灾害多发的国家；全国 1/2 的人口、1/3 的耕地和主要大城市处于江河的洪水位之下。

⑤水资源短缺。据统计，我国有近 300 个城市缺水，占城市总数的 60%，受影响的城镇人口占全国总人口的 29%；日缺水量达 1240 万 t 以上，其中严重缺水的城市有 50 多个。由于缺水，不得不进一步大量抽取地下水，结果使北京、上海、天津、西安、常州、宁波等 20 多个城市出现地面沉降。

（2）环境污染严重

①大气污染严重。我国是一个以煤为主要能源的国家，煤炭占商品能源总消费很大比例。燃煤也造成严重的大气污染。2002 年，我国暴露于未达标空气质量的城市人口占统计城市人口的近 3/4。

②水污染。据国家环保总局公布，2002 年我国工业和城镇生活污水排放总量为 439.5 亿 t，使流经城市的河段受到严重污染。2002 年在七大水系 741 个重点监测断面中，40.9% 属劣 V 类断面，其中辽河水系和海河水系污染最严重。海域富营养化和赤潮灾害也日益严重。

③城市噪声污染。2002 年监测的 325 个城市,受噪声轻度污染以上的占 96.4%;深圳市居民噪声投诉占总投诉的 70%以上。

④工业固体废物污染。据统计,2002 年全国工业固体废物产生量达 9.5 亿 t,是 1991 年 5.9 亿 t 的 1.6 倍。

7. 环境问题发展趋势

环境问题贯穿于人类发展的整个阶段。但不同历史阶段,由于生产方式和生产力水平的差异,环境问题的类型、影响范围和程度也不尽一致。

(1)发展中国家环境问题发展趋势

发展中国家的主要环境问题是人口激增和贫困。由于文化和其他社会根源,发展中国家的人口激增状况到 20 世纪末仍将无法改观。人均食物消费水平仍然较低,而随着人口和经济活动的增加,污染物排放量也将大大增加,对自然资源产生巨大的压力。

城市化环境问题难题,发展中国家需要大力发展经济,而经济发展导致了大批人流向城市,会导致住房紧张、交通拥挤、污染严重、疾病蔓延等状况。

自然资源消耗加速,生态环境破坏严重。发展中国家比工业化国家更多地依赖自然资源——水域、森林和矿产。然而今天这个资源基础正在迅速削弱,其结果是发展前景遭到破坏,环境进一步恶化。

(2)发达国家环境问题的发展趋势

工业废弃物、生活垃圾急剧增加,大气氮氧化物污染难以得到有效控制,并进一步加剧了全球性环境问题。为了发展经济而将污染转移给发展中国家,甚至将有毒有害废物直接倾倒在公海或发展中国家;另一方面,废气、废水、废渣的排放总量显著增加。

自然资源消耗和破坏增加,使全球环境资源的破坏和能源萎缩加速。环境问题主要是发达国家在工业化过程中过度消耗自然资源和大量排放污染物引发的。它们为了保持其高度发展的经济,必然以消耗其本国的自然资源和通过不公平的经济交往耗用发展中国家的自然资源为前提,不论是从总量还是从人均水平来讲,其资源的消耗和污染物的排放都仍然大大超过发展中国家。

室内环境污染问题突出。城市现代化的发展使得室内环境污染性质发生改变,空气污染转变为以辐射、放射性为主的污染。

1.2　环境科学的产生与发展

环境是人类生存和发展的基础。环境问题的出现和日益严重,引起人们的重视,环境科学研究工作随之发展起来,逐渐形成环境科学这一新兴的综合性学科。环境科学相关的理论和方法还处在发展之中。环境科学的形成和发展,大体可分为环境科学的萌芽和环境科学的出现两个阶段。

1.2.1　环境科学的萌芽

人类在同自然界斗争中,逐渐积累了防治污染、保护自然的技术和知识,同时也出现了一些早期环境科学思想的萌芽。中国古代在烧制陶瓷的瓷窑中已按照热烟上升原理用烟囱排烟。公元前 2300 年开始使用陶质排水管道。古代罗马大约在公元前 6 世纪修建地下排水道。公元前 3 世纪春秋战国时期,我国的思想家就已开始考虑对自然的态度。老子说:"人法地,地法天,天法道,道法自然",意为人应该遵循自然的规律。公元 1661 年,英国人伊夫林写了《驱逐烟气》一书中指出了空气污染的危害,并提出了一些防治烟尘的措施。

18 世纪后半叶,蒸汽机的出现,工业革命开始,生产活动逐渐成为环境污染的主要原因,工业文明的发展,迄今为止大都是以损害生态环境为代价的。在工业发源地英国,工业城市曼彻斯特的树木,树干被煤烟熏黑后,使生活在树干上的昆虫,如蛾、蜘蛛、瓢虫和树皮虱等 70 种昆虫,几乎全部从灰色型转变成黑色型,科学家把这称为"工业黑化现象"。

19 世纪以来,地学、化学、生物学、物理学、医学及一些工程技术学科开始涉及环境问题。1850 年人们开始用化学消毒法杀死饮用水中的病菌,防止饮水造成的传染病。1864 年美国学者 G. P. 马什出版了《人和自然》一书,论述了人类活动对地理环境的影响,尤其是对森林、水、土壤和野生动植物的影响,呼吁开展保护活动。1879 年,英国建立了污水处理厂。19 世纪后半叶,环保技术已有所发展,如,在卫生工程方面,已开始采用布袋除尘器和旋风除尘器。这些基础科学和应用技术的发展,为解决环境问题提供了原理和方法。

1.2.2 环境科学的诞生

20 世纪 80 年代以后,环境问题成为全球性重大问题,当时许多科学家,包括地理学家、生物学家、化学家、物理学家、工程学家、医学家和社会学家等纷纷运用原有学科的原理和方法对环境问题进行了大量的调查和研究,并逐渐形成了环境地学、环境生物学、环境化学、环境物理学、环境医学、环境工程学、环境经济学、环境法学、环境管理学等等。在这些分支学科的基础上孕育产生了环境科学。

最早提出"环境科学"这一名词的是美国学者。1954 年,美国研究宇宙飞船内人工环境的科学家们首次提出环境科学的概念,同时美国首先成立"环境科学协会",并出版《环境科学》杂志。1962 年,美国海洋生物学家 R. 卡逊的《寂静的春天》通过生态学的方法揭示了有机氯农药对自然环境造成的危害,有人认为这本书的出版标志着环境科学的诞生。

20 世纪中后叶,环境问题成为社会的中心问题。这对当代科学是个挑战,要求自然科学、社会科学和技术科学都来参与环境问题的研究,揭示环境问题的实质,并寻求解决环境问题的科学途径,这些就是环境科学得以迅速发展的社会背景。1964 年国际科学联合会理事会议设立了国际生物方案,研究生产力和人类福利的生物基础,对于唤醒科学家注意生物圈所面临的威胁和危险产生了重大影响。国际水文 10 年和全球大气研究方案,也促使人们重视水的问题和气候变化问题。1968 年国际科学联合会理事会设立了环境问题科学委员会。20 世界 70 年代出现了以环境科学为书名的综合性专门著作。1972 年英国经济学家 B·沃德和美国微生物学家 R. 杜博斯受联合国人类环境会议秘书长的委托,主编出版《只有一个地球》试图不但从整个地球的前途出发,而且也从社会、经济和政治的角度来探讨环境问题,要求人类明智地管理地球,它是环境科学的一部重要著作。20 世纪 70 年代下半期,人们认识到环境问题不再仅仅是排放污染物所引起的人类健康问题,而且包括自然保护和生态平衡,以及维持人类生存发展的资源问题。

1.2.3　环境科学的现状及展望

环境科学发展异常迅速,20 世纪 60 年代以来自然科学迅猛发展的一个重要标志。这表现在两个方面。

自然科学核心内容是研究自然现象和其变化规律,人类会从不同的学科视角研究发现探索自然界的相关规律。人类在认识、探究自然界的同时也发现了人类活动与自然界间的影响。例如,人类改造自然与自然反作用于人类的相关研究。环境问题更是综合这一系列问题,开拓出很多新兴研究领域,推动人类与自然的发展。

环境是一个完整的、有机的系统,是一个整体。过去,各门自然科学如物理学、化学、生物学、地理学等都是从本学科角度探讨自然环境中各种现象的。然而自然界的各种变化,都不是孤立的,而是物理、生物、化学等多种因素综合的变化。各个环境要素,如大气、水、生物、土壤和岩石同光、热、声等因素也互相依存,互相影响,又是互相联系的。比如臭氧层的破坏,大气中二氧化碳含量增高引起气候异常,土壤中含氮量不足等,这些问题表面看来原因各异,但都是互相关联的。因为全球性的碳、氧、氮、硫等物质的生物地球化学循环之间有着许多联系。人类的活动,诸如资源开发等都会对环境产生影响。因此,在研究和解决环境问题时,必须全面考虑,实行跨部门、跨学科的合作。环境科学就是在科学整体化过程中,以生态学和地球化学的理论和方法作为主要依据,充分运用化学、生物学、地学、物理学、数学、医学、工程学以及社会学、经济学、法学、管理学等各种学科的知识,对人类活动引起的环境变化、对人类的影响及其控制途径进行系统的综合研究。

总结环境问题主要趋势:从整体出发剖析环境问题;开阔生态学原理的应用范围;重视环境监测效率;全面研究生命维持系统;注意全球性问题。从几个核心自然介质角度考虑,从环境整体出发,实行跨学科合作,系统分析,结合宏观和微观方法加以研究。

1.3　环境科学的研究内容与任务

1.3.1　环境科学的分类和特点

图 1-4 所示为环境学的学科体系,环境学是综合性的新兴学科,已逐步形成多种学科相互交叉渗透的庞大的学科体系。但当前对其学科分科体系尚有不同的看法。现仅就我们现有的认识水平,将环境学按其性质和作用划分为三部分:环境科学、环境技术学及环境社会学,每一部分下又有许多细小的分支,如环境化学、环境物理学、环境医学、环境工程学、环境监测与管理学、环境经济学、环境生态学、环境法学、环境心理学、环境伦理学等。

环境生物学,研究生物与受人类干扰的环境之间的相互作用机理和规律。在宏观层面,研究环境中污染物在生态系统中的迁移、转化、富集和归宿,以及对生态系统结构和功能的影响;在微观层面,研究污染物对生物的毒理作用和遗传变异影响的机理和规律。

环境物理学,研究物理环境和人类之间的相互作用。主要研究声、光、热、电磁场和射线对人类的影响,以及消除其不良影响的技术途径和措施。

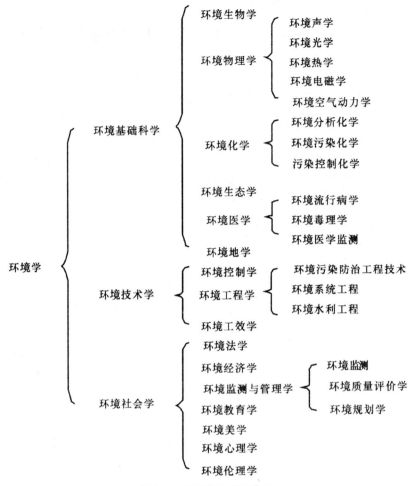

图 1-4　环境学的学科体系

环境化学,运用化学理论和方法,研究大气、水、土壤环境中潜在有害有毒化学物质含量的测定、存在形态和迁移转化规律,探讨污染物的回收利用和分解为无害简单有机物的机理。

环境生态学,研究人为干扰下,生态系统内在的变化机理、规律和对人类的反效应,探讨受损生态系统恢复、重建和保护对策。

环境医学,研究环境与人群健康的关系,重点是研究环境污染对人群健康的有害影响及其预防措施。研究内容包括探索污染物在人体内的动态和作用机理,查明环境致病因素和治病措施,阐明污染物对健康损害的早期危害和潜在的远期效应,以便为制定环境卫生标准和预防措施提供科学依据。

环境地学,以人地关系为对象,研究地理环境和地质环境的组成、结构、性质和演化,调控和改造,以及对人类的影响等。

环境控制学,研究水处理工程、大气污染控制工程、固体废物处理处置工程等环境污染防治和生态修复工程中涉及的具有共性的基本过程、现象及污染控制装置的基本原理与基础理论,主要包括环境工程、分离过程和反应工程基本原理等。

环境工程学,运用工程技术的原理和方法来防治环境污染和生态破坏,合理利用自然资源,保护和改善环境质量,主要研究内容包括大气污染防治工程、水污染防治工程、固体废物的处理和利用、噪声污染控制和环境系统工程等。

环境法学,研究关于保护自然资源和防治环境污染的立法体系、法律制度和法律措施,目的在于调整保护环境而产生的社会关系。

环境管理学,采用行政、法律、经济、教育和科学技术的各种手段调整社会经济发展同环境保护之间的关系,处理国民经济各部门、各社会集团和个人有关环境问题的相关关系,通过全面规划和合理利用自然资源,达到保护环境和促进经济发展的目的。

环境心理学,研究从心理学角度保持符合人们心愿的环境的一门科学。

环境教育学,以跨学科培训为特征,唤起受教育者的环境意识,理解人类与环境的相互关系,发展解决环境问题的技能,树立正确的环境价值观和态度的一门教育科学。

环境伦理学,从伦理和哲学角度研究人类与环境的关系,是人类对环境的思维和行为准则。

环境科学是以"人类与环境"系统为研究对象,研究其对立统一关系的发生与发展、调节与控制、利用与改造的科学。环境科学所涉及的学科面广,具有自然科学、社会科学与技术科学交叉渗透的广泛基础,几乎涉及现代科学的各个领域;它的研究范围涉及一个国家、一个地区甚至全球人类经济活动和社会行为的各个领域,涉及管理部门、经济部门、科技部门、军事部门及文化教育等人类社会的各个方面。同时,环境系统本身是一个多层次相互交错的网络结构系统,每个子系统都可能自成一个环境系统分支,并可能相互影响或制约。因此,环境科学也更清晰地体现了其综合性、整体性、系统性和复杂性的学科特点。

1.3.2　环境科学的研究内容

环境科学是基于社会科学、自然科学和技术科学发展起来的一门综合新兴学科,其研究内容十分丰富,涉及面非常广泛。结合以往和现在环境科学的发展,可将环境科学研究内容概括为以下几个方面。

(1)环境科学基本理论和方法研究

以现代科学理论(系统论、信息论和控制论)为指导,研究环境质量评价的原理和方法、环境区划和环境规划的原理和方法,以及社会生态系统的理论和方法,建立有效调控人类与环境之间物质和能量交换过程的理论和方法,为解决环境问题提供方向性和战略性科学依据。

(2)人类与环境协调发展研究

将人类与环境系统作为整体,研究环境系统演化、环境质量和环境承载力变化与人类活动的相互关系,探讨可持续发展条件下运用社会学、经济学、管理学方法在法规、政策、规划等各个层面实现环境与社会经济协调发展的有效途径。

(3)环境质量及控制与防治研究

以环境质量为核心,研究环境质量与人体健康、生活质量、精神境界的关系,描述和预测环境质量变化规律,优化改进减少污染物排放及净化处理技术和生产工艺。

(4)环境与人体健康研究

研究环境污染、生态破坏和气候变化等环境问题对人体健康的影响,尤其是所引发的致癌、致畸和突变的机理、过程和防治。

1.3.3　环境科学的研究方法

环境科学研究方法最初从重视人与自然的矛盾入手,围绕着环境质量对自然环境进行研究,在自然科学和工程技术领域寻求环境问题的解决方案,来自各学科的科学家分别用本学科的理论和方法研究环境问题,形成了环境化学、环境地学、环境生物学、环境经济学、环境医学和环境工程学等一系列交叉分支学科,遵循的模式基本上是问题出现技术解决。但很快这种哪有问题治哪的模式出现了问题,环境问题不但没有得到遏制,反而越来越严重,并且逐步全球化。在此形势下,环境科学的理论及研究方法也迅速发展,逐步与管理学、经济学、法学等学科交叉,人文学科与自然科学的有效结合为环境科学的方法论提供了更为宽广的发展空间。例如,在环境质量评价中,逐步建立起一个将环境的历史研究同现状研究结合,微观研究同宏观研究结合,静态研究和动态研究结合的研究方法;且运用数学统计理论、数学模式和规范的评价程序,形成能够全面、准确地评定环境质量的评价方法。

环境科学现有的各分支学科,正处于蓬勃发展时期。这些分支学科在深入探讨环境科学的基础理论和解决环境问题的途径和方法的过程中,还将出现更多的新的分支学科及研究方法。如在研究污染对微生物生命活动和种群结构的影响,以及由于微生物种群的变化而引起的环境变化方面,逐渐形成了环境微生物学。这种发展将使环境科学成为一个枝繁叶茂的庞大学科体系,也将促进环境学这一新兴学科逐渐走向成熟。

1.3.4　环境科学的研究对象和任务

环境科学以人类—环境系统为特定的研究对象,研究该系统发生、发展和调控以及改造和利用的科学。

环境科学的基本任务,宏观上是研究人类—环境的发展规律,调控人类与环境间的相互作用影响,探索二者可持续发展形式;微观上是研究环境中的物质在环境中的迁移转化规律及它们与人类的关系,具体来说有以下几个方面。

1. 探索全球自然环境演化规律

主要内容是探索人类社会持续发展对环境的影响及其环境质量的变化规律,了解全球环境变化的历史、演化机理、环境结构及基本特征等,从而为改善和创造新环境提供科学依据。

全球环境包括大气圈、水圈、土壤岩石圈、生物圈,它们之间相关影响作用,不断演化,这个过程都需要人类的研究学习,以便更好地为人类发展服务。

2. 探索全球人与环境的相互依存关系

探索全球人与环境的相互依存关系便是即探索人与生物圈的相互依存关系。一般需要先了解生物圈结构及作用,以及在正常状态下生物圈对人类相关影响,如净化作用、资源支持、生存基础。还要探究人类相关的社会活动和行为对生物圈的影响,包括现在、未来,直接、间接等各个方面影响。同时还要研究生物圈产生相关变化后对人类发展的影响作用。

3.探索区域污染综合防治方法

运用工程技术及管理措施,从区域环境的整体上调节控制人类—环境系统,利用系统分析及系统工程的方法,寻求解决区域环境问题的最优方案。例如,综合分析自然生态系统的状况、调节能力,以及人类对自然生态系统的改造和所采取的技术措施;综合考虑各经济部门之间的联系,探索物质、能量在其间的流动过程和规律,寻求合理的结构和布局,找到资源的最佳利用方案。

4.协调人类的生产、消费活动同生态要求之间的平衡

在生产、消费活动与环境所组成的系统中,物质、能量的输入和输出之间总量为守恒的,且最终应保持平衡。生产与消费增长,会导致环境资源、能源消耗变大,危害环境的"废物"增加,在环境承载能力一定的情况下,便需要合理分配人类经济发展和环境保护的比例问题,需要明确发展经济和保护环境之间的平衡度,二者之间都不可有所偏移。为了调和人类—环境系统中的矛盾,人类需要联合全球的力量全面综合研究。

1.3.5　环境科学作用

许多学者认为,环境科学的出现是 20 世纪 60 年代以来自然科学迅猛发展的一个重要标志,不仅解决环境问题,协调人类与环境健康发展,还推动了科学技术的发展。

1.协调人类与环境发展

环境科学的核心主要是为人类和环境的和谐相处谋求福祉。这一科学需要融合众多学科的理论知识,才能真正处理好人类发展和环境保护的问题。需要预估人类活动对环境的相关影响,需要综合利用环境因素促进人类更好地发展。从管理角度综合应用各类研究方法调整人类活动和环境之间的关系。

2.推动自然科学学科发展

自然科学是研究自然现象及其变化规律的,各个学科从物理学、化学、生物学等不同角度去探索自然界的发展规律,认识自然。各种自然现象的变化,除了自然界本身的因素外,人类活动对自然界的影响也越来越大。20 世纪以来科学技术日新月异,人类改造自然的能力大大增强,自然界对人类的反作用也日益显示出来。环境问题的出现,使自然科学的许多学科把人类活动产生的影响作为一个重要研究内容,从而给这些学科开拓出新的研究领域,推动了它们的发展,同时也促进了学科之间的相互渗透。

3.促进科学整体化研究

环境是一个完整有机系统,它涉及的学科众多。过去涉及对环境的研究各类学科只是从各自学科的角度出发来研究探索,殊不知自然界的各种变化都不是独立存在的都具有综合性的特点,所有因素都是相互影响和作用的。例如臭氧层破坏,大气中二氧化碳含量增高引起气候异常,会导致土壤中含氮量不足等。各类问题看似各有各的原因,但分析研究发现最终都会涉及多个相互关联的因素。可见人类对环境、对人类发展的研究都需要全面考虑从科学整体的角度出发进行相关研究探索。

第 2 章　生态学原理

2.1　生态学的概念及其发展

2.1.1　生态学的概念

Ecology(生态学)来源于希腊文,简单从字面来看,Eco-表示住所或栖息地,Logy 表示学问。早在 100 多年前就已经提出了生态学这个名词,然而"生态学是一门研究生物与其生活环境相互关系的科学,是生物学的主要分科之一"的论断,是普遍被科学家所接受的。由于初期偏重于植物,后来逐渐涉及动物,因而有植物生态学和动物生态学之分。

2.1.2　生态学的发展

近来,由于人类环境问题和环境科学的发展,生态学扩展到人类生活和社会形态等方面,人类这一个生物物种也被纳入到了生态系统中,研究并阐明整个生物圈内生态系统的相互关系问题,这样便形成了人类生态学,形成了更广泛、内容更丰富的科学领域,具体如图 2-1所示。

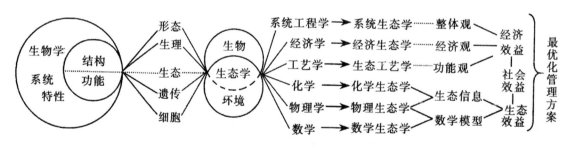

图 2-1　生态学的多学科性及其相互关系

2.2　生态系统及其功能研究

生态系统是指一定空间范围内,生物群落与其所处的环境所形成的相互作用的统一体,是生态学的基本功能单位。

生态系统大小的界定可根据研究的需要来进行,它可以被划分为若干个子系统,也可以和周围的其他系统组成一个更大的系统来研究。

当前,生态学研究的重心课题为人类与环境的关系问题,如人口增长、资源的合理开发与利用等问题,而所有这些问题的解决都有赖于对生态系统结构与功能的认识和研究。

2.2.1　生态系统的组成

任何一个生态系统都由生物与非生物环境两大部分组成(图 2-2)。

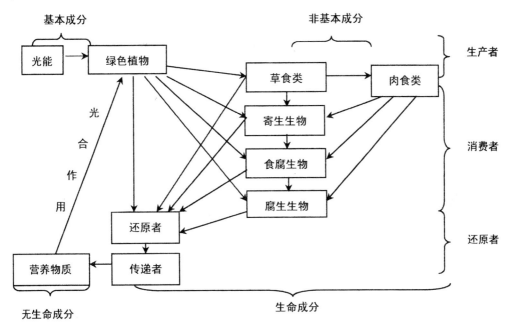

图 2-2　生态系统各组分的性质和相互关系

1.生物部分

生态系统中的各种生物,按照它们在生态系统中所处的地位及作用的不同,还可以被分为三大类:生产者、消费者和分解者。

①生产者。主要是指绿色植物。还有一些能利用化学能将无机物转化为有机物的,自养微生物也是生产者。

②消费者。消费者是指直接或间接利用生产者所制造的有机物质为食物和能量来源的生物。根据食性的不同可分为一级消费者、二级消费者……。草食动物以植物为食,为一级消费者;以草食动物为食的肉食动物称为二级消费者;以二级消费者为食的动物,称为三级消费者……以此类推。

③分解者。又称为还原者,它们是具有分解有机物能力的微生物,也包括某些以有机碎屑为食的动物。

2.非生物环境部分

非生物环境是生态系统中生物赖以生存的物质、能量及其生活场所,是除了生物以外的所有环境要素的总和,包括阳光、空气、水、土壤、无机矿物质……

2.2.2　生态系统的结构

生态系统的结构包括物种的空时关系和营养关系。生态系统中无论生物环境成分还是非生物环境成分,它们都不是单独存在的而是相互联系、相互依存的。

1.生态系统的形态结构

由于时间变化而产生的生态系统结构会不断地变化,如森林生态系统中植物春季发芽和秋季落叶、昆虫休眠、鸟类迁移等;时间上也可以使生态系统在不同发展阶段,其优势总在发生变化。例如,水生生态系统中早期主要以浮游植物为主,随着发展逐渐过渡为原生动物、轮虫、枝角类、桡足类,整个生态系统的组成也就因此发生了非常明显的改变,即生态系统的演替。

生态系统的空间结构是生态系统各组成成分的空间分布或配置,包括各组成部分在空间上的规模、尺度、分布、排列及相应位置关系的总和。例如,在森林生态系统中,非生物因子光、温度、水分、土壤等在空间占据的尺度各不相同,生物因子树木、鸟、兽类、昆虫,还有地下的各种生物,它们也分布在不同位置,有相应的生态位,这就构建了生态系统的空间结构。

2.生态系统的营养结构

(1)食物链和食物网

在一个生态系统中,一种生物以另一种生物为食,而另一种生物又以第三种生物为食……这些生物彼此间通过食物联系起来的关系称为食物链(食物链的每一个营养链节又称为一个营养级)。在生态系统中,食物关系复杂程度比较高,多数生物不完全依赖于一种食物,而同种食物又可被多种生物利用。例如,野猪和熊是杂食性动物,它们不仅吃植物的果实,也吃小型的植食性动物和肉食性动物;又如,狐狸吃鼠类,又吃浆果,有时甚至还吃动物的尸体。实际上,因环境、年龄、季节的变化又会导致绝大多数动物的食性存在一定差异。例如,林蛙的蝌蚪期在水中以浮游生物为食,而成体进入森林以昆虫为食。因此,各种食物链有时相互交错,形成错综复杂的食物网。由食物链、食物网所构成的营养结构使得生态系统中的物质循环与能量流动得以进行。

根据生物之间的食物联系方式和环境特点,生态系统中的食物链及其能量传递的方式有三种:①捕食性食物链,以绿色植物为基础,从食草动物开始,能量逐级转移、耗散,最终会在环境中全部消失。②腐生性食物链,以动植物遗体为食物而形成的食物链,该过程包含着一系列的分解和化学过程。③寄生性食物链,生物间以寄生与寄主的关系而构成的食物链。

一般来说,食物网的复杂程度是与生态系统的稳定程度呈正比的。因为食物网中某个环节(物种)缺失时,其他相应环节能起补偿作用。相反,食物网越简单,则生态系统越不稳定。例如,某个生态系统中只有一条食物链,即林草-鹿-狼,如果狼被消灭,没有天敌的鹿大量繁殖,超过林草的承载力,草地和森林遭到破坏,鹿群也会被饿死,结果是整个生态系统被破坏。

(2)营养级与生态金字塔

某个营养级就是食物链某个环节上一切生物种的总和,是处在某一营养层次上一类生物和另一营养层次上另一类生物的关系。

下面营养级所储存的能量只有大约10%能够被其上一营养级所利用。其余大部分能量被消耗在该营养级的呼吸作用上，以热量的形式释放到大气中。这在生态学上被称为 10% 定律或 1/10 定律。图 2-3 的生物量金字塔和能量金字塔就是这条定律的说明。

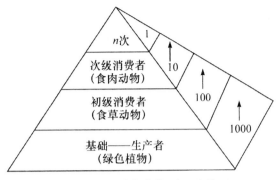

图 2-3　能量传递的 1/10 定律

2.2.3　生态系统的主要类型

（1）按照环境性质

生态系统可分为陆地生态系统和水域生态系统。水域生态系统分为淡水生态系统和海洋生态系统（图 2-4）。

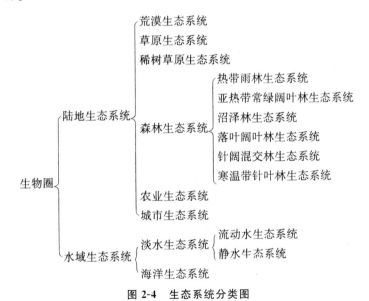

图 2-4　生态系统分类图

（2）按照物质与能量交换状况

生态系统可分为开放生态系统、封闭生态系统、隔离生态系统等。

（3）按照生物成分

生态系统可分为植物生态系统、动物生态系统、微生物生态系统、人类生态系统等。

（4）按照人类活动及其影响程度

生态系统可分为自然生态系统、半自然生态系统、人工生态系统等。

2.2.4　生态系统的基本特征

生态系统成为一般系统的特殊形态,其组成、结构、功能等都具有不同于一般系统的特性。

（1）整体性

生态系统是一个有层次的结构整体,从个体、种群、群落到生态系统,随着层次升高,不断赋予系统新的内涵,但是各个层次都不是独立存在的而是始终相互联系着,构成一种有层次的结构整体。

（2）开放性

生态系统的开放性具有两个方面的意义:一是使生态系统可为人类服务;二是人类可以对生态系统的物质和能量输入进行调控,改善系统的结构,增强其社会服务功能。

（3）动态变化性

任何一个生态系统都不是静止不动的,而是处于不断发展、进化和演变之中。

（4）区域分异性

生态系统都与特定的空间相联系,是包含一定地区和范围的空间概念,其区域分异性非常明显。

2.2.5　生态系统的功能研究

1.生物生产

生物的生产包括初级生产和次级生产。

（1）初级生产

从本质上来说,生态系统的初级生产是一个能量转化和物质积累过程,是绿色植物的光合作用过程。

单位时间和单位面积(或体积)内生产者积累的能量或生产的物质量称为生产量或生产力或生产率。在测定阶段,包括生产者自身呼吸作用中被消耗掉的有机物在内的总积累量称为总初级生产量,常用 P_G 表示。净初级生产量则指在测定阶段,植物光合作用积累量中除去用于生产者自身呼吸所剩余的积累量,常用 P_N 表示。

$$P_G - R_a = P_N \text{ 或 } P_G = R_a + P_N$$

式中,R_a 为自身呼吸消耗量。

（2）次级生产

次级生产是指消费者或分解者对初级生产者生产的有机物以及贮存在其中的能量进行再生产和再利用的过程。因此消费者和分解者称为次级生产者。同样,次级生产者在转化初级生产品的过程中,不能把全部的能量都转化为新的次级生产量,只有一小部分被用于自身的贮存。而这部分能量又会很快通过食物链转移到下一个营养级去,直到损耗殆尽。

2.物质循环

生命的维持不仅依赖于能量的供应,跟各种化学物质的供应也有很大关系。

(1)物质循环的特点

生态系统物质循环具有以下特点：

①物质不灭、循环往复；

②物质循环的生物富集；

③物质循环与能量流动不可分割,相辅相成；

④生态系统对物质循环有一定的调节能力；

⑤各种物质循环过程相互联系,不可分割。

(2)物质循环的基本形式

1)生物化学循环

生物化学循环主要指生物个体内化学物质的再分配。例如,养分在植物老叶脱落之前转移到植物体内储存起来,然后再转移到新生组织中。

2)地球化学循环

地球化学循环是指不同生态系统之间进行的化学元素交换。化合物或元素经过生物循环返回环境,经过五大自然圈循环后,其他生物还可以再次利用它的一个过程。

3)生物地球化学循环

生物地球化学循环是指在生态系统内部化学元素的交换,其空间范围通常会比较有限。

(3)物质循环的三大类型

1)水循环

生物圈中最丰富的物质可以说就是水,是生命存在的基础。水循环将陆生生态系统和水生生态系统连接起来,使局部的生态系统与整个生物圈相联系,起着传递能量的作用。水循环包括大循环和小循环。大循环又称外循环,是指从海洋表面蒸发到高空的水汽,在大气环流的作用下,被运送到陆地上空,由于温度发生变化,凝结成水降落到地面,一部分经地表径流汇入江河,最后流入大海,另一部分渗入地下形成地下径流,最后也流入大海的运动过程；小循环又称内循环,是指海洋或陆地上的水经蒸发升入空中,由于温度降低,又凝结成水降落到海洋或陆地表面的水分运动过程。

2)沉积型循环

P、Ca、K 均属于沉积型循环物质。

3)气相型循环

在气相型循环中,如 O_2、CO_2、N_2、Cl_2、Br_2 和 HF 等气体的循环。

(4)三种主要养分的循环

1)碳循环

碳是植物有机物质的主要组分之一。借助于植物光合作用,碳能够从大气以 CO_2 的形式进入陆地生态系统的生物地球化学循环。除此之外,含碳的岩石经过风化以及融溶作用以 HCO_3^- 形式经植物根的吸收进入生物地球化学循环。植物呼吸释放的 CO_2 又将碳返回大气或进入草牧食物网和腐生食物网。腐生食物网中的腐生异养生物呼吸放出的 CO_2 也能释放大量的碳,但有一定数量的碳返回到大气层是以 CH_4 形式进行的。被释放的 CO_2 只有小部分被植物重新吸收利用,大部分返回大气层或溶于海水中。全球性的碳循环主要是地质循环(图 2-5)。碳在生物圈中的存在时间差别很大,大多数碳原子在生物地球化学循环中的时间不长。工业革命后,煤炭、石油、天然气等化石燃料消耗不断增加以及土地利用方式的改变,向大气中排放的 CO_2 迅速增加,是导致全球气候变化的主要原因。

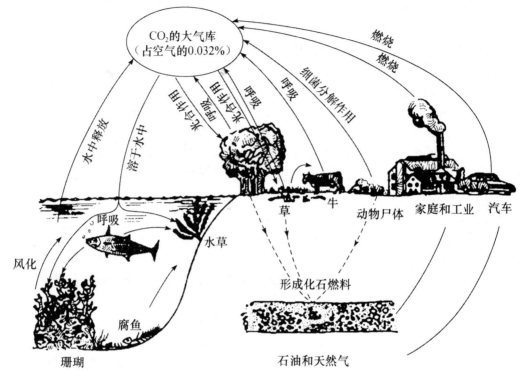

图 2-5　全球碳循环

大气 CO_2 浓度的调节可以说跟海洋有很大关系。随空气中 CO_2 浓度的升高,溶于海水中的 CO_2 也增多,最终引起碳酸钙沉积物的增加,在 N、P 充足的前提下,还会引起水生生物生产力的提高。相反,大气 CO_2 减少时,海水中的 CO_2 向大气释放,海水中 CO_2 含量降低。海水溶解 CO_2 这一途径可清除人类活动产生的 CO_2 量的 35% 左右,但是这一过程的进行速率与海水温度、海水 pH 值、大气 CO_2 分压和其他养分浓度有关,同时受大气、洋流涡动速率以及海水化学平衡等的影响,进行速度相当缓慢,难以与 CO_2 释放速率相比。

2)氮循环

N_2 在大气中含量很高,占大气的 78% 以上,这一巨大的氮库对大部分生物是无效的。地球上多数植被类型的净生产受缺氮的限制。大气中氮的存在形式不外乎以下四种: N_2、NH_3、NO_3^- 和 NH_4^+,这 4 种形式的氮都可进入生物地球化学循环。硝态氮和氨态氮主要以干湿沉降形式进入生态系统,它们可以被植物叶片直接吸收,其数量占植物需氮量 10% 左右。氮循环与碳循环有较大的不同,虽然这两种元素都通过大气库进入生态系统,但氮储量与生物退化有广泛联系,而且氮循环没有碳循环那样复杂的调节途径。氮进入生态系统后,会引起生态系统一系列复杂的变化。氮先被植物以 NO_3^-、NH_4^+ 形式吸收,转变成有机物,再沿自养或腐屑营养链流动,最终返回土壤(图 2-6)。

有机氮在土壤中储存可达数百年甚至上千年之久。但一般有机氮不久就会被一系列微生物(真菌、细菌、放线菌)转变成 NH_3 或 NH_4^+,这一过程称为氨化作用。NH_4^+ 被植物吸收后,被土壤保持或被化学自养、异养细菌转变为 NO_3^-，称为硝化作用。硝化作用在酸性、低温环境中进行的过程非常缓慢，一些植被类型还能对它有一定的抑制过程。

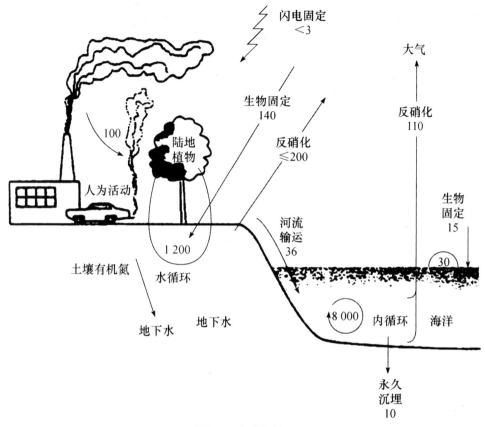

图 2-6　全球氮循环

硝化作用的产物 NO_3^- 一部分可被植物所吸收，但更多的是随土壤水流动，迁入其他陆生或水生生态系统，参与地质循环。土壤、水体中的无机氮可发生反硝化作用，即 NO_3^- 被还原成 NO_2^-、N_2O、N_2 或 NH_3 的过程。

3）磷循环

比较典型的沉积型循环就是磷的循环，这种类型的循环物质实际上都有两种存在相：岩石相和溶盐相。一些磷经由植物、植食动物和肉食动物在生物之间流动，待生物死亡被分解后又重返环境。在陆地生态系统中，磷的有机化合物被细菌分解为磷酸盐，其中一些又被植物吸收，另一些则转化为不能被植物利用的化合物。陆地的一部分磷则随水流进入湖泊和海洋（图2-7）。

3.能量流动

（1）生态系统的能流途径

第一条途径：能量沿食物链中各营养级流动，每一营养级都将上一级转化来的部分能量固定在本营养级的生物有机体中，但最终随着生物体的衰老死亡，经微生物分解全部能量仍会再次返回到非生物环境。

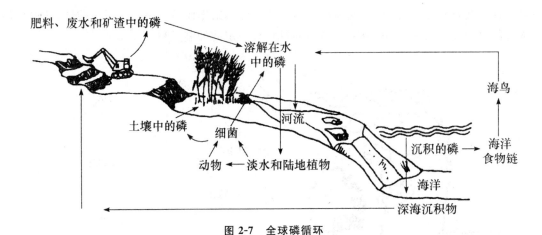

图 2-7 全球磷循环

第二条途径:在各营养级中都有一部分死亡的生物有机体、排泄物或残留体进入腐食食物链,在分解者作用下,有机物被还原,有机物中的能量返回到非生物环境是以热的形式进行的。

第三条途径:无论哪一级有机体在生命代谢过程中都进行呼吸作用,将化学能转化为热散发于非生物环境。

(2)食物链与食物网的概念

1)食物链

植物固定的能量在生态系统中传递是借助于一系列的取食和被取食的关系进行的,这种关系称为食物链(food chain)。例如,植物—食草动物—食肉动物。食物链构成了生态系统能量流动的渠道。受能量传递效应的影响,一般食物链都由4～5环节构成。在任何生态系统中都存在着两种主要的食物链:捕食食物链,以活的动植物为起点,占生产者固定能量的小部分;碎屑食物链,以死生物或碎屑为起点,占生产者固定能量的大部分。另外,还有寄生食物链(以活的动、植物有机体为营养源,以寄生方式生存的食物链)和混合食物链。

2)食物网

食物网(food web)是指在生态系统中,生物成分之间通过能量的传递形成复杂的普遍联系,并由多个食物链形成的生物成分直接或间接关系的网络系统(图 2-8)。

对于特定的生态系统,食物网越复杂,生态系统的多样性和稳定性就越高;而食物网越简单,生态系统就越脆弱。例如,从热带雨林生态系统和我国西北干旱地区脆弱的生态系统的差别即可看出其中端倪。

食物网中任何一个物种的灭绝,都会不同程度使生态系统的稳定性有所下降,而生态系统内正常的物种进化形成新种使物种增加,生态系统的稳定性也会在一定程度上有所增加。

(3)营养级和生态金字塔

1)营养级

营养级(trophic level)是指处于食物链某一环节上的所有生物物种的总和。应注意的是:营养级之间的关系不是一种生物和另一种生物之间的营养关系,而是一类生物和处于不同营养层次上另一类生物之间的关系;随着营养级的升高,营养级内生物种类和数量在逐渐地减少;营养级的数目一般限于3～5个,再多的话几乎是不可能的;很难将所有动物依据它们的营养关系放在某一特定的营养级中,在实际中常依据主要食性来确定其营养级。

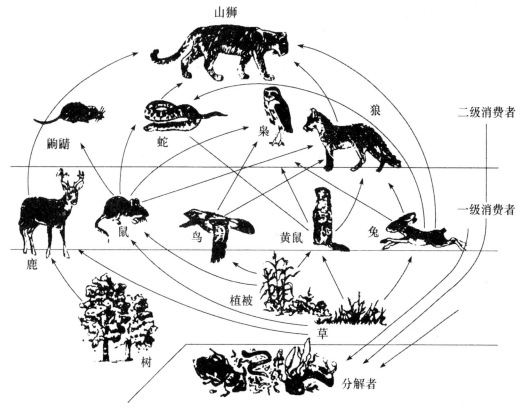

图 2-8 某陆地生态系统的部分食物网

2)生态金字塔

生态金字塔(ecological pyramid)是指各个营养级之间的数量关系,这种关系的表示可借助于生物量单位、能量单位和个体数量单位来实现,其变化趋势像金字塔。生态金字塔有以下 3 类。

生物量金字塔:每一个营养级中生物量的总量是以生物的干重或湿重来表示的。能够确切地表示出生态系统中能量在各营养级中的分布。

能量金字塔:表示生物间的能量关系,把各个营养级的生物量换算为能量单位,以表示能量的传递、转化的有效程度。

数量金字塔:各个营养级以生物的个体数量比较,所得的图形为数量金字塔。每一个营养级包括的个体数量沿食物链逐渐减少,生产者个体数最多,而消费者越靠近塔尖数量越少。

(4)生态效率

生态效率指生态系统中能量参数在不同营养级之间的比值。初级生产者以后的能量流动受多种因素的影响,如利用食物资源的效率、消化效率以及呼吸损耗的能量等都会影响从植物向草食动物转移的速率。用于表示两个营养级间的各阶段能量转化指标主要有以下几个:

同化效率＝该营养级同化量/前一营养级同化量

生产效率＝n 营养级的净生产能量/($n-1$)营养级的同化能量

消费或利用效率＝n 营养级的摄食能量/($n-1$)营养级的净生产能量

摄食效率＝该营养级摄食量/前一营养级摄食量

生态效率＝净生产量/前一营养级的净生产量

消费者对生产者生产出的能量的利用效率差异很大,在森林生态系统中利用效率一般较低。平均一个营养级只有 10% 的能量能够被上一营养级所利用,这在生态学上被称作 10% 定律或林德曼效率定律。营养级之间生物量转化效率不高的原因主要是:各营养级不可能百分之百地利用上一营养级的能量,总有一部分会自然死亡和被分解者利用;各营养级的同化率也不是百分之百的,总有一部分变成排泄物而留于环节中,被分解者所利用;各营养级生物要维持自身的生命活动,总要消耗一部分能量,这部分能量变成热能而耗散掉。

4.信息传递

生态系统中的信息形式主要有营养信息、化学信息、物理信息和行为信息。

(1)营养信息

通过营养关系,把信息从一个种群传递给另一个种群,或从一个个体传递给另一个个体,即为营养信息。食物链与食物网就是一个信息系统,如前面所提及的猫头鹰与田鼠的数量彼此增长关系。

(2)物理信息

生物通过声、光、色、电等向同类或异类传达的信息构成了生态系统的物理信息,表达安全、警告、恫吓、危险和求偶等多方面信息均可借助于这些物理信息传递出去,如求偶的鸟鸣、兽吼等。

(3)化学信息

生物在某些特定条件下,或某个生长发育阶段,某些特殊的化学物质会在一定阶段被分泌出来,这些物质在生物种群或个体之间起着某种信息作用,这就是化学信息,例如昆虫分泌性外激素吸引异性个体,猫、狗通过排尿标记其活动的领域,臭鼬释放臭气抵抗敌害,白蚁传递生殖信息等。

(4)行为信息

有些动物可以通过特殊的行为方式向同伴或其他生物发出识别、挑战等信息,这种信息传达方式称为行为信息,如蜜蜂通过舞蹈告诉同伴花源的方向、距离等,人类的哑语也是一种行为信息方式。

2.3　生态平衡与生态失调

生态系统各要素之间的平衡是地球环境亿万年来发育演化的结果。保持这种平衡是维护生物生存的必要条件,破坏这种平衡的话,人类及其他生物的生存基础也就会遭到一定破坏。

2.3.1　生态平衡

在较长时间内,如果某生态系统组成成分能够保持相对协调,物质和能量的输入和输出接近相等,结构与功能长期处于稳定状态,在外来干扰下,能通过自我调节恢复到最初的稳定状态,则这种状态可称为生态平衡。生态系统之所以能保持动态的平衡,主要是由于内部具有自动调节的能力。

2.3.2　生态平衡的基础

1. 相互依存与相互制约规律

生物间的协调关系可通过相互依存与相互制约得以有效反映出来,是构成生物群落的基础。生物间的这种协调关系,主要分两类:

①普遍的依存与制约,亦称"物物相关"规律。有相同生理、生态特性的生物,占据与之相适宜的小环境,构成生物群落或生态系统。

②通过"食物"而相互联系与制约的协调关系,亦称"相生相克"规律。食物链与食物网即为其具体形式。即每一种生物在食物链或食物网中,都占据一定的位置,并具有特定的作用。

2. 物质循环转化与再生规律

生态系统中,植物、动物、微生物和非生物成分,借助能量的不停流动,一方面不断地从自然界摄取物质并合成新的物质,另一方面又随时分解为原来的简单物质,即所谓"再生",重新被植物所吸收,进行着不停的物质循环。在农业生产中,应防止食物链过早截断,过早转入细菌分解;不让农业废弃物如树叶、杂草、秸秆、农产品加工下脚料以及牲畜粪便等直接作为肥料,被细菌分解,使能量以热的形式散失掉;而是应该经过适当处理,例如先作为饲料,便能更有效地利用能量。也就是通过生态工程设计,提高系统的能量利用效率。

3. 物质输入输出的动态平衡规律

这里所指的物质输入输出的平衡规律,又称协调稳定规律,生物、环境和生态系统三个方面均会牵扯在内。当一个自然生态系统不受人类活动干扰时,生物与环境之间的输入与输出,是相互对立的关系,生物体进行输入时,环境必然进行输出,反之亦然。

4. 生物与环境相互适应与补偿的协同进化规律

生物与环境之间,存在着作用与反作用的过程。或者说,生物给环境以影响,反过来生物也会受到环境的影响。生物从无到有,从只有植物或动物到动、植物并存,从低级向高级发展,而环境则从光秃秃的岩土,向具有相当厚度的、适于高等植物和各种动物生存的环境演变。

5. 环境资源的有效极限规律

作为生物赖以生存的各种环境资源,在质量、数量、空间和时间等方面,在一定条件下都是有限的,其供给是无法没有任何限制地供给的,因而任何生态系统的生物生产力通常都有一个大致的上限。

生态平衡以及生态系统的结构与功能,同人类当前面临的人口、食物、能源、自然资源、环境保护等社会问题有很大关系。图 2-9 概括地表示了它们之间的相互关系。问题的核心是人类种群的控制及其与自然生物关系的协调。

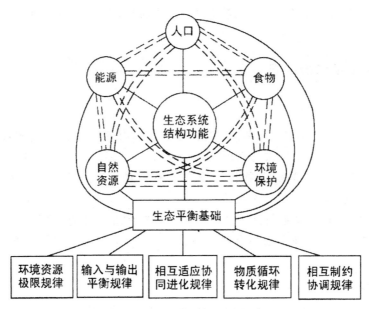

图 2-9 生态平衡与五大环境问题的关系示意图

2.3.3 生态平衡失调的标志

1.生态平衡失调的结构标志

生态系统的结构可划分为两级结构:一级结构是指生态系统四个基本成分中的生物成分,即生产者、消费者和分解者;而把生物的种类组成、种群和群落层次及其变化特征等看作二级结构。当外界干扰不甚严重时,如择伐、轻度污染的水体等,虽然不会引起一级结构的缺损,但二级结构中物种组成比例、种群数量和群落垂直分层结构等发生改变是在所难免的,从而引起营养关系的改变或破坏,导致生态系统功能的改变或受阻。

2.生态平衡失调的功能性标志

能量流动在系统内的某一个营养层次上受阻或物质循坏正常途径的中断可以说是生态平衡失调的功能性标识。能流受阻表现为初级生产者第一性生产力下降和能量转化效率降低或"无效能"增加。营养物质循环则表现为库与库之间的输入与输出的比例失调。例如,水中悬浮物的增加,可以影响水体藻类的光合作用;重金属污染可抑制藻类的某些功能等。有时虽然不会影响初级生产,但影响次级生产。例如,受热污染的水体,常因增温使蓝绿藻数量增加,但因鱼类对高温的回避作用或饵料质量的下降,鱼类产量不增反降。

2.3.4 生态失调的影响因素

1.自然因素

自然因素主要是指自然界发生的异常变化或自然界本来就存在的对人类和生物有害的因素,如地壳运动、海陆变迁、冰川活动、火山爆发、山崩、海啸、水旱灾害、地震、雷电火灾以及流行病等。在短时间内,这些因素可使生态系统遭到破坏甚至毁灭。例如,每隔6~7年就会发生厄尔尼诺现象,结果使来自寒流的鳀鱼大量死亡,鳀鱼死亡又会使以鳀鱼为食的海鸟失去食物来源而无法生存。1965年发生的死鱼事件,就使得1200多万只海鸟饿死,又因海鸟死亡使鸟粪锐减,引起以鸟粪为肥料的农田因缺肥而减产。

2．人为因素

由于人类对自然界规律的认识有一定欠缺,为了眼前利益,对自然资源进行不合理的利用和污染物质的大量排放,使得生态系统结构与功能发生了很大变化,系统平衡的失调将危及人类的未来。

人类在生活和生产过程中,常常会有意或无意地使生态系统中某一种生物物种消失,或引进某一种生物物种,整个生态系统均可能因此而受到严重影响。例如,1859年澳大利亚从国外引进野兔,澳大利亚原来没有兔子,由于没有天敌的适当限制,在很短的时间内,兔子大量繁殖,很快兔子与牛羊群争夺牧场,使以牛羊为主的澳大利亚畜牧业受到很大影响,田野一片光秃,土壤无植物保护,受雨水侵蚀,造成生态系统破坏。为此,澳大利亚政府曾鼓励大量捕杀,但仍效果不明显,直到1950年澳大利亚政府不得不从巴西引进兔子的流行病毒,才使99.5%的野兔死亡,解决了兔子的生态危机。

20世纪以来,随着经济的不断发展,工农业生产增长,有意或无意地使大量污染物质进入环境,生态系统的环境因素也因此得以改变,影响生态系统正常功能,甚至破坏了生态平衡。

2.3.5 生态平衡调节机制

1．生态系统的稳态机制

(1)个体水平的生态适应机制

在个体水平上,主要通过生理与遗传的变化去适应环境的变化,通过适应,形成生活型、生态型、亚种乃至新种,使物种多样性和遗传基因的异质性得到加强,同时提高对环境资源的利用效率。

(2)群落水平的种间关系机制

在群落水平上,生物种间通过相互作用,调节彼此间的种群数量和对比关系,同时又受到共同的最大环境容量的制约。例如,虫媒花植物和传粉昆虫可以相互促进,而虫媒植物的繁衍对加强与植物有关的食物链非常有帮助。

群落内物种混居,以食物、空间等资源为核心的种间关系是肯定会出现的,长期进化的结果,又是使各种各样的种间关系得以发展和固定,形成有利有害,或无利无害的相互作用,多个物种在一起相生相克,从而保持系统稳定。

(3)种群水平的反馈调节机制

由矛盾着的两组过程(出生和死亡,迁入和迁出)相互作用决定了种群数量的最终变动情况。因此,所有影响出生率、死亡率和迁移的物理和生物因子都对种群的数量起着调节作用。

由于作用于生物数量变动的因素非常多,因而探讨极其复杂的种群调节机制的难度非常大。多年来,由于生态学工作者的不断努力,许多有关种群调节的理论相继被提出,如气候学说、捕食和食物作用学说、社会性的交互作用学说、病理效应学说、遗传调节学说等,虽然这些学说限于工作者的研究环境、研究对象和时间的约束,不能形成整体的种群调节模式,但它们无疑给这个种群生态学最引人入胜的理论研究领域增加了活力,同时也为接受调节是各因素综合作用结果的观点提供了思路和佐证。

(4)系统水平的自组织机制

一般系统论认为系统存在的空间总是有限的,系统与其外部环境之间的相互作用是经常的,环境对系统的干扰是随机的。开放系统要保持其功能的稳定性,就必须具备对环境的适应能力和自我调节能力。

2.反馈机制

生态系统的反馈是指系统中某一成分发生变化时,必然要引起其他成分的一系列的相应变化,这些变化反过来影响最初的状态。

生态系统是一个开放系统,它存在着反馈调节的功能。进一步划分的话,反馈还可以分为正反馈和负反馈,两者的作用是相反的。正反馈可使系统偏离加剧,因此它不能维持系统的稳定。生物的生长过程中个体越来越大,种群数量的持续增长过程中种群数量不断上升等均属正反馈。正反馈是有机体生长和存活所必需的,但是正反馈不能维持系统的稳定,只有通过负反馈机制才能使系统维持稳定状态。种群数量的调节中,密度制约作用(如树木的自疏)是负反馈机制的体现。负反馈调节作用的意义就在于通过自身的功能减缓系统的压力以维持系统的稳定。有人把生态系统比作弹簧,它能忍受一定的外来压力,压力一旦解除就能恢复最初的稳定状态。生态系统正是由于具备了负反馈调节功能,才能在很大程度上克服和消除外来的干扰,保持自身的稳定性。

生态系统的反馈调节功能是由抵抗力和恢复力的强弱所决定的。抵抗力是生态系统抵抗外干扰并维持系统结构和功能原状的能力,是维持生态平衡的重要途径之一。抵抗力与系统发育阶段相关,生态系统发育越成熟,结构越复杂,抵抗外界干扰的能力就越强。环境容量、自净作用都是系统抵抗力的表现形式。恢复力是指生态系统遭受干扰破坏后,系统恢复到原状的能力。生态系统的恢复能力是由其生物成分的基本属性决定的,是由生物顽强的生命力和种群世代延续的基本特征所决定的,所以恢复力强的生态系统生物的生活世代短、结构比较简单。但就抵抗力而言,两者的情况截然不同,恢复力越强的生态系统抵抗力一般比较低,反之亦然。

第3章　可持续发展的理论与实施

3.1　可持续发展概述

3.1.1　可持续发展出现背景

1. 传统发展的弊端

人类发展历史漫长其过程也充满艰辛,尤其是产业革命以来,在改造自然和发展经济方面取得了巨大成就。但同时人类也以牺牲环境为代价。人类社会生产力和生活水平的提高,在很大程度上是建立在环境质量恶化的基础上的。气候异常、灾害频繁而严重、臭氧层破坏、生物物种锐减、资源匮乏、能源枯竭等,人类越来越需要一条在人口、经济、社会、环境和资源相互协调的发展之路。

传统的工业文明发展主要误区如下。

(1)忽视环境、资源和生态系统的承载力。

由于人们生态知识有限,一方面无度索取各类生态资源,另一方面又肆意排放废弃物,导致环境、资源和生态系统的承载力越来越弱,严重地打破了自然界的生态平衡,极大地损害了自然的自我调节和自我修复能力。

(2)无视资源环境成本。

人类文明发展史中主要以人类单向地从自然界所获取的经济利润来衡量的,未考虑经济增长所付出的资源环境成本。这样的经济核算体系给人们建立一种"资源无价、环境无价、消费无虑"的错误思想。而在实践行为上则采取一种"高投入、高消耗、高污染"的粗放式、外延式发展方式。虽然实现了经济的快速增长,但也带来了不可估量的自然损失。西方工业文明发展的许多结果已经表明,今天自然资源的过度丧失和生态环境的严重破坏到将来可能花费多少倍的代价也难以弥补。

(3)缺乏整体协调观念。

由于人们长期地片面地追求物质财富,只重视经济的增长和生产效率的提高,其注意力集中在可量度的各个经济指标上,如国民生产总值、人均年收入。人们将增长和效率成了发展的唯一尺度,至于人文文化、科技教育、环境保护、社会公正、全球协调等重大的社会问题则受到冷落或被淡忘。这种对经济增长的狂热崇拜与追求,不仅使人异化为物质的奴隶,导致社会畸形发展,而且引发了大量短期行为,如无限度地开发、浪费矿物资源,贪婪地砍伐植被和捕猎动物,肆无忌惮地使用各种化学原料与农药而置生态环境于不顾等。

2. 可持续发展概念产生及发展

第二次世界大战后至 20 世纪 60 年代,在经济重建动力的推动下,西方资本主义国家普遍接受了凯恩斯理论,以高速经济增长来摆脱各种社会经济矛盾。百废待兴的战争废墟、廉价的中东石油和第二次世界大战中的军事技术向民用领域转移从不同方面为这种高速增长创造了条件。

进入 20 世纪 60 年代,高速经济增长带来的负面影响逐步凸现,主要是人口、环境和资源等方面出现的压力和危机。所以,一些学者已开始从地球对人类的支持能力角度出发,考虑未来的发展问题。其中,颇具代表性的是美国经济学家鲍尔丁提出的"飞船经济"理论。该理论将地球视为人类赖以生存的唯一生态系统,因此比之为"宇宙飞船",系统能力是有限的,包括承载人口的能力、资源总量和接受消纳废弃物的能力。于是,无节制的经济增长和人口膨胀最终会导致系统的崩溃。这一理论引起了巨大反响,结合现实中已经出现的人口、环境和资源问题,学术界开始注重环境与发展关系的研究。

20 世纪 70 年代初,罗马俱乐部发表了震动世界的研究报告《增长的极限》。在数学模型和实证数据分析的基础上,报告指出第二次世界大战以来的脉冲式增长是不能维持的,其模拟结果显示了现行经济运行方式最终会发生全球性的经济和生态崩溃。作为对策,报告提出了"全球均衡状态"的发展对策,其基本要求是实现"零增长",要求产业资本和人口保持不变,使人口出生率等于死亡率,资本投资率等于折旧率等。报告具有积极意义让人们注意到"发展"与"增长"相区别。

1972 年,联合国在斯德哥尔摩召开了人类环境大会。按照联合国的计划,大会讨论的是日益突出的全球环境问题,并探讨相应的对策。其实质性结果是导致了联合国环境与规划署(UNEP)的产生,作为联合国的环境保护机构,在推动全球性环保进程方面起到非常重要的作用。同时在各国也更加加快和重视环境保护机构的组建工作。该大会引起了国际社会对环境与发展关系的重视。联合国环境开发署成立之后,委托国际自然保护联盟制定《世界自然保护大纲》。该文件由多国政府和非政府组织参加,文件涉及内容大大超出了单纯的保护,而是将保护与发展融合统一为一体。在此基础上,文件提出了"可持续发展"这一重要概念,但具体含义模糊。

1981 年,世界自然保护联盟发布了《保护地球》,该文件解释可持续发展概念,并最早为定义:"改进人类的生活质量,同时不要超过支持发展的生态系统的承载能力。"

1983 年联合国大会做出成立世界环境与发展委员会(WCED)的决议,负责研究人类长远的环境与发展战略和国际社会应对环境问题的措施。1987 年,该委员会提交了题为《我们共同的未来》的报告,正式采纳可持续发展这一概念并较为详细地讨论了其定义。

1992 年里约热内卢世界环境与发展大会上,可持续发展作为全人类共同的发展战略得到确认。其广为接受的定义:"在不损害未来世代满足其发展要求的资源基础的前提下的发展。"且里约热内卢大会更为注重发展问题,环境变化是由发展引起的。不解决发展问题,无法真正解决环境退化难题。

2002 年 8 月在南非约翰内斯堡召开的首脑会议更是一个重要的会议,它要求各国采取具体步骤,并更好地执行《21 世纪议程》的量化指标。

近年来关于环境与全球发展的各项政策与进程可见表 3-1 所示。

进入 21 世纪后世界范围内,社会贫富差距进一步扩大,消除贫困成为人类面临的最迫切的任务。根据 2000 年 12 月第五十五届联大第 55/199 号决议,2002 年 8 月 26 日至 9 月 4 日在南非约翰内斯堡召开的第一届可持续发展世界首脑会议(World Summit on Sustainable Development,WSSD),全面审查和评价《21世纪议程》执行情况,重振全球可持续发展伙伴关系的重要会议。会议正式把消除贫困列为可持续发展的基本原则,就形成面向行动的战略与措施、积极推进全球的可持续发展进行了深入的讨论。

表 3-1　全球发展和环境综合措施

1891 年	自然保护团体塞拉俱乐部在美国成立
	环境保护 NGO"地球之友"在美国成立
1969 年	
1970 年	OECD 环境委员会成立
1972 年	罗马俱乐部《增长的极限》出版,提出地球资源的有限性
	联合国人类环境会议在斯德哥尔摩举行,通过了"人类环境宣言"及"行动计划"
	第十七届 UNESCO 大会,通过了"保护世界文化和自然遗产公约"(1975 年生效),联合国环境规划署 UNEP 成立
1974 年	在第六届联合国特别会议上,发表建立"国际经济新秩序"的宣言
	世界人口会议召开,通过"世界人口行动计划"
	世界粮食会议召开,通过"消除饥饿及营养不良的世界宣言"
1976 年	联合国人类住区会议(HABITAT)在加拿大温哥华召开
1979 年	第二届 OECD 环境部长级会议召开,通过了"关于预见性环境政策的宣言"
	联合国欧洲经济委员会(UNECE)环境部长级会议召开
1980 年	UNEP 及世界银行等 10 家多边援助机构,通过了"关于经济开发中的环境政策及实施程序的宣言"
	IUCN/WWF 发表"世界自然资源保护大纲"
	美国政府出版"公元 2000 年的地球",预言 21 世纪将面临更严重的环境问题
1981 年	在渥太华首脑会议上,首次在"共同宣言"中添加了有关环境问题的事项
	联合国"新生及可再生能源会议"召开,通过了"增加新生及可再生能源利用的行动计划"
1982 年	联合国人类环境会议 10 周年纪念会议在内罗毕召开,通过"内罗毕宣言"
1983 年	OECD 设置"环境影响评价与开发援助特别团体"
1984 年	联合国成立"世界环境与发展委员会(WCED)"
	世界银行制定"环境政策与实施程序"
	OECD"环境与经济会议"召开
1985 年	首脑会议基础上的环境部长级会议在伦敦召开
	ESCAP 环境部长级会议召开
	第三届环境部长级会议召开,通过了"环境,未来的资源"宣言及"在环境援助计划和项目中有关环境影响评价的理事会建议"等
1987 年	联合国 WCED(世界环境与发展委员会)通过了"东京宣言",并公布《我们共同的未来》报告书,提出了许多以"可持续发展"为中心思想的建议

1989 年	以全球环境为焦点的最高首脑经济宣言 24 国有关自然环境的"海牙宣言"
1990 年	EC 首脑会议通过环境宣言
1991 年	世界银行、UNEP、UNDP 设立"全球环境基金(GEF)" 在发展中国家环境与发展会议上,通过"北京宣言"
1992 年	UNCED(联合国环境与发展大会)在巴西里约热内卢召开,通过"里约宣言"和"可持续的环境 与发展行动计划"(21 世纪议程)及"森林原则声明"
1993 年	《巴塞尔公约》第一次缔约方会议 中国环境与发展国际委员会成立 《中国环境与发展十大对策》发表 联合国可持续发展委员会(UNCSD)第一次年会
1994 年	《中国 21 世纪议程》发表 《生物多样性公约》第一次缔约方会议 《蒙特利尔议定书》第六次缔约方会议,确定中国为正式会员
1995 年	《气候变化框架公约》第一次缔约方会议 《荒漠化公约》谈判结束,开放签字
1996 年	联合国第二次人类住区会议在伊斯坦布尔召开 《巴塞尔公约》、《生物多样性公约》、《气候变化框架公约》、《蒙特利尔议定书》、UNCSD 等继续 召开会议
1997 年	UNCSD 第五次年会 联大特别会议将对《21 世纪议程》5 年来的进展作综合评议

最近几年,有关可持续发展问题的研究在世界各国蓬勃展开。2005 年 1 月 10 日,来自全世界 40 多个小岛屿国家的 2000 多名代表在印度洋岛国毛里求斯首都路易港举行"小岛屿发展中国家可持续发展国际会议",会议通过了《毛里求斯战略》和《毛里求斯宣言》,以进一步落实 10 年前在巴巴多斯通过的《小岛屿发展中国家可持续发展行动纲领》。2009 年 10 月 10 日,中、日、韩三国政府首脑/国家元首在中国北京举行第二次中日韩领导人会议,形成了《中日韩可持续发展联合声明》,重申三国为本地区和国际社会创造和平、繁荣及可持续发展未来的共同愿望和责任。

当前气候变化成为全球研究的热点。气候变化导致了自然生态、环境系统的一系列变化,比如水资源短缺、生态系统受损、土壤侵蚀、生物多样性减少等,人类社会的生存安全受到了严重威胁。气候变化既是环境问题,又是发展问题,但归根结底是发展问题,最终要靠可持续发展加以解决。2009 年 12 月 7～18 日,《联合国气候变化框架公约》第 15 次缔约方会议在丹麦首都哥本哈根举行,会议重点讨论了 2012 年《京都议定书》第一承诺期结束后的全球应对气候变化框架。围绕减排目标问题,形成了全面、有效和可持续的《联合国气候变化框架公约》。

3.1.2　可持续发展定义与内涵

1. 可持续发展定义

可持续发展的概念可持续发展包含发展与可持续两个方面。为满足不断增长的人口和不断提高的生活水平的要求始终是人类的共同追求,一切都是为了人类的生存。但对什么是发展,怎样实现发展,不同的历史时期,人们的理解不同。传统意义上的发展指的是物质财富的增加,其特征是以经济总量的积累为唯一标志,以工业化为基本内容。而现代意义上的发展是指人们社会福利和生活质量的提高,既包括了经济繁荣和物质财富的增加,也包括了社会进步,不仅有量的增长,还有质的提高。因此,单纯的经济增长不等于发展,仅为发展的重要内容。

可持续的过程是指该过程在一个无限长的时期内可持续地保持下去。在生态和资源领域,应理解为保持延长资源的生产使用性和资源基础的完整性,使自然资源能永续为人类所利用,不至于因其耗竭而影响后代的生产与生活。持续性是可持续发展的根本原则,其核心是指人类的经济行为和社会发展不能超越资源与环境的承载能力。这一概念比保持良好的环境质量具有更为更深刻、更广泛的意义。保持生态系统的持续稳定和持续保持提供资源能力的潜力,包括保持地球物理系统的稳定性和生物多样性的稳定性,使发展以不超过生态环境承载力,不破坏生态环境系统的结构为基本前提。

此外,可持续发展的概念属于生态学范畴,最初见于林业和渔业是指对资源的一种管理战略,即如何将全部资源中的合理部分加以收获,使得资源不受破坏,而新生成的资源的数量足以弥补所收获的数量。发展到后来该概念广泛应用于各个领域其对应的定义也出现了很多版本,较为权威的定义来自于 1987 年联合国环境与发展委员会的《我们共同的未来》报告中。该报告把可持续发展定义为:"既满足当代人的需求,又不危及后代人满足其需求的发展。"

可持续发展是一种战略主张,其核心内容是解决经济增长与环境保护之间的和谐平衡问题。从长远观点看,经济增长同环境保护是统一的。为实现这一战略主张,应建立一些可被发达国家以及发展中国家同时接受的政策,这些政策既能使发达国家继续保持经济增长,同时也可让发展中国家的发展有个良好的路线和速度,并且也不至于造成生物多样性的明显减少以及人类赖以生存的大气、海洋、淡水和森林等资源系统的永久性损害。一方面,人类迫切需要经济的增长,另一方面,又要限制这种增长以保护人类赖以生存和发展的生态环境和资源基础。也就是说要兼顾发展增长人类社会物质财富和人类社会的发展可持续性,其具体的实现措施便是可持续发展需要研究的内容。

2. 可持续发展内涵

总的来说可持续发展总体战略主要涉及内容可见图 3-1 所示。

(1)发展是可持续发展的基础。

可持续发展与经济增长不是相互矛盾的,由于发展中国家其发展为可持续发展的核心,也是可持续发展的基础。但发展需要重新审视如何实现经济增长的模式,由粗放型向集约型转向。可持续发展是能动地调控自然—社会—经济符合系统,让人类在不超越环境承载力的条件下发展经济。也以自然资源为基础,同环境承载力相协调。经济发展、社会发展与环境的协调,不能以环境污染(退化)为代价来取得经济增长。应通过强大的物质基础和技术的能力,由传统经济增长模式(高消耗、高污染、高消费)转变为可持续发展模式(低消耗、低污染、适度消费),促使环境保护与经济持续协调地发展。

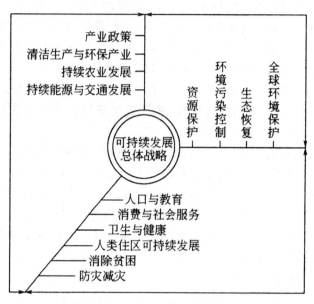

图 3-1　可持续发展内涵示意

(2)可持续发展的公平性。

发展是所有人的权利,要确保每个人都具有平等的机会。没有公平,就没有可持续发展。发展的公平性包括当代人的公平和代际之间的公平。

可持续发展的公平性原则主要包括三个方面:一是当代人公平,即要求满足当代全球各国人民的基本要求,给予机会满足其要求较好生活的愿望;二是代际的公平,即每一代人都不应该为着当代人的发展与需求而损害人类世世代代满足其需求的自然资源与环境条件,而应给予世世代代利用自然资源的权力;三是公平分配有限的资源,即应结束少数发达国家过量消费全球共有资源,给予广大发展中国家合理利用更多的资源,以达到经济增长和发展的机会。

(3)可持续发展需要共同作用。

目前世界上的许多资源与环境问题已超越国界和地区界限,影响着全球。人类共居在一个地球上,整个地球和全人类是一个相互联系、相互依存的整体。要实现全球的可持续发展,必须建立巩固的国际秩序和合作关系,必须采取全球共同的联合行动。人们需要世界各国"共赢"的经济全球化,需要世界各国平等的经济全球化,需要世界各国公平的经济全球化,需要世界各国共存的经济全球化。

(4)可持续发展的目标——生态文明。

生态文明主要核心是人与自然和谐共生,即人类不能超越生态系统的承载能力,不能损害支持地球生命的自然系统。可持续发展理论的持续性原则要求人类对于自然资源的耗竭速率应该考虑资源与环境的临界性,不损害支持生命的大气、水、土壤、生物等自然系统。持续性原则的核心是对人类经济和社会发展不能超越资源和环境的承载能力。"发展"一旦破坏了人类生存的物质基础,"发展"本身也就衰退了。遵循发展的和谐性原则,正确认识人与自然的关系。

(5)可持续发展的模式和途径。

可持续发展从整体上来说是个和谐的全球发展方向,但是在不同的社会制度、背景下,其具体实施的过程需要根据实际来选择。因此,发展的模式和途径也应有所不同。可持续发展是人类关于发展的结构化描述。如何实施可持续发展,什么样的发展才是可持续的,人类可以有统一的准则,但没有统一的模式。对于发达国家而言,实施可持续发展首要的任务是抑制自然资源的消耗,同时要主动帮助发展中国家和地区发展经济,逐渐消除发展的不平衡现象,保护"地球村"的整体利益。对于发展中国家,首要的任务是在转变传统的经济增长模式基础上加快经济发展。对于一个国家来说综合分析,结合本国自身特点从社会、经济、环境考虑和科学原则、全面的信息和综合的要求来制定政策并予以实施。就我国而言,在今后 50 年乃至更长的时期内要加快中、西部地区的发展,提高这些地区的经济实力。但在今后的发展过程中,不能采取沿海地区所曾经采用过的、传统的、以大量消耗有限资源换取经济增长的发展模式,而要走持续利用、高效、集约化的发展道路。

3.1.3　环境保护和可持续发展

1.环境保护的必要性

可持续发展的提出是源于环境保护,环境既是发展的资源又是发展的制约条件,因为环境容量是有限的。

环境为人类活动提供了各种资源。环境整体及其各组成要素是人类生存和发展的基础,也是各种生物生存的基本条件。地球上人类的各种经济活动都是以这些初始产品为原料或动力而开始的,人口总量增加和经济发展导致自然资源消耗量也逐年增加,使地球负担加重。

环境的自净是指在一定程度上可消纳和同化人类经济活动产生的废物和废能量,即在不同的环境容量下环境具有不同程度的自净功能。即环境可以通过各种各样的物理、化学、生化、生物反应来消纳、稀释、转化废气物。这种自净能力对人类的生存至关重要。

环境还可以给人类带来精神享受,现代人对生存空间舒适性的要求在不断提高,包括清洁的空气、清净的水、自然的景色、丰富的物质以及和谐的社会关系等。优美的自然风景能使人们心情愉快、精神轻松,有利于提高人体素质,更有效地工作。

由上可知,环境保护的必要性。环境保护战略是可持续发展战略的重要组成部分,是制定国家环境政策和对策的依据,对开展环境保护工作具有总的指导作用。环境保护战略的具体含义是解决一些根本性、长期性、事关全局的重大环境问题,对环境保护的发展方向以及环境保护对策的总体谋划。主要涉及国家或区域环境保护的发展方向,实现环境保护总体战略目标所必需的战略方针、重大环境策略和环境对策。

2.环境保护战略特点

(1)全局性。

环境保护战略具有全局性的特点,由于环境保护涉及人类社会的发展,特别是关系到人类的生存,因此,环境保护战略不仅关系到环境保护事业的自身发展,而且也关系到人类社会的持续进步与经济的持续发展。

（2）层次性。

环境保护战略的全局为一个相对概念，具有层次之分。相对于不同层次的环境保护系统，就有不同层次的环境保护战略。因此，层次性是环境保护战略的明显特点，有国家环境保护战略、流域环境保护战略、区域环境保护战略、行业环境保护战略等。在这些不同层次的环境战略之间，低层次环境战略要以高层次环境战略为指导，所有环境战略的制定与实施必须服从于国家环境战略，而国家环境战略又必须以国家的发展战略为指导。

（3）长期性。

环境保护战略的长期性是由环境问题的长期性决定的。环境保护战略要在未来一个较长的时期内产生持续的影响和作用，比起那些只在短期内起作用的环境对策和措施来说，具有更深远的意义。既要解决眼前利益与长远利益的关系，同时也解决局部利益与全局利益的关系，克服经济活动中的短期行为。例如，为了扩大农田以增加农作物产量，盲目毁林开荒和围湖造田的行为，最终导致生态破坏的严重后果。

（4）阶段性。

环境保护总体战略目标，由若干个具体的阶段目标所组成。实现环境保护的总体战略目标，需要通过具体的分阶段目标来实施。即将一个较长的环境保护战略时期分成若干个连续的战略阶段，制定出各个阶段的环境保护战略目标。通过采取具体的阶段性的环境保护措施来完成阶段性的环境保护任务，实现阶段性的环境保护战略目标，进而实现总体环境保护战略目标。

3.环境保护和可持续发展

环境问题实质在于人类活动索取资源的速度超过了资源本身及其替代品的再生速度和向环境排放废弃物的数量超过了环境的自净能力。只有通过可持续发展道路，才能让人类经济活动索取自然资源的速度小于资源本身及其替代品的再生速度，并使向环境排放的废弃物能被环境自净，从而根本解决环境问题，避免走"先污染、后治理"的老路，实现人口、资源、环境与经济的协调发展。环境保护经历50多年的发展历程，根据环境保护技术的发展线索将其划分为三个阶段：污染治理阶段，综合利用阶段和可持续发展阶段。

（1）污染治理阶段。

这一阶段的出现有其客观必然性。一是由于环境保护源于环境问题的产生，有了环境污染才开始重视和考虑污染治理问题；二是由于人们单纯理解环境问题为污染问题，对环境问题的关注自然停留在污染治理的层面上，将污染治理内容等同于环境保护的全部内容；三是由于当时的环境保护技术还处于污染末端治理的初级阶段，人们对于环境保护的规律以及对环境问题的认识不深。因此，污染治理就成为世界各国环境保护的首选过程，中国也不例外。在此阶段之前，各个国家普遍存在着一个污染排放阶段，这一阶段不属于环境保护的发展历程。

污染治理阶段是"先污染、后治理"环境保护道路的开端，在这一阶段主要是以工业"三废"治理为主要内容开展起来的。"三废"治理顺序是：水污染治理—大气污染治理—固体废物治理。这一时期的污染治理技术属于纯工程的末端治理技术。目前发展中国家的环境保护水平基本上仍处于这一阶段。

（2）综合利用阶段。

该阶段人们开始认识到环境问题的产生与资源的利用密切相关，仅依靠污染治理来解决环境问题是不够的,提高资源的利用率是环境保护的一个重要途径。20 世纪 70 年代后期,发达工业国家率先进入了环境保护的第二阶段,即综合利用阶段。

这一阶段综合利用主要核心是工业固体废物再生利用和废水循环利用而展开的,通过综合利用促进了环境工程技术的发展和生产技术的改进。目前世界上较发达国家和地区的环境保护基本上处于这一阶段。

上述两个阶段有一个共同的特点,即默认了污染物的排放,等出现了环境问题以后再去寻找解决问题的方案和对策,实质上是走了一条“先污染、后治理”以末端控制为主的环境保护道路。

(3)可持续发展阶段。

这一阶段也称清洁生产阶段是全球环境污染防治所经历的最高阶段,这一阶段的出现是人类关于环境保护规律认识趋于成熟的标志,是人类环境保护实践不断深化的结果,也是人类经济不断发展与科技不断进步的象征。人们意识到必须从污染的全过程控制入手,实施清洁生产。

清洁生产强调清洁的能源、清洁的生产过程和清洁的产品三个方面,其中清洁的生产过程和清洁的产品是清洁生产的主要目标。即清洁生产不仅要实现生产过程的无污染或少污染,且生产出来的产品在使用和最终报废处理过程中也不对环境造成损害。清洁生产概括了产品从生产到消费的全过程为减少环境风险所应采取的具体措施,要求环境工程的范畴已不再局限于末端治理,而是贯穿于整个生产和消费过程的各个环节。

污染防治工作要综合产业部门和环保部门的职责,将经济建设置于可持续利用资源、保护生态环境的基础上。研究、开发和利用环境无害化的生产技术,以环境无害化方式使用新能源和再生资源,为社会提供环境无害化的产品和提供有利于环境的服务。

表 3-2 所示为可持续发展的技术领域,表 3-3 所示为可持续发展的节能技术。

表 3-2　主要技术领域对可持续发展重要性的评价

主要技术领域	评价有关技术重要性的标准			
	降低环境风险	技术进步	预竞争阶段一般可用性	社会与个别厂商所获效益比
1.能源获取技术	++	+		+
2.能源储存技术	+	+		+
3.能源最终使用技术	++		+	++
4.农业生物技术	+	++		
5.替代与精细农业技术				+
6.制造模拟、监测和控制技术	+	+	++	
7.催化剂技术		+	++	
8.分离技术	+	+	++	
9.精密制作技术			++	
10.材料技术	+		++	
11.信息技术			++	+
12.避孕技术	++	+		++

注:“＋＋”表示某类技术对某项判断标准具有特别重要的意义;“＋”表示某类技术对某项判断标准具有比较重要的意义;空白则表示在某项标准衡量下对应技术的重要性并不显著。

表 3-3　提高能源转化和输出效率的节能技术

分类	节能途径	具体措施	
燃烧节能技术	采用节能型燃烧器和燃烧装置;制订节能燃烧制度;进行节能类燃烧设备改造,以改善不完全燃烧自身预热烧嘴的程度,减少烟气带走的热量;合理使用燃料,提高燃烧设备的低 N_x 烧嘴热效率,提高生产率	节能燃烧器	平焰烧嘴 油压比例烧嘴 自身预热烧嘴 高速烧嘴 低 N_x 烧嘴
		节能燃烧装置	往复炉排 振动炉排 粉煤燃烧装置 下饲式加煤机 简易煤气发生装置 抽杈顶煤燃烧机
		节能燃烧制度	低空气比例系数 低温排入烟气 富氧燃烧 预热助燃空气和燃料 合理的加热工艺曲线
		节能设备改造	炉体构造的合理改革 水冷件的合理绝热包扎 改旁热式为直热式 二氧化锆测定烟气残氧
		新的燃烧技术	水煤浆混合燃烧 油掺水混合燃烧 油煤混合燃烧 煤的气化与液化
传热节能技术	通过提高辐射率、吸收率和两者选择性匹配来强化辐射传热;提高对流给热系数来强化对流传热;选用高导热系统材料,强化传热;以及增大辐射面积等强化综合传热	强化辐射传热	远红外加热干燥技术 高辐射率涂料加热技术 高吸收率涂料技术
		强化对流传热	强制循环通风 轧钢加热炉喷流预热技术
		强化传导传热	碳化硅高导热炉膛 锅炉除垢技术 减少接触热阻技术

分类	节能途径	具体措施	
绝热节能技术	减少绝热对象的散热损失和蓄热损失,主要通过选择合适的轻质、超轻质绝热材料及其合理的组合来实现	管道保温	热力管道保温优化技术 热工设备保温优化技术 热力管道的堵漏塞冒技术
		炉衬组合	耐火纤维全炉衬技术 耐火纤维贴面炉衬技术 间歇式加热炉炉料优化设计 低辐射率外壁涂料
		其　他	热工设备的合理保温绝热

3.2　可持续发展战略的实施

可持续发展的实现是一项综合的系统工程,目前的国际社会主要从以下几个方面实施可持续发展战略:①制定测度可持续发展的指标体系,探索怎样将资源和环境纳入国民经济核算体系,以使人们能够更加直接地从可持续发展的角度,对包括经济在内的各种活动进行评价;②制定条约或宣言,使保护环境和资源的有关措施成为国际社会的共同行为准则,并形成明确的行动计划和纲领;③建立和健全环境管理系统,促进企业的生产活动和居民的消费生活向减轻环境负荷的方向转变;④各有关国际组织和开发援助机构都把环境保护和支持可持续发展的能力建设作为提供开发援助的重点领域。

3.2.1　可持续发展的指标体系

指标是综合反映社会某一方面情况绝对数、相对数或平均数的定量化信息,具有揭示、指明、宣布或者使公众了解等涵义。一般要求指标:可以尽可能地定量化信息,明晰该信息,可以简化复杂信息,提取代表性信息。可持续发展是经济系统、社会系统以及环境系统和谐发展的象征。它所涵盖的范围包括经济发展与经济效率的实现、自然资源的有效配置和永续利用、环境质量的改善和社会公平与适宜的社会组织形式等等。因此,可持续发展指标体系必然包括众多的内容。在建立指标体系时,应充分考虑到科学性、层次性、相关性和简明性等原则,才有可能通过建立可持续发展指标体系,构建评估信息系统,监测和揭示区域发展过程中的社会经济问题,分析各种结果的原因,评价可持续发展水平,引导政府更好地密切可持续发展战略。

可持续发展的指标体系反映的是"社会—经济—环境"之间的相互作用关系,即"三者之间的驱动力—状态—响应关系",或称之为"驱动力—状态—响应框架"。驱动力指标反映的是对可持续发展有影响的人类活动、进程和方式,即表明环境问题的原因;状态指标衡量由于人类行为而导致的环境质量或环境状态的变化,即描述可持续发展的状况;响应指标是对可持续发展状况变化所作的选择和反应,即显示社会及其制度机制为减轻诸如资源破坏等所作的努力。

根据指标体系的层次性原则,可持续发展指标体系应该包括全球、国家、地区以及社区四个层次。分别涵盖以下主要方面:①社会系统,主要有科学、文化、人群福利水平或生活质量等社会发展指标,包括食物、住房、居住环境、设施、就业、卫生、教育、培训、社会安全等;②经济系统,包括经济发展水平、经济结构、规模、效益等;③环境系统,包括资源存量、消耗、环境质量等;四是制度安排,包括政策、规划、计划等。

联合国可持续发展委员会制定的可持续发展指标体系由驱动力指标、状态指标、响应指标构成。

驱动力指标涵盖:就业率、人口净增长率、成人识字率、可安全饮水的人口占总人口的比率,运输燃料的人均消费量,人均实际 GDP 增长率,GDP 用于投资的份额,矿藏储量的消耗,人均能源消费量,人均水消费量,排入海域的 N、P 量,土地利用的变化、农药和化肥的使用,人均可耕地面积,温室气体等大气污染物排放量等。

状态指标包括:贫困度,人口密度,人均居住面积,已探明矿产资源储量,原材料使用强度,水中的 BOD 和 COD 含量,土地条件的变化,植被指数,受荒漠化、盐碱和洪涝灾害影响的土地面积、森林面积,濒危物种占本国全部物种的比率,CO_2 等主要大气污染物浓度,人均垃圾处理量,每百户人中拥有的科学家和工程师人数,每百户居民拥有的电话数等。

响应指标涉及:人口出生率,教育投资占 GDP 的比率,再生能源的消费量与非再生能源消费量的比率,环保投资占 GDP 的比率,污染处理范围,垃圾处理的支出,科学研究占 GDP 的比率。我国最近又提出了绿色 GDP 的概念,更加深化了可持续发展的方针。

由于国家之间存在差异,因此难以涵盖各国的情况,再者由于可持续发展的内容涉及面广且非常复杂,人们对它的认识还在不断加深。要建立一套无论从理论上还是实践上都比较科学的指标体系,还需要深入研究探索。

3.2.2　可持续发展衡量

对于可持续发展由于各国情况不同,无法详细列举,但可大体参照以下五个基本要素加以衡量。

(1)环境缓冲能力。

人们对区域开发,对资源利用,对生产的发展,对废物的处理处置等,均应维持在环境的允许容量之内,保持有利的生态平衡,否则,发展将不可能持续。

(2)资源的承载能力。

这一能力是指一个国家或地区的人均资源数量和质量,以及它对于该空间内人口的基本生存和发展的支撑能力。若可满足当代及后代的需求,则具备了持续发展条件;如不能满足,应依靠科技进步挖掘替代资源,使得资源承载能力保持在区域人口需求的范围之内。

(3)区域的生产能力。

区域的生产能力的含义是一个国家或地区的资源、人力、技术和资本的总体水平可转化为产品和服务的能力。在生产能力的诸多因素中,科学技术一般都发挥着决定性作用。可持续发展需求区域的生产能力在不危及其他系统的前提下,应当与人的需求同步增长。

(4)发展稳定能力。

在整个发展的过程中不受自然和经济社会波动所引发的灾难性后果。常见的途径:一是培植系统的抗干扰能力避免自然波动;二是增加系统的弹性。一旦受到干扰,其恢复能力应当是强的,也就是要有迅速的系统重建能力。

(5)管理调节能力。

这一能力要求人的认识能力、行动能力、决策和调整能力应当适应总体发展水平,即人们的智力开发和对于"自然—社会—经济"复合系统的驾驭能力要适应可持续发展水平的要求。

通过考察上述五个要素便可对一个国家或地区可持续发展能力作出判断,也可对不同国家或不同地区的可持续发展潜力作出全面的对比和评估。

3.3　中国可持续发展战略

中国是一个拥有 12 亿人口的发展中国家,庞大的人口基数和持续增长态势在一个相当长时期内难以改变,因而中国将长期面临人口、资源、环境与经济发展的巨大压力和尖锐矛盾。不仅如此,中国还面临来自全球环境问题的威胁。由于经济基础差,技术水平低,资源消耗量大,污染严重,生态基础薄弱,各种矛盾相互交织和激化。中国的社会经济基本特征和资源环境约束状况表明,若不把合理使用资源、保护生态环境纳入经济发展之中统筹考虑,经济增长就难以持续,也难以为后代创造可持续发展的条件。

1992 年联合国环境与发展大会之后,可持续发展战略已成为世界各国指导经济、社会发展的总体战略。对于中国来说,实施可持续发展具有更加重要的意义,1992 年 8 月,中国政府制定"中国环境与发展十大对策",提出走可持续发展道路是中国当代以及未来的选择。1994年中国政府制定完成并批准通过了《中国 21 世纪议程——中国 21 世纪人口、环境与发展白皮书》,确立了中国 21 世纪可持续发展的总体战略框架和各个领域的主要目标。在此之后,国家有关部门和很多地方政府也相应地制定了部门和地方可持续发展实施行动计划。

自 1992 年联合国环境与发展大会以来,中国积极有效地实施了可持续发展战略,在中国可持续发展的各个领域都取得了突出的成就,特别是在经济、社会全面发展和人民生活水平不断提高的同时,人口过快增长的势头得到了控制,自然资源保护和生态系统管理得到加强,生态建设步伐加快,部分城市和地区环境质量有所改善。

3.3.1　中国 21 世纪议程

在 2000 年联合国十年首脑会议上,大约 150 名世界领导人商定了一系列有时限的指标,包括把全世界收入少于一天一美元的人数减半,以及把无法取得安全饮水的人数比率减半。但是,再好的战略也好不过其实际执行情况,南非约翰内斯堡首脑会议提供了一个重要的机会,让今天的领导人得以采取具体步骤,并认明更好地执行《21 世纪议程》的量化指标。当各国政府在地球首脑会议上签署《21 世纪议程》的时候,他们为确保地球未来的安全迈出了历史性的一步。《21 世议程》是可持续发展所有领域全球行动的总体计划。

1994 年 3 月 25 日,《中国 21 世纪议程》经国务院第十六次常务会议审议通过,是全球第一部国家级的《21 世纪议程》,它把可持续发展原则贯穿到各个方案领域。《中国 21 世纪议程》共 20 章 78 个方案领域,主要内容分为 4 部分。

第一部分,可持续发展总体战略与政策。论述了提出中国可持续发展战略的背景和必要性;提出了中国可持续发展的战略目标、战略重点和重大行动,可持续发展的立法和实施,制定促进可持续发展的经济政策,参与国际环境与发展领域合作的原则立场和主要行动领域。

第二部分,社会可持续发展。包括人口、居民消费与社会服务,消除贫困,卫生与健康、人类住区和防灾减灾等。其中最重要的是实行计划生育、控制人口数量和提高人口素质。

第三部分,经济可持续发展。议程把促进经济快速增长作为消除贫困、提高人民生活水平、增强综合国力的必要条件。

第四部分,资源的合理利用与环境保护。包括水、土等自然资源保护与可持续利用,还包括生物多样性保护,防治土地荒漠化,防灾减灾等。

中国 21 世纪议程管理中心于 1994 年 3 月 25 日经中央机构编制委员会办公室批准成立。该中心的主要职责是:承担中国 21 世纪议程项目管理的有关工作;承担国家高技术研究发展计划资源环境技术、海洋技术领域计划项目的过程管理和基础性工作;承担国家科技攻关计划中资源、环境、公共安全及其他社会事业等领域和城市发展相关项目的过程管理和基础性工作;承担国家科技基础条件平台建设计划中科学数据共享平台、社会发展领域国家工程中心等的有关工作,推动可持续发展信息共享工作;承担气候变化等全球环境科技工作的组织实施,承担清洁发展机制(34M)等方面工作和项目的组织实施工作;承担区域科技发展的有关工作,以及可持续发展实验区管理工作,推动地方 21 世纪议程和地方可持续发展的实施工作;开展清洁技术生产、生态工业、循环经济以及可持续发展领域的信息、技术与管理咨询服务,推动社会发展领域科技成果示范与推广,推动可持续发展能力建设工;承担可持续发展等领域的国际科技合作与交流工作;研究可持续发展相关领域的发展状况、趋势和重大问题,为科技部宏观决策提出建议与对策。

中国 21 世纪议程体现了新的法制观,力求结合中国国情,分类指导,有计划、重点,分区域、阶段逐步走出传统的发展模式,由粗放型经济发展过渡到集约型经济发展。还要注重处理好人口与发展的关系,提高人口素质、改善人口结构;同时大力发展第三产业,扩大就业容量,充分发挥中国人力资源的优势。同时也要充分认识我国资源所面临的挑战,需要建立资源节约型经济体系,将水、土地、矿产、森林、草原、生物、海洋等各种自然资源的管理,纳入国民经济和社会发展计划,建立自然资源核算体系,运用市场机制和政府宏观调控相结合的手段,促进资源合理配置,充分运用经济、法律、行政手段实行资源的保护、利用和增值。除此之外,还要积极密切与国际相关组织交流推动全球的环境与发展战略的完善与发展。

3.3.2 中国可持续发展重点与措施

1. 中国可持续发展重点任务

(1)重点防治工业污染。

坚持"预防为主,防治结合,综合治理"和"污染者付费"等指导原则,严格控制新污染,积极治理老污染,推行清洁生产实现生态可持续发展。

(2)加强城市环境综合整治。

城市环境综合整治包括加强城市基础设施建设,合理开发利用城市的水资源、土地资源及生活资源,防治工业污染、生活污染和交通污染,建立城市绿化系统,改善城市生态结构和功能,促进经济与环境协调发展,全面改善城市环境质量。目前的重点是通过工程设施和管理措施,有侧重地减轻和逐步消除废气、废水、废渣和噪声这城市"四害"的污染。

(3)提高能源利用率。

通过电厂节煤、严格控制热效率低、浪费能源的小工业锅炉的发展、推广民用型煤、发展城市煤气化和几种供热方式、逐步改变能源价格体系等措施,提高能源利用率,节约能源,调整能源结构,增加清洁能源比重。大力发展水电、核电,因地制宜地开发和推广太阳能、风能、地热能、潮汐能和生物能等清洁能源。

(4)推广生态农业。

推广生态农业,提高粮食产量,改善生态环境,保护生物多样性。植树造林,确保森林资源的稳定增长。扩大自然保护区面积,有计划地建设野生珍稀物种及优良家禽、家畜、作物和药物良种的保护及繁育中心。

2. 中国可持续发展措施

(1)推进科技进步。

环境与发展的问题其根本在于科技的进步,加强可持续发展的理论和方法的研究,生态设计和生态建设的研究,开发和推广清洁生产技术的研究,提高环境保护技术水平。正确引导和大力扶持环保产业的发展,尽快将科技成果转化促成现实的污染防治控制的能力,提高环保产品质量。

(2)综合应用经济手段维护环境。

应用经济手段保护环境,促进经济环境的协调发展。做到排污收费;资源有偿使用;资源核算和资源计价;环境成本核算。

(3)全面提升全民环境意识。

强化环境教育,从而全面提高全民的环保意识,尤其是提高决策层的环保意识和环境开发综合决策能力,是实施可持续发展的重要战略措施。

(4)强化法制和管理。

在经济发展水平较低,环境保护投入有限的情况下,健全管理机构,依法强化管理是控制环境污染和生态破坏的有效手段。"经济靠市场,环保靠政府"。建立健全使经济、社会与环境协调发展的法规政策体系,是强化环境管理,实现可持续发展战略的基础。

(5)发展新经济。

新经济即发展知识经济和循环经济,这两者是 21 世纪国际社会的两大趋势。知识经济就是在经济运行过程中智力资源对物质资源的替代,实现经济活动的知识化转向;循环经济则是按照生态规律利用自然资源和环境容量,实现经济活动的生态化转向。自从 20 世纪 90 年代确立可持续发展战略以来,发达国家正在把发展循环经济、建立循环型社会看作是实施可持续发展战略的重要途径和实现方式。相对于知识经济而言,我们对循环经济动态和趋势的关注和研究还不够成熟。

表 3-4 所示为中国可持续发展战略措施。

表 3-4 中国有关实施可持续发展战略的对策、方案及行动计划

（1992 年 8 月～1998 年 9 月）

序号项目	名称	批准机关及日期	主要内容
1	中国环境与发展十大对策	中共中央、国务院，1992 年 8 月	指导中国环境与发展的纲领性文件
2	中国环境保护战略	国家环保总局、国家计委，1992 年	关于环境保护战略的政策性文件
3	中国逐步淘汰破坏臭氧层物质的国家方案	国务院，1993 年 1 月	履行《蒙特利尔议定书》的具体方案
4	中国环境保护行动计划（1991～2000）	国务院，1993 年 9 月	全国分领域的 10 年环境保护行动计划
5	中国 21 世纪议程	国务院，1994 年 4 月	中国人口、环境与发展白皮书，国家级的《21 世纪议程》
6	中国生物多样性保护行动计划	国务院，1994 年	履行《生物多样性公约》的具体行动计划
7	中国温室气体排放控制问题与对策	国家环保总局、国家计委，1994 年	对中国温室气体排放清单及削减费用分析、研究，提出控制对策
8	中国环境保护 21 世纪议程	国家环保总局，1994 年	部门级的《21 世纪议程》
9	中国林业 21 世纪议程	林业部，1995 年	部门级的《21 世纪议程》
10	中国海洋 21 世纪议程	国家海洋局，1996 年 4 月	部门级的《21 世纪议程》
11	中国跨世纪绿色工程规划	国家环保总局，1996 年 9 月	至 2010 年的重点环保项目、工程的规划
12	国家环境保护"九五"计划和 2010 年远景目标	国务院 1996 年 9 月	5 年和 15 年的环境保护工作纲领性文件
13	关于进一步加强土地管理切实保护耕地的通知	中共中央、国务院 1997 年 4 月	共 7 条，强调只能增加，不能减少，要严格管理、审批与监督
14	中国生物多样性国情研究报告	国务院 1997 年 7 月	共 5 章，包括现状、威胁、保护工作、经济价值评估、资金需求等
15	酸雨控制区和二氧化硫污染控制区划分方案	国务院 1998 年 1 月	在雨区要求二氧化硫达标排放，并实行排放总量控制
16	全国生态建设规划	国务院 1998 年	国土资源、森林、水利等建设规划

续表

序号项目	名称	批准机关及日期	主要内容
17	全国生态环境保护纲要	国家环保总局 1998 年	保护生态环境的目标、任务和措施
18	关于限期停止生产销售使用车用含铅汽油的通知	国务院 1998 年 9 月	共 9 条,在全国范围限期停止生产、销售、使用含铅汽油

3.3.3　中国可持续发展目标

中国环境保护 2010 年远景目标是:到 2010 年,可持续发展战略得到较好贯彻,环境管理法规体系进一步完善,基本改变环境污染和生态恶化的状况,环境质量有比较明显的改善,建成一批经济快速发展、环境清洁优美、生态良性循环的城市和地区。其中林业系统提出:未来 10 年将重点实施野生动植物拯救工程 10 个,新建野生动物植物监测中心 32 个,新建野生动物饲养繁育中心 15 个,建设国家湿地保护与合理利用示范区 32 个。使全国自然保护区总数达到 1800 个,国家级自然保护区数量达到 180 个,自然保护区面积占国土面积的 16.14%。

我国可持续发展战略的总体目标是:用 50 年的时间,全面达到世界中等发达国家的可持续发展水平,进入世界可持续发展能力前 20 名行列;在整个国民经济中科技进步的贡献率达到 70% 以上;单位能量消耗和资源消耗所创造的价值在 2000 年基础上提高 10~12 倍;人均预期寿命达到 85 岁;人文发展指数进入世界前 50 名;全国平均受教育年限在 12 年以上;能有效地克服人口、粮食、能源、资源、生态环境等制约可持续发展的瓶颈;确保中国的食物安全、经济安全、健康安全、环境安全和社会安全;2030 年实现人口数量的"零增长";2040 年实现能源资源消耗的"零增长";2050 年实现生态环境退化的"零增长",全面实现进入可持续发展的良性循环。

(1)资源节约型社会。

将中国建设为节约型社会,就是要求在生产、流通、消费的各个环节中,通过合理生产、高效利用、厉行节约、杜绝浪费等途径,以尽可能低的资源消耗满足全社会较高的福利水平。目前,中国基本能源消费占到世界总消费量的约 1/10,在 21 世纪初期将超过 1×10^8 t 标准煤,2030 年约为 2.5×10^8 t 标准煤,到 2050 年约为 4.6×10^8 t 标准煤。在石油需求上,我国今后新增的石油需求量几乎要全部依靠进口。而我国煤炭可供开采不足百年。

节约型社会是指:①在节约社会资源的同时,要节约和高效利用自然资源;②节俭不是抑制消费,而是要在提高消费水平的同时消耗的资源最少,即在保证人民群众过上小康生活的前提下,减少不必要的资源消耗和浪费,切实降低物质消耗的增长速度;③在全社会形成以节约为荣、浪费为耻的文化氛围,形成节约资源和保护环境的消费习惯。节约型社会的标志是建设高效的国民经济体系,科学文明的生活习惯,艰苦奋斗的优良传统,节约资源保护环境的公众意识和自觉行动等。

(2)环境友好型社会。

建设环境友好型社会,就是让"人民喝上干净的水、呼吸清洁的空气、吃上放心的食物、在良好的环境中生产生活。"环境友好型社会,要求人善待自然,善待环境,寻求环境的可持续发展。

(3)人与自然和谐型社会。

人与自然和谐相处,是实施可持续发展战略的重要内容和重要目标。可持续发展问题的根源在于人的需求的无限性与地球资源的有限性这对人类社会永恒的矛盾,构建人与自然的和谐社会,就要要求人类的生产和消费必须以最小的环境和资源代价来进行;就是要根除"战胜自然"的理念,保持生物链不受损害;就是要通过维护自然界的平衡,以保证人类社会系统与自然生态系统的协调发展与和谐共处。实现人与自然的和谐,本质上就是寻找人与自然的一种平衡点。

第4章 清洁生产与循环经济理论

4.1 清洁生产理论

随着科学技术的不断进步,人类的生产、生活方式也因此发生了很大的变化,生活质量不断提升,但随之而来的是资源的大量使用,使得资源不断减少,甚至匮乏,我们也面临着生态环境不平衡、供需失衡的矛盾。要使人类长远地发展下去,就要合理地使用资源,使资源可持续地利用。解决以上问题的方法有多种,本节主要介绍在生产过程中的可持续过程——清洁生产。

4.1.1 清洁生产的概念

清洁生产在不同的发展阶段或者不同的国家其叫法也各不相同,例如,"废物减量化""无废工艺""污染预防"等。但其基本内涵是一致的,即对产品和产品的生产过程、产品及服务采取预防污染的策略来减少污染物的产生。

联合国环境规划署与环境规划中心综合各种说法,最终选择了"清洁生产"这一术语,来表征从原料、生产工艺到产品使用全过程的广义的污染防治途径,给出了如下定义:清洁生产是一种新的创造性的思想,该思想将整体预防的环境战略持续应用于生产过程、产品和服务中,以增加生态效率和减少人类及环境的风险。对生产过程,要求节约原材料与能源,淘汰有毒原材料,减降所有废弃物的数量与毒性;对产品,要求减少从原材料提炼到产品最终处置的全生命周期的不利影响;对服务,要求将环境因素纳入设计与所提供的服务中。

《中国21世纪议程》中清洁生产的定义:清洁生产是指在满足人们需要的同时,又可合理使用自然资源和能源并保护环境的实用生产方法和措施,其实质是一种物料和能耗最少的人类生产活动的规划和管理,将废物减量化、资源化和无害化,或消灭于生产过程之中。同时对人体和环境无害的绿色产品的生产也将随着可持续发展进程的深入而日益成为今后产品生产的主导方向。

综上所述,清洁生产的定义包含了生产全过程和产品整个生命周期全过程。对生产过程而言,清洁生产包括节约原材料与能源,尽可能不用有毒原材料并在生产过程中就减少它们的数量和毒性;对产品而言,则是从原材料获取到产品最终处置过程中,尽可能将对环境的影响减少到最低。

4.1.2 清洁生产的实施

1. 全过程控制

一个企业(或组织)的生产过程可用图4-1来表示。对于不得不产生的废物,要优先采用回收和循环使用措施,向外界环境排放的仅仅是剩余部分。

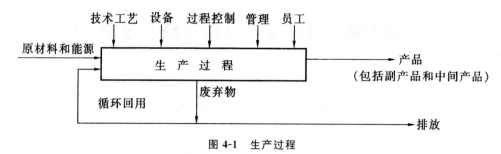

图 4-1　生产过程

可以用工业生产过程生命周期评价来分析这两个全过程控制。

2.实施清洁生产的途径

(1)资源的综合利用

推行清洁生产的重要方向是资源的综合利用。

(2)改革工艺和设备

通常情况下,工艺技术改革通常比强化内部管理需要投入更多的人力和资金,因而实施起来时间较长,通常只有加强内部管理之后才进行研究。

以下清洁生产措施是企业在改革生产工艺时可以采取的:

①采用资源利用率高、污染物产生量少的工艺和设备,替代资源利用率低、污染物产生量多的工艺和设备。

②采用无毒、无害或者低毒、低害的原料,替代毒性大、危害严重的原料。

③综合利用或者是循环使用生产过程中产生的废物、废水和余热等。

④采用能够达到国家或者地方规定的污染物排放标准和污染物排放总量控制指标的污染防治技术。

在这类项目中试生产后正式生产之前,必须通过"环保验收",确认其是否跟环评和环评批复的要求有任何出入。

(3)组织厂内的物料循环

"组织厂内物料循环"被美国环保局作为与"源削减"并列的实现废料排放最少化的两大基本方向之一。

(4)改革产品体系

我国《清洁生产促进法》中对产品和包装物的设计,应当考虑其在生命周期中对人类健康和环境的影响,优先选择无毒、无害、易于降解或者便于回收利用的方案。而建筑工程应当采用节能、节水等有利于环境与资源保护的建筑设计方案、建筑和装修材料、建筑构配件及设备。

(5)加强管理

近年来,对于企业的环境管理又有了喜人的进展。国际标准化组织推出了 ISO 14000 系列标准,要求建立系统化、程序化、文件化的环境管理体系并通过审核和论证。

(6)必要的末端处理

清洁生产是环境保护的一部分。环境保护的一部分还包括末端处理。清洁生产是针对末端治理而提出的,两者在环境保护的思路上各具特色。在现阶段,在环境保护的过程中它们相辅相成,互为弥补,各自发挥着自己的作用,从而共同达到环境保护的目的。清洁生产与末端治理思路上的差异如表 4-1 所示。

表 4-1　清洁生产与末端治理思路上的差异

末端治理	清洁生产
目的是达到官方颁布的标准	企业不断追求达到更高标准的过程
生产过程的废弃物必须进行最终的处置	改进生产过程并使之成为封闭连续的回路
末端治理的设施的建设和运行需较大的成本	可节省成本
对个别问题的一次解决,并且多为单一介质的解决;往往造成有毒有害污染物在不同的环境介质之间的转移	整体且持续的改进过程,为多介质问题的解决;从根本上消除污染,不会造成二次污染
与产品质量无关	产品质量不但要满足顾客的要求,还要使其对环境和人类健康的不利影响最小化

4.1.3　清洁生产的科学方法

1. 生命周期评价

(1)产品系统

推行清洁生产的重要内容 就是清洁产品的开发。获得产品是生产活动的首要目标。产品不但是工业生产各种效益的载体,也是体现工业生产与环境相互作用的基本单元。产品通过市场还跨接了生产过程和消费过程。目前,人们又进一步把关注的目光从有形产品延伸到了无形产品——服务上。通讯、旅游、金融、教育、娱乐等服务行业属于第三产业。发达国家的第三产业在 GDP 中的比例已远远大于第一和第二产业。服务业提供的是一种便利,一种精神上的消费,但提供服务也需要消耗物质和能量,也会产生一定的环境效应,所以现在在"产品"的概念中常常包括"服务",服务系统也可视同产品系统。

(2)产品生命周期

应当从产品抓起,考察整个生命周期对环境的影响。

(3)产品生命周期评估概况

产品生命周期评估(LCA)的思想原则包括:工业生产的环境影响评估应具体落实到每个产品;对于产品造成的环境影响不但应着眼于污染物的排放,其物料和能源的消耗情况也是需要重点考虑的,即要从物质转化过程的输入端和输出端同时着手;对于产品造成的环境影响,应从其整个生命周期来评估,而不能仅仅局限于生命周期中的某个阶段。

2. 生态设计

(1)基本思想

产品生态设计是指产品在原材料获取、生产、运销、使用和处置等整个生命周期中密切考虑到生态、人类健康和安全的产品设计原则和方法。

（2）方法

进行产品生态设计首先要提高设计人员的环境意识,遵循环境道德规范,使产品设计人员认识到产品设计乃是预防工业污染的源头所在,他们对于保护环境负有特别的责任。其次,应在产品设计中引入环境准则,同时还需要将其置于首要地位,见图 4-2。

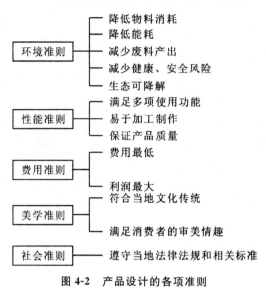

图 4-2　产品设计的各项准则

此外,在具体操作时,以下几条原则是产品设计人员需要遵循的:

1)选择对环境影响小的原材料

减少产品生命周期对环境的影响应优先考虑原材料的选择。选择的具体原则为:

①有毒有害化学物质的使用要尽可能地避免或减少。

②尽可能改变原料的组分,使利用的有害物质减少。

③丰富易得的材料是首选。

④尽量少使用合成材料,要多选择天然材料。

2)减少原材料的使用

减少原材料的使用的实现可以采取以下措施:

①使用轻质材料。

②使用高强度材料。

③减小体积,便于运输。

④去除多余的功能。产品多一项功能不但会增加成本,对环境的压力还会因此得以增加,因此,不能盲目追求多功能、全功能。

3)建立有效的运销体系

在产品的整个生命周期中运输非常重要,与运输和销售相联系的还有包装问题。

4)产品使用寿命的优化

一般来说,长寿命的产品可以节约资源、减少废弃物。减轻产品生命周期环境负荷的最直接的方法之一就是合理地延长产品寿命。

综上所述,产品的生态设计首先是一种观念的转变,在传统设计中,环境问题往往作为约束条件看待,而绿色设计是把产品的环境属性看作设计的机会,将污染预防与更好的物料管理结合起来,从生产领域和消费领域的跨接部位上实施清洁生产,整个生产模式和消费模式的转变会因此而实现。

3.环境标志

在产品销售时产品的环境性能也是可以突出对待的,为消费者进行选择提供必要的信息,这就是产品的环境标志。它是指由权威性机构认定同类产品中某些产品具有较为优异的环境性能,除授予证书外,还可使用鲜明的环境标志图案。

环境标志计划在不同国家的设计和实施过程中出现了不同的类型。ISO 14024 将它们分为三类:

(1)类型Ⅰ

批准印记型。这是大多数国家采用的类型。

(2)类型Ⅱ

自我声明型。

(3)类型Ⅲ

单项性能认证型。

与世界上大多数国家一样,我国实施的环境标志制度属于类型Ⅱ。

4.绿色化学

(1)绿色化学的概念

绿色化学,又称"可持续发展化学",主要是为了减少或消除化学反应对环境的污染和生态的破坏,对新的绿色化学品进行设计和研究等。

(2)绿色化学的几个实例

使用更安全的溶剂和助剂的例子。

在化学合成中,挥发性有机化合物(VOC)得到了广泛而深入地应用,并在油漆、涂料的喷雾和泡沫塑料中起发泡剂的作用。但是大多数的有机溶剂易燃易爆并有一定的毒性,是环境污染源。所以绿色化学技术开发出环境友好的替代品,如采用超临界流体(super critical fluid)溶剂来代替有机溶剂充当化学反应的介质。

下面以一个案例为例重点介绍一下清洁生产在企业中的应用。

【例 4-1】　厦门某电子公司清洁生产审核报告。

推行清洁生产是预防污染、保护环境的有效途径,是在全世界范围内从单纯依靠末端治理逐步转向过程控制的根本转变,是发展循环经济社会最基本的要求。它推动和促使现代企业树立新的发展观,改变传统工业经济的线性发展模式,通过不断改进设计、使用清洁的能源和原料、采用先进的工艺技术与设备、改善管理、综合利用等措施,从源头削减污染,提高资源利用效率,减少或者避免生产、服务和产品使用过程中污染物的产生和排放,以减轻或消除对人类健康和环境的危害。

2006 年 8 月,厦门市循环经济领导小组办公室、市经发局、市环保局,根据《中华人民共和国清洁生产促进法》和《清洁生产审核暂行办法》等法律法规的有关规定,按照年初市里提出的"实施百家清洁生产审核"工作部署,综合考虑全市污染排放情况和污染控制工作要求,确定并公布了《关于第二批实施清洁生产审核企业名单的通知》(共 61 家),其中厦门该电子公司有限公司(简称"该电子公司")属于厦门市第二批实施强制性清洁生产审核的企业。通过开展清洁生产审核,促使企业加快产业、产品结构调整和优化升级,实现由末端治理转向生产全过程控制,节约能源资源,减少污染物排放。同时,提高企业管理水平,提高企业和产品形象,提高市场竞争力,提高企业自主守法意识,促进可持续发展。

2006 年 9 月,为贯彻实施《清洁生产促进法》,根据市循环经济领导小组办公室、市经发局、市环保局的有关要求,该电子公司开始筹划有关清洁生产审核的工作。该电子公司专门联系了福建省环境科学研究院清洁生产中心咨询企业清洁生产审核相关事宜,决定尽快组织公司核心力量全力以赴开展清洁生产审核工作,并委托清洁生产中心辅导企业开展审核工作。2006 年 10 月,在省清洁生产中心帮助下,公司组织中层以上管理和技术人员开展"清洁生产和清洁生产审核基础知识"的宣贯培训,该电子公司总经理带头参加培训并作了重要讲话,公司领导班子其他成员也集体参加了培训,这充分体现了公司领导对清洁生产审核工作的高度重视,对在企业全面推行清洁生产的信心和决心。宣贯培训结束以后,公司成立了以总经理为组长的清洁生产审核领导小组以及由副总为组长的清洁生产审核小组,在福建省清洁生产中心的指导下,按照国家清洁生产审核规范和标准要求开展清洁生产审核工作。该电子公司本轮清洁生产审核工作,于 2006 年 9 月启动至 2007 年 10 月完成,并按时编制完成清洁生产审核报告。

国家环保总局在参照联合国和其他国家提出的清洁生产审核程序的基础上,根据我国开展清洁生产审核示范项目所积累的经验,提出了适合我国国情的企业清洁生产审核工作程序,将整个审核过程分解为具有可操作性的七个阶段(具体为 35 个步骤)。即:①筹划和组织;②预评估;③评估;④方案产生和筛选;⑤可行性分析;⑥方案实施;⑦持续清洁生产。

根据厦门市环保局的要求,2006 年 10 月,该电子公司参照以上审核程序的要求开始开展清洁生产审核工作。福建省清洁生产中心指导小组首先为公司的清洁生产审核编制了目标计划。在整个清洁生产审核过程中,以企业清洁生产审核小组为工作主体,指导小组负责对全程序审核工作进行技术培训和指导。福建省清洁生产中心按以下四个现场阶段对公司清洁生产审核小组的工作集中进行现场指导,并采取各种方式及时跟踪和解决企业进行清洁生产审核过程中遇到的问题。

①准备阶段。开展宣传和培训,为企业中层以上管理人员举办培训班,讲授清洁生产实施的理论基础和方法。成立由企业经营管理和技术人员组成的清洁生产审核小组,制定工作计划。收集清洁生产审核所需的基础资料。

②调查分析阶段。对企业生产基本情况进行全面调查和定性定量分析,确定清洁生产审核重点和企业清洁生产目标。建立物料平衡和水平衡,找出物料流失环节和污染物产生的原因。

③筛选方案阶段。以座谈会和散发建议表的方式调查征询、分析制定无、低费方案。对污染物产生和排放情况进行分析,与企业生产各部门共商提出清洁生产中、高费方案,并进行技术、环境和经济可行性分析,确定拟实施的最佳方案,研究实施方案的计划与投资。

④编写清洁生产审核报告阶段。对本轮清洁生产审核实施结果进行总结,评价企业产污、排污现状,评价清洁生产目标完成的情况,总结已实施的清洁生产方案成果,对拟实施的清洁

生产方案的效果进行预测,制定持续清洁生产计划。

以上每个阶段均由指导小组为企业清洁生产审核小组编制详细的现场工作计划、调查工作用表,并指导审核工作的具体实施。

1. 筹划和组织

筹划和组织是企业进行清洁生产审核工作的第一个阶段。目的是通过宣传教育使企业的领导和职工对清洁生产有一个初步的、比较正确的认识,消除思想上和观念上的障碍;了解企业清洁生产审核的工作内容、要求及其工作程序。本阶段工作的重点是取得企业高层领导的支持和参与,组建清洁生产审核小组,制定审核工作计划和宣传清洁生产思想。

2. 预评估

预评估是清洁生产审核的第二阶段,目的是对企业全貌进行调查,分析和发现清洁生产的潜力和机会,从而确定本轮审核的重点。本阶段工作重点是评价企业的产污排污状况,确定审核重点,并针对审核重点设置清洁生产目标。

(1)进行现状调研

1)企业概况

该电子公司是目前国内最大、国际一流的超高亮度发光二极管外延及芯片产业化基地,占地 5 万多平方米,建有标准洁净厂房 7 千平方米,综合楼 8 千平方米,研发中心 3 千平方米,附属设施 2 千平方米。公司产品主要有全色系 LED 外延片、芯片、光通讯核心元件等,公司生产的高性能全色系超高亮度发光二极管外延片、芯片的性能指标经权威机构和用户测试,达到国际先进水平,公司被国家科技部列入国家半导体照明工程龙头企业,已通过 ISO 9001 质量体系认证。此外,公司于 2006 年 5 月被国家人事部正式批准设立博士后科研工作站,开展博士后科研工作;公司承担的"功率型半导体全色系芯片产业化"项目于 2006 年 11 月被国家发改委列入"2006 年国家高技术产业发展项目"计划,公司与深圳某电子公司合作承担的"功率型白光 LED 制造技术"项目也于 2006 年 12 月被国家科技部确定为国家高技术研究发展计划(863 计划)课题。

2)企业环境现状

①该电子公司污染物产生、处理、排放情况见表 4-2。

表 4-2　该电子公司主要污染物产生、处理、排放情况

生产工段	发生源	污染物	现有治理设施	排放去处
AlGaInP 四元系 LED MOCVD 外延	反应后的废气	Asy/P 化合物	经尾气处理器处理后(含次氯酸钠),形成 Asy 与 P 的络合物,然后流入总废水池由厂务部处理。	排入石胃头污水处理厂
GaN 蓝(绿)外延片生产	原物料	NH_3,HCl	用湿法尾气处理器吸附	排入废水池

续表

生产工段	发生源	污染物	现有治理设施	排放去处
设备维护	湿法尾气处理器	氨水	排到污水站处理	排入石胃头污水处理厂
	清洗设备备件	砷及磷废弃物	储存	定期运到深圳危废中心处理
	化学尾气处理器	砷磷废液	排到污水站处理	排入石胃头污水处理厂
研磨切割站	研磨 GaAs 废料	研磨 GaAs 废弃物	经沉淀,统一收集,交公司工安部处理	送深圳危险废物处置中心
	切割废水	切割 GaAs 废水	经砷磷氟管道,排到砷磷氟废水池,由厂务部处理	排入石胃头污水处理厂
污水处理站	污泥	含 As	板框压滤	送深圳危险废物处置中心

②该电子公司历年废物流情况见表 4-3。

表 4-3　历年废物流情况表

类别（单位）	名称	近三年年排放量		
		2004 年	**2005 年**	**2006 年**
废水(t)	废水量	50000	78000	84000
	COD	2.955	4.532	4.6
	BOD_5	1.59	2.48	2.671
	总砷	0.004	0.004	0.004
废气(t)	粉尘	0.176	0.176	0.176
	HCI	0.0704	0.0704	0.0704
	AsH_3	7.7×10^{-6}	7.7×10^{-6}	7.7×10^{-6}
固废(t)	研磨 GaAs 废料	1	2	2
	污泥	7	17	19

③主要污染物排放现状。

a. 废水。公司目前有 1 个污水总排放口,根据 2006 年 9 月 26 日厦门市环境监测中心站对其监测结果(见表 4-4)。

表 4-4　废水监测结果　　　　　　　　　　单位:mg/L(pH 除外)

监测点位	采样时间	监测结果	
		COD_{cr}	总砷
总口	9:20	52.9	0.552

续表

监测点位	采样时间	监测结果	
		COD_{cr}	总砷
设施出口	9:10	15	7.02×10^{-3}
设施进口	9:12	90.3	3.82×10^{-2}
标准值*		300	0.5

注:摘自厦环测 20062114 号、*——《厦门市水污染物排放控制标准》三级标准以及 GB 8978-1996《污水排放综合标准》

b.废气。企业废气最近一次监测为 2004 年,监测结果如表 4-5 所示。

表 4-5 废气监测结果 单位:mg/m³(pH 除外)

采样日期	监测点位	采样时间	监测结果 HCl(mg/l)	采样日期	监测点位	采样时间	监测结果 NH₃(mg/l)	采样日期	监测点位	采样时间	监测结果 砷化氢(mg/l)
2004.6.11	p-17	9:01	5.57	2004.6.30	p-8	9:40	2.65	2004.7.9	p-1	8:58	$<1.33\times10^{-4}$
		9:11	1.4			9:55	3.99			9:05	2.00×10^{-4}
		9:22	3.88			10:10	2.19			9:08	3.87×10^{-3}
	p-21	9:02	0.471		p-8(Ⅱ)	10:25	18.4			9:16	$<1.33\times10^{-4}$
		9:13	0.542			10:40	19.5		p-2	9:00	$<1.33\times10^{-4}$
		9:24	0.597			10:55	16.1			9:07	$<1.33\times10^{-4}$
	p-15	9:41	1.06							9:15	$<1.33\times10^{-4}$
		9:52	3.9							9:23	$<1.33\times10^{-4}$
	p-4	9:45	0.474							9:25	$<1.33\times10^{-4}$
		9:56	0.564						p-3	9:32	$<1.33\times10^{-4}$
		10:07	1.78							9:40	$<1.33\times10^{-4}$
										9:47	$<1.33\times10^{-4}$

c.噪声。厂界噪声最近一次监测为 2003 年,如表 4-6 所示。

表 4-6 厂界噪声监测结果

序号	监测日期	测点位置	采样时间	主要噪声源名称	生产工况	厂界噪声 L_Aeq(dB)		
						测量值	背景值	实际值
1	2003.2.28	A	9:30	冷却塔	正常	—	48.2	—
2		B	9:35	冷却塔	正常	54.0	48.2	52.0

注:摘自厦环测 20030218 号,A 点为背景覆盖。

d.总量。2006 年厦门市环境保护局为该电子公司核定的污染物排放总量控制指标及

2006 年该电子公司实际的污染物排放总量见表 4-7。

表 4-7　2006 年该电子公司主要污染物排放总量控制指标及实际排放量

类别	废水污染物排放量							
	废水排放量	COD	BOD_5	石油类	F	SS	总磷	总砷
年最大允许排放量(t)	93600	7.5	2.808	0.37	0.7	3.7	0.047	0.009
2006 年实际排放量(t)	84000	4.6	2.671	0.01	0.05	1.6	0.038	0.004
达标情况	达标	达标	达标	达标	达标	达标	达标	达标

※注:数据摘自该电子公司排放污染物许可证(厦环思[2006]证字第 180 号)

3)环保达标情况

该电子公司废水污染物 COD 排放浓度达标、但总砷在总排口监测数据不达标,超标率为 10.4%,由于设备出口浓度远低于 0.5 mg/L 而总口浓度却超标,可能是监测数据有误或其他因素造成。

废气各项污染物排放浓度均达标。厂界噪声达标。

2006 年废水、废气污染物各项指标排放总量均达标。

4)企业污染事故预防与应急预案

为预防环境污染事故,并在污染事故发生时及时采取有效应急措施,控制污染和生态破坏,该电子公司制定了公司预防与应急处理污染事故的方案。主要针对有毒原材料——砷烷、磷烷。砷烷(砷化氢),剧毒,常温下为无色、蒜味、可燃、液化气体。可燃性强,爆炸极限为 4%~100%;有水分存在时,能助长起火。磷烷(磷化氢),毒性强,常温下为无色、臭鱼味、空气中自燃、无腐蚀、液化气体;爆炸极限为 1%~100%;可燃性强,在空气中和氯气中都会产生爆炸性燃烧;有水分存在时,能助长燃烧。

预案制定了砷烷和磷烷在运输、贮存和使用过程中一系列严格的要求和措施,对突发性污染事故和泄漏事故都有相应的应急处理措施。预案还对公司的废水处理、废气处理、危险废物处理等方面进行了隐患分析,制定了相应的预防措施和应急处理措施,污染事故的组织领导和报告制度,落实检查制度和一年一次的应急处理演练制度。

图 4-3 为该电子公司废气在线监测警报系统图。

(2)进行现场考察

在进行现场调研的同时,审核小组还深入各生产车间进行现场考察,重点考察各产污排污环节,水耗和能耗大的环节,设备事故多发的环节或部位,以及生产管理状况;查阅运行记录、生产报表;与工人及技术人员座谈,了解并核实实际的生产与排污情况,发现关键的问题和部位。同时,通过现场考察,在全厂范围内发现和征集无/低费清洁生产方案。

审核小组在现场考察中发现公司在清洁生产中存在以下一些方面的问题:

1)制氢站电耗大

制氢站需要冷却循环水泵使槽温降到 60 度,并且停机时,高压开关处于长开状态都会大大消耗电能,可考虑优化操作,减少电耗。

2）纯水消耗量大

公司的化学站与切割站都需要消耗大量的纯水,成本较高,在节水的同时,如能满足工艺要求是否可考虑用中水代替部分纯水。

图 4-3　该电子公司废气在线监测警报系统

3）蓝宝石衬底是否可以回收

蓝宝石衬底即 Al_2O_3 衬底,是 GaN 外延材料的生长基石。现公司每月至少报废外延片 200 片,是否可将报废的片子由厂家回收再利用。

4）砷化镓衬底是否可以替代

砷化镓衬底作为红、黄光 LED 生产的基石。含有剧毒的砷(As)元素,从原料和生产过程至最终产品都存着的环境风险,不符合清洁生产要求,急需有环境友好的衬底予以替代。

5）报废片子和实验片量大,可考虑回收或降级使用。

（3）确定审核重点

1）确定备选审核重点

从确定备选审核重点的原则出发,审核小组遵循以下几点进行备选审核重点的筛选:

污染严重的环节或部位;消耗大的环节或部位;环境及公众压力大的环节或问题;有明显的清洁生产机会。

确实备选审核重点为:生产一部 MOCVD 的外延片生长和生产二部切割机工段。

2）确定审核重点

审核小组对上述备选审核重点进行了认真的分析、比较,一致认为 MOCVD 是企业的特征一类污染物砷烷消耗的关键工序,切割机纯水使用成本较高,应进行实测,进行物料平衡分析,并应针对各主要工段供排水情况进行全公司水平衡计算。无需进行审核重点的权重总和计分排序筛选。

审核小组最终确定将生产一部 MOCVD 的外延片生长和生产二部切割机工段作为本轮清洁生产审核的重点,并针对这两个工段开展实测。

3）设置清洁生产目标

针对公司目前的清洁生产水平,类比国内外同行业、类似规模、工艺或技术装备的企业的水平,审核小组设置该电子公司的清洁生产目标,见表 4-8。

表 4-8 该电子公司清洁生产目标

项　目	单位	审核前（2006 全年）	近期目标 2007 年		远期目标 2010 年	
			目标值	相对量/%	目标值	相对量/%
蓝宝石衬底单耗	片/GaN 外延片	1.05	1.04	1	1.02	2
砷烷单耗	kg/GaAs 外延片	0.00302	0.00298	1.3	0.00286	4
电单耗	万度/KK	0.30	0.29	3.3	0.25	10.7

注:近期目标相对量是目标值与审核前比,远期目标相对量则是与近期目标值相比。

(4)提出和实施无/低费方案

在进行现场调研和现场考察的同时,审核小组在全厂范围内开展合理化建议活动,全面征集清洁生产方案。

对所收集到的清洁生产合理化建议进行分类汇总、整理,共得到清洁生产无/低费方案 29 条。经确认全部可行,见表 4-9。审核小组贯彻清洁生产边审核边实施的原则,及时安排可行的无/低费方案的实施,并落实了责任单位,规定了时间进度等要求。

表 4-9 有效的清洁生产无/低费方案建议汇总表

序号	清洁生产方案类别	方案名称	方案简介	预计投资	实施时间	提案人
1	管理	洁净服管理	1.洁净服柜统一编号;2.每个工作人员都有固定的服装号,每星期值班的班组要及时将清洗干净的洁净服收入柜子当中避免丢失;3.洁净服穿着要规范,并强制定期清洗;4.破损的洁净服统一回收,对局部破损的进行修补后再用	无	07.05.10	蔡灿飞 李凡 李细刚 罗朝良 林丽 林詹兰芳 万晓鹏 蔡文必 张运森
2	综合	办公、劳保耗品的替代和再利用	1.多采用一次性卫生手套,减少乳胶手套的使用;2.打印纸纸正反面均可使用;3.节约用电,部分日光灯可不必点;4.对于部份办公用品还有使用价值的物品建议回收再次使用(如生管部对计算器使用的灵敏度要求较高、淘汰较快,但对于其他职能部门还有可用价值)	无	07.05.10	蔡灿飞 陈铭欣 许家 淦詹兰芳 洪美端
3	优化操作控制	优化 BAKE 程序提高生产效率	建议缩短炉与炉之间的时间间隔,来达到缩短单个循环的生产时间,以提高生产效率的目的。炉与炉之间有个 BAKE 程序的运行过程,以达到优化下炉次的晶体表面质量的目的,可以优化该 BAKE 程序	无	07.05.10	陈志潮

序号	清洁生产方案类别	方案名称	方案简介	预计投资	实施时间	提案人
4	废弃物回收	报废片清洗后再利用	在生产过程中,由于各种原因所产生的报废片子,可以集中起来通过清洗再利用,作为实验当中的陪片	无	07.05.10	林彧超
5	管理	吸尘器区分使用	购置两台密封性好的吸尘器,一台 GaN 用,一台 GaAs 用	1500－2000 元	07.05.10	王永寿
6	技术工艺	尾气处理器间加装回风管路	处理反应炉尾气的化学尾气处理器,是放置在技术夹道的小间内的。而这一小间是有送风口,而没有回风口,房间的回风只能通过化学尾气处理器自身的抽风系统。建议在房间内加一回风管路,降低尾气处理器漏气情况下带来的危害	1000 元	07.05.10	吴超瑜
7	管理及员工	管理建议(共 5 小条)	1.完善洁净区厂房门的监督制定,对违反者处以 10 元以上的罚款,对监督人给予 10 元以上的奖赏;2.各个部门、小组管辖自己地带,互相监督,将机台卫生做到最好,洁净度要提高,产品质量更有保证;3.归类好生产与维修的物件。生产归生产、维修备件归维修不要混在一起,不好统计,经常丢失,浪费;4.机台人员及维修人员要有成本观念,通过培训课堂,培养员工成本意识;5.机台及后勤维修人员多沟通相互配合默契,提高效率、产能,以上措施即相当于推行 5S 管理	无	07.05.10	许坚强
8	废弃物回收	碳带的再利用	目检站打完 GaAs 标签的碳带可以给切割站打批号标签,不会影响切割站批号标签的打印。因为 GaAs 标签宽度 6.5 cm,切割标签 5.5 cm,碳带的宽度 11 cm	无	07.4.28	陈仙香
9	废弃物回收	蓝膜的再利用	接近轴心的蓝膜比较皱,不能用于成品的包装,因皱剩余的蓝膜给切割站使用,不影响生产的工艺	无	07.4.28	陈仙香
10	废弃物回收	实验片二次利用	一部实验片可以归类汇总给二部做一些实验用	无	07.5.1	黄坤　廖齐华
11	废弃物回收	废芯粒利用	建议目检站刮边刮下的废芯粒加以利用	无	07.4.27	黄志龙

序号	清洁生产方案类别	方案名称	方案简介	预计投资	实施时间	提案人
12	废弃物回收	黄、白色离心纸二次利用	建议黄色,白色离心纸废物利用,可做记录本	无	07.4.28	黄志龙
13	废弃物回收	封存设备及废弃备品的处理	将封存的设备及时处理。废弃的备品备件之类可以当废品卖出	无	07.05.10	廖齐华 邱树添
14	优化操作控制	DI 水的节约使用	前道某段工序暂时无操作的时候,及时关闭 DI 水	无	07.4.27	廖齐华
15	废弃物回收	工程试验片处理	及时处理工程实验片,可当作大圆片处理,为公司创造利润	无	07.4.27	廖齐华
16	废弃物回收	耗品利用	1.测试站打印的判定单,可重复利用另一面;2.各站的传递盒定期清洗并严格执行	无	07.05.01	杨碧兰
17	设备更新维护	耗品替代	建议把测试和目检显微镜的灯座改成 LED 灯,替代现有的环型灯——现有的灯座和线可以延用,只要让厂家设计一圈 LED 灯嵌套进去即可,成本不大,可以节省很多换灯时间	每盏灯约15～20元	07.06.01	杨碧兰
18	废弃物回收	景观喷水的二次利用	景观喷水池每两个月就要清洗一次,清洗时整池的水要全部放干,清洗完再补充干净的自来水。可以在每次要清洗水池的前一天利用临时抽水泵抽出浇花、浇绿化带	800 元	07.04.14	陈剑波
19	优化操作控制	冬季关闭辅助厂房冷冻水	冬季 102#厂房辅助厂房办公室不使用空调风机盘管,造成很大能量损失,同时因冷冻水被分流,引起冷却循环水冷量不足,须增加总冷量,而增开水泵,造成很大的浪费。建议在往辅助厂房冷冻水分支管加装阀门,在冬季时关闭	3000 元	07.01.01	邹文彬
20	设备更新维护	照明开关改为声控	公司走道/洗手间路灯采用声控照明,白天关闭傍晚由保安统一开启,既方便夜间人员的通行又可避免路灯整夜点亮造成浪费	声控开关 8～45元/个	07.05.10	梁奋

序号	清洁生产方案类别	方案名称	方案简介	预计投资	实施时间	提案人
21	原辅料和能源	大量使用的表单采用印刷	跨部门使用的表单(如部门联络单、追踪单等)目前都是打印或复印使用,可统一进行印刷节约用纸成本	无	07.05.10	梁奋
22	废弃物回收	废弃包装物的再利用	公司采购的原物料包装物——气泡垫,以往都作为垃圾丢弃,但如果使用裁纸刀进行简单的切割,就能做为公司产品的包装物,从而替代原本需要采购的气泡垫(0.7元/张)	无	07.05.10	洪美端
23	管理	推广无纸办公	对于不需做备案、备查的资料应尽量利用公司信息数据库及 OUTLOOK 网络,逐步推广无纸化管理。建议在公司保安门口处设立一个固定的或者是可活动的板报宣传栏(因公司各部门的工作区域分布较为分散,平日里分发的各种通知书的信息有时未能及时的通知到每位员工)它的作用:信息传播面广、信息传播较为迅速	无	07.05.10	洪美端
24	废弃物回收	空晶片盒回收	下线后的空晶片盒折价退还给衬底供应商或当废品处理掉,现共积压10000多个	无	07.05.10	黄坤
25	优化操作控制	冷却塔液位平衡	改进冷水机冷却塔两箱液位不平衡。八台冷却水机不能充分利用,建议增大两箱之间的平衡管道(200 mm以上)。以后通过控制塔上手动蝶阀八台风机均衡布水冷却。1.充分发挥八台冷却风机在夏、秋季最大冷却量,降低冷水机的负荷;2.避免水箱被抽空造成冷水机停机影响一部MOCVD冷却循环水供应;3.制氢站电解槽温度不能高于90度,其理论电流值能达到4560A,但因为现有冷却水温度的限制,在电流4100A时槽温就达到90度,方案实施后,冷却效率提高,可以保证电解槽在更大电流下运行,从而减少设备的运行时间	2000 元	07.05.10	何世平

序号	清洁生产方案类别	方案名称	方案简介	预计投资	实施时间	提案人
26	废弃物回收	积压库存的处理	现库存(公司组建初期购入)的部分劳保用品如(防静电大褂、一次性鞋套共计6715)能进行处理以减少库存的资金积压	无	07.05.10	洪美端
27	废弃物回收	冷却循环水的利用	因生产一部气体纯化器冷却水用自来水直接冷却后排掉,通过在排水口接一条皮管,引到废水加药池做为加药用水。节约了用水	30元	07.03.05	邹文彬
28	优化操作控制	制氢站停机时温度的控制	根据厂家的工艺要求,冷却水温度停机时必须让槽温降到60度,即必须使冷却循环水泵继续循环45分钟以上,可当槽温降到70度,停机保温保压,可减少冷却水泵的循环时间,缩短开机时加温过程	无	07.03.05	邹文彬
29	优化操作控制	制氢站停机时高压开关的关断	制氢站停机时,原由于高压开关无法频繁开\断,处于长开,经过改造后可以经常开\断,即在停机时关掉高压开关	无	07.03.05	邹文彬

3.评估

评估是通过审核重点的物料平衡,发现物料流失的环节,找出废弃物产生的原因,查找物料储运、生产运行、管理以及废弃物排放等方面存在的问题,寻找与国内外先进水平的差距,为清洁生产方案的产生提供依据。本阶段工作重点是实测输入输出物流,建立物料平衡,分析废弃物产生原因。

根据评估阶段即将开展的工作内容,针对审核重点,审核小组事先收集以下基础资料:工艺流程图、工艺设计的物料、热量平衡数据、工艺操作手册和说明、设备技术规范和运行维护记录、管道系统布局图、车间内平面布置图、产品的组成及月份、年度产量表、物料消耗统计表、产品和原材料库存记录、原料进厂检验记录、能源费用、车间成本费用报告、生产进度表、年度废弃物排放报告、废弃物(水、气、渣)分析报告、废弃物管理、处理和处置费用、排污费、废弃物处理设施运行和维护费。

4.方案产生和筛选

本阶段通过方案的产生、筛选、研制,为下一阶段的可行性分析提供足够的中/高费清洁生产方案。本阶段重点是根据评估阶段的结果,制定审核重点的清洁生产方案;在分类汇总基础上(包括已产生的非审核重点的清洁生产方案,主要是无/低费方案),经过筛选确定出六个中/高费方案供下一阶段进行可行性分析;同时对已实施的无/低费方案进行实施效果核定与汇总。

（1）产生方案

清洁生产涉及企业生产和管理等各个方面，虽然物料平衡和废弃物产生原因分析将大大有助于方案的产生，但在其他方面可能也存在着一些清洁生产机会，审核小组带领全公司职工从影响生产过程的八个方面全面系统地产生 4 个中/高费方案。

（2）分类汇总方案

中、高费方案统计见表 4-10。

表 4-10　中/高费清洁生产方案汇总表

序号	负责部门	方案名称	方案简介	预计投资（万元）	实施时间
1	生产二部	切割纯水改造项目	切割站以中水代替超纯水	50	2007.5
2	生产一部	蓝宝石衬底回收	厂家回收报废的蓝宝石衬底再返回使用	11.1	2007.5
3	技术中心	不含 GaAs 的四元系芯片研发	研发 Metal Bonding 的晶片键合工艺，将 LED 外延层黏附到另一安全、环保、无毒的基材上	29	2007.6
4	生产二部	有机酸碱液排放改造	设计专门的管道固定有机、酸碱的排放，并对部分有机溶液进行回收	9.5	2007.6

（3）汇总筛选结果

筛选出初步可行的中高费方案如下。

①切割纯水改造项目。

②蓝宝石衬底回收。

③不含 GaAs 的四元系芯片研发。

④有机酸碱液排放改造。

（4）继续实施无/低费方案

审核小组从筹划与组织阶段开始不断产生无低费方案，并贯彻边审核、边实施、边见效的原则把初步筛选可行的无低费方案列入企业的日常工作的计划中，实施经筛选确定的 29 个可行的无/低费方案。

（5）核定并汇总无/低费方案实施效果

审核对已经实施的无/低费方案，包括在预评估和评估阶段所实施的无/低费方案，及时核定其效果并进行汇总分析。核共提出的 29 个有效清洁生产无低费方案都已实施，实施率为100%。累计总投资约 2 万元，年产生经济效益约 171 万元/年，避免风险损失 131500 元/年，封存设备折价 200 万元。其中节水 2700 吨/年、节电约 59.7 万度/年、节约回收实验片 960片/年。

5.可行性分析

可行性分析是在结合市场调查和收集一定资料的基础上，进行方案的技术、环境、经济的可行性分析和比较,从中选择和推荐最佳的可行方案。

(1)二部切割纯水改造项目

1)方案简介

我司纯水系统主要供应生产二部的化学站和切割站使用,纯水系统的纯水产能为 5 吨/小时,目前二部的纯水使用量为化学站 2.5 吨/小时,切割站 2 吨/小时;因扩产需求,化学站纯水需求增加到 4.5 吨/小时,切割站纯水需求增加到 5 吨/小时,即需要再投入建设一个产能为 5 吨/小时的超纯水站。纯水系统主页面如图 4-4 所示。

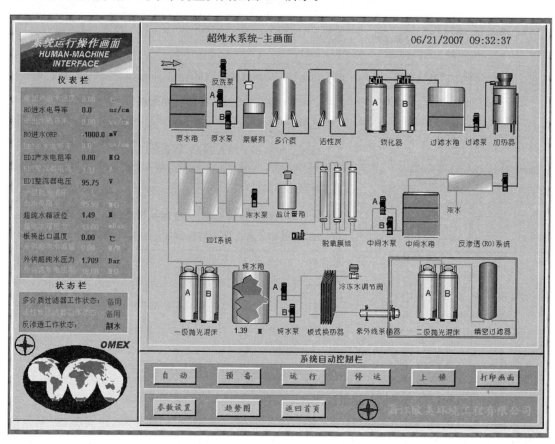

图 4-4 纯水系统

经工程人员进行可行性评估,并进行为期 1 个月的实际验证,提出切割站以中水代替超纯水,及在纯水系统中的中水储存桶内铺设管道,直接利用原有的切割站超纯水管道,用水泵将中水直接送到切割站内,供切割设备使用。

故原本需要投入建设的 5 吨/小时的超纯水站,直接更改为将原本 6 吨/小时的中水设施改造为产能达 18 吨/小时的中水系统,满足生产使用需求。

2)方案评估

①中水改造系统

a.中水制造系统设备费用:40 万;

b.两台高压水泵设备费用:2 万元;

c. 安装所需管材、管件、阀门费用：3 万元；

d. 安装费用：约 3 万元；

合计 48 万元。

②外管网联接系统：

a. 安装所需管材、管件、阀门、稳压阀费用：约 1.5 万元；

b. 安装费用：约 0.5 万元；

合计 2 万元。

直接投入总计：50 万元。

该方案（直接投入 50 万元、年维护费用 2 万元）替代原规划的超纯水系统（直接投入 180 万元、年维护费用 12 万元），一次投入节省 130 万元，年维护费用可节省 10 万元。并且中水系统改造与新建纯水站（用电设备较多）相比，减少了设备电耗。

（2）蓝宝石衬底回收

1）方案简介

Al_2O_3 衬底，学名蓝宝石衬底，是用来外延生长 GaN 外延材料用的生长基石，如图 4-5 所示。目前处延生长蓝绿光 LED 外延生所用的蓝宝石衬底的厚度为 430 μm，而外延生长的 GaN 外延层的厚度为 4 μm 左右，所以对生产中报废的片子，我们可以送回衬底厂家，重新研磨抛光，得到我们需要的蓝宝石衬底。

三安目前由于研发等原因，每个月至少需报废外延片 200 片以上，把这些要报废的片子重新回收利用，产生的经济效益可观。

图 4-5　蓝宝石衬底

2）方案的工艺流程图

该方案的工艺流程图如图 4-6 所示。

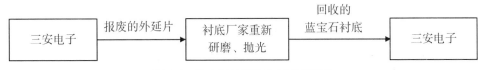

图 4-6　蓝宝石衬底回收工艺流程图

2）方案评估

环境效益分析：

年节省蓝宝石（Al_2O_3）衬底：2400 片。

方案费用:厂家重新研磨抛光费用为46.2元/片。

经济效益分析:

年回收外延片:2400片。

年回收外延片费用:2400×46.2=110880元。

蓝宝石衬底单价:154元。

年回收外延片产生的效益:2400×154-2400×46.2=258720元。

(3)不含GaAs的四元系LED芯片研发

1)方案简介

GaAs衬底,中文名称砷化镓衬底,是用以生长AlGaInP四元系LED外延结构的最常见生长基石。由于其含有剧毒的砷(As)元素,在一定程度上有悖于LED产品的环保要求,在产品的末端处理上存在一定的困难。本方案以一种称之为Metal Bonding的晶片键合工艺,将LED外延层黏附到另一安全、环保、无毒的基材上,进而替代有毒的砷化镓衬底,从而达到产品端不含GaAs的目的。与此同时,由于此方案对于LED器件的使用性能有一个明显的提升,提高了四元系LED产品的性能,拓展了其应用面。由于该产品的单价远高于常规产品,故能在达到产品环保要求的同时,创造出客观的经济效益。

2)方案评估

环境效益分析:

产品中As元素含量大大低于常规产品,可视为真正意义的环保节能产品,而且可减少企业的外减总砷量。

与常规生产方式相比:键合工艺成本增加=键合设备8元/片+键合材料25元/片+其他费用25元/片=58元/片

经济效益分析:

年产量5000片;

每片增加单位售价800元;

每年产生的效益:5000×(800-58)=3710000元;

(4)生产二部有机酸碱溶液排放改造项目

1)方案简介

我司有机酸碱溶液排放单位主要为生产二部的化学站和切割站,目前排放量为化学站2.5吨/小时,切割站2吨/小时;因扩产需求,化学站有机酸碱排放将增加到4.5吨/小时,切割站酸碱排放将增加到5吨/小时,这样酸碱排放量将超出目前污水处理池的处理能力,需要再投入大量资金建设一个污水处理池。

经工程人员进行可行性评估,针对化学站的有机酸碱排放,可设计专门的管道固定有机酸碱的排放,并对部分有机溶液进行回收,这样化学站的有机酸碱排放量4.5吨/小时将分为两部分排放,一部分为1吨/小时的有机酸碱排放和3.5吨/小时的普通生活水排放,即有效减少有机酸碱排放1吨/小时。故原本需要投入建设的污水处理池可取消建设,而直接对回收的有机溶液进行回收。

2)方案工艺流程图:

生产二部有机酸碱溶液排放改造的工艺流程图如图4-7所示。

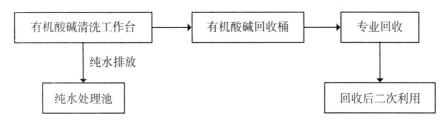

图 4-7 生产二部有机酸碱溶液排放改造的工艺流程图

3)方案评估

方案费用:

①排放管道改造。

a.设备排放管道改造费用:1 万;

b.安装所需管材、管件、阀门费用:1 万元;

c.安装费用:约 0.5 万元;

合计 2.5 万元。

②外管及回收设备:

a.外管安装所需管材、管件、阀门、稳压阀费用:约 1.5 万元;

b.回收设备投入:约 5 万元;

c.安装费用:约 0.5 万元;

合计 7 万元;

总计:9.5 万元。

③年可获收益:

a.减少污水运行费用 1.2 万元/月×12 月/年=14.4 万元/年。

b.回收利用有机酸碱溶液 1.72 万元/月×12 月/年=20.6 万元/年。

合计:35 万元。

(5)经济评估

该电子公司本轮清洁生产各项中/高费方案的经济评估指标见表 4-11。

表 4-11 中/高费方案经济评估指标汇总表

经济评价指标	切割纯水改造项目	蓝宝石衬底回收	不含 GaAs 的四元系	有机酸碱液排放改造
1.总投资费用(万元)	50	11.1	29	9.5
2.年运行费用总节省金额(万元)	20	37.0	371.0	35
3.新增设备年折旧费(万元)	10	2.2	5.8	1.9
4.净利润(万元)	8.3	28.9	307.9	27.5
5.年增加现金流量(F)(万元)	18.3	31.1	313.7	29.4
6.投资偿还期(N)(年)	2.73	0.36	0.09	0.32
7.净现值(NPV)(万元)	24.0	114.7	1240.3	109.3

经济评价指标	切割纯水改造项目	蓝宝石衬底回收	不含 GaAs 的四元系	有机酸碱液排放改造
8.净现值率(NPVR)	48.08%	1033.7%	4276.9%	1150.9%
9.内部收益率(IRR)	24.23%	>200%	>1000%	>300%

(6)推荐可实施方案

综合评估结果汇总如表 4-12。

表 4-12　方案综合评估汇总表

评估项目 ＼ 方案	切割纯水改造项目	蓝宝石衬底回收	不含 GaAs 的四元系	有机酸碱液排放改造
技术评估	可行	可行	可行	可行
环境评估	可行	可行	可行	可行
经济评估	可行	可行	可行	可行
综合评估	可行	可行	可行	可行

综上,通过技术、环境、经济评估,汇总比较各投资方案的技术、环境、经济评估结果,确定以上 4 个方案都是可推荐实施的方案。

6.方案实施

方案实施的目的是通过推荐方案(经分析可行的中/高费最佳可行方案)的实施,使企业实现技术进步,获得显著的经济和环境效益;通过评估已实施的清洁生产方案成果,激励企业推行清洁生产。

(1)筹措资金

该电子公司本轮清洁生产审核 4 个中高费方案,其中 3 个通过企业内部自筹资金,已在本轮清洁生产审核期间实施完成,不含 GaAs 的四元系 LED 研发,目前还处于试验阶段尚未完成。

(2)方案实施进度

方案的具体实施进度如表 4-13 所示。

表 4-13　方案实施进度表

编号	方案名称	开始时间	完成时间(年月)	负责部门
1	切割纯水改造项目	2007.5	2007.9	生产二部
2	蓝宝石衬底回收	2007.5	2007.10	生产一部
3	有机酸碱液排放改造	2007.6	2007.10	生产二部

(3)宣传清洁生产成果

在总结已实施的无/低费和中/高费方案清洁生产成果的基础上,该电子公司组织了宣传材料,将本轮清洁生产的成果在全公司广为宣传,为继续推行清洁生产打好基础。

7.持续清洁生产

清洁生产是一个动态的、相对的概念,是一个连续的过程,因而须有一个固定的机构、稳定的工作人员来组织和协调这方面工作,巩固已取得的清洁生产成果,并使清洁生产工作持续地开展下去。

(1)建立和完善清洁生产组织

该电子公司在本轮清洁生产审核后,决定在此次基础上将今后企业清洁生产的责任部门常设在厂务部,由副总负责组织协调全公司的清洁生产和清洁生产审核工作,并由总经理直接领导该机构的工作。清洁生产审核小组作为常设机构,在以后的清洁生产审核中根据审核重点的变化,人员也相应调整。公司清洁生产组织机构设置情况见表4-14。

表4-14　清洁生产的组织机构

组织机构名称	清洁生产推行小组
行政归属	厂务部
主要任务及职责	1.按照《清洁生产促进法》的要求,推动公司清洁生产审核工作,并持续维护清洁生产审核体系的完整性; 2.结合我公司清洁生产的审核程度,组织相关人员培训。必要时编制清洁生产审核宣传辅导材料; 3.分析全公司产排污情况,分析废物产生原因,研究削减对策。收集员工提出的节能、降耗、减污方案,对可实施方案敦促相关部门实施,并跟踪作效果确认; 4.挖掘清洁生产潜力,积极提倡以新技术、新工艺、新设备来取代落后的技术、工艺、设备,提高清洁生产水平

(2)建立和完善清洁生产管理制度

该电子公司将第一轮清洁生产审核的成果纳入公司的日常管理轨道,建立激励机制,在奖金、表彰、批评等诸多方面,充分与清洁生产挂钩,以调动全体职工参与清洁生产的积极性。同时建议公司财务部门对清洁生产项目的投资和效益单独建帐,以保证稳定的清洁生产资金来源。

(3)制定持续清洁生产计划

该电子公司经本轮清洁生产审核之后制定的持续清洁生产计划见表4-15。

表4-15　持续清洁生产计划

计划分类	主要内容	开始时间	结束时间	负责部门
下一轮清洁生产审核工作计划	1.不断深入现场,寻找清洁生产机会,持续开展清洁生产工作; 2.纯水站排出浓水回用项目; 3.氢气纯化器冷却水循环使用	2008	视项目进展待定	厂务部
本轮审核未完成的清洁生产方案的实施计划	不含 GaAs 的四元系 LED 芯片研发	2007.6	视项目进展待定	研发部

计划分类	主要内容	开始时间	结束时间	负责部门
清洁生产新技术的研究与开发计划	贵金属节约利用	2008	视项目进展待定	研发部
企业职工的清洁生产培训计划	1.清洁生产新技术介绍; 2.开发项目进展情况介绍; 3.清洁生产法律法规的新要求	2009	在下一轮清洁生产审核开始时开展	全公司

8.本轮清洁生产审核结论

(1)完成清洁生产目标情况

本轮清洁生产审核从企业实际和行业实际出发所设置的目标基本合理,在提交报告(2007年10月30日)时已经达到如表4-16所示。

表4-16 该电子公司清洁生产目标完成情况对比表

项目	单位	审核前	近期目标(2007.10)		远期目标(2010.12)		审核后(2007.10)	
			绝对量	相对量%	绝对量	相对量%	绝对量	相对量%
蓝宝石衬底单耗	片/GaN外延片	1.05	1.04	1	1.02	2	1.04	1
砷烷单耗	kg/GaAs外延片	0.00302	0.00298	1.3	0.00286	4	0.00297	1.7%
电单耗	万度/KK	0.30	0.29	3.3	0.25	10.7	0.28	6.6

注:从表中可以看出,通过清洁生产的实施,公司所制订的近期目标全部实现。

(2)已经实施的清洁生产方案成果

已经实施的清洁生产方案成果见表4-17,已实施清洁生产方案取得的环境效益汇总表如表4-18所示,已实施清洁生产方案取得的资源节约及经济效益汇总表如表4-19所示。

表4-17 企业清洁生产审核方案及资金投入情况表

项目	清洁生产审核提出的清洁生产方案			已经实施的清洁生产方案			实施清洁生产方案资金投入		
	总数	其中:无/低费方案数	其中:中/高费方案数	总数	其中:无/低费方案数	其中:中/高费方案数	总投资额	其中:政府投资	其中:企业投资
单位	个	个	个	个	个	个	万元	万元	(万元)
数值	33	29	4	32	29	3	70.6	0	70.6

注:企业投资额包括企业向银行贷款额。

表 4-18　已实施清洁生产方案取得的环境效益汇总表

项目	废水（污水）及其污染物削减量						锅炉大气排放物质削减量			其他废物削减量			固体废物		经济效益
	排水削减量	第一类污染物	COD	BOD	总磷	氨氮	烟尘	二氧化硫	氮氧化物	有机酸碱液	废气	废油	一般固废	危险废物	
单位	万吨	kg	吨	吨	吨	万吨	万吨	万吨	吨	吨	吨	吨	吨	吨	万元
年均削减量	0.27	/	/	/	/	/	/	/	/	0.36	/	/	—	—	—
经济效益（万元）	0.8	/	/	/	/	/	/	/	/	27.5	/	/	—	—	28.3

注：①根据《污水综合排放标准 GB 8978—1996》，第一类污染物包括总汞、烷基汞、总镉、总铬、六价铬、总砷、总铅、总镍、苯并(a)芘、总铍、总银。因为总 α 放射性、总 β 放射性计量单位不同可另统计。

②削减量计算：上年的排放总量减去当年的排放总量为当年削减量。

③经济效益：是指因为实施清洁生产审核而削减的排污费和末端治理设施、材料及其运行费；不包含实施清洁生产方案的投入。

表 4-19　已实施清洁生产方案取得的资源节约及经济效益汇总表

项目	节约能源					节水	节约原辅材料			其他效率	经济效益
	节电	节煤	节油	节蒸汽	节天然气		/	Al_2O_3	实验片		
计量单位	（万 kwh）	（万 t）	(t)	（万 t）	(t)	（万 t）	(t)	片	片	/	（万元）
年均节约量	59.7	/	/	/	/	0.27	/	2400	960		
经济效益（万元）	31	/	/	/	/	0.8	/	25.9	40.2	109.1	205

注：①上表中，除要填报所列指标外，各企业可按实际情况在"节约原辅材料"和"其他"栏目内自列指标填报。

②节约总量计算：在同等产值的情况下，上年的消耗总量减去当年的消耗总量为当年的节约总量。

③经济效益以各年 12 月底的当地市场价计算。

第一轮清洁生产审核的完成，给该电子公司带来了可观的经济效益，同时也改善了企业的环境质量，使企业环境管理上了一个新台阶。由于对清洁生产知识和清洁生产促进法的宣传和贯彻，使全体员工对清洁生产有了较深入的了解和认识，环境意识得到进一步提高。

（3）本轮清洁生产审核后的环境监测情况

2007 年 10 月 26 日，厦门市环境监测中心站对企业废水进行监测，监测结果见表 4-20，各项指标均能达标。

表 4-20 废水监测结果:单位 mg/l(pH 除外)

监测点位	采样时间	总砷	监测点位	采样时间	总砷
处理设施进口	8∶30	11.9	处理设施出口	8∶32	3.21×10^{-3}
	10∶30	11.7		10∶32	1.49×10^{-2}
	12∶30	11.5		12∶32	1.16×10^{-2}
	14∶30	10.9		14∶32	1.49×10^{-2}

监测点位	采样时间	石油类	SS	PH	BOD_5	氟化物	COD_{Cr}
总口	8∶35	0.15	33	8.77	24.1	6.2	67.3
	10∶35	0.17	32	8.76	23.5	6.3	65.2
	12∶35	0.2	29	8.74	21.2	6.39	60.1
	14∶35	0.19	30	8.75	20.7	6.38	58.3

注:摘自厦环测 20072505-1 号

该电子公司的废气与噪声长期均能稳定达标,厦门环境监测中心市站未对其进行监测。

4.2 循环经济理论

4.2.1 循环经济概念的提出

"循环经济"一词,首先由美国经济学家 K.波尔丁提出。循环经济的早期代表就是"宇宙飞船经济理论",因此,宇宙飞船经济要求一种新的发展观:①必须转变过去那种"增长型"经济为"储备型"经济;②要改变传统的"消耗型经济",而代之以休养生息的经济;③实行福利量的经济,摒弃只着重于生产量的经济;④建立既不会使资源枯竭,又不会造成环境污染和生态破坏,能循环使用各种物资的"循环式"经济,以代替过去的"单程式"经济。

20 世纪 90 年代之后,国际社会的两大趋势就是发展知识经济和循环经济。我国从 20 世纪 90 年代起引入了关于循环经济的思想,此后对于循环经济的理论研究和实践不断深入:1998 年引入德国循环经济概念,确立"3R"原理的中心地位;1999 年从可持续生产的角度对循环经济发展模式进行整合;2002 年从新兴工业化的角度认识循环经济的发展意义;2003 年将循环经济纳入科学发展观,确立物质减量化的发展战略;2004 年提出从不同的空间规模(城市、区域、国家层面)大力发展循环经济。

"循环经济"这一术语在中国出现于 20 世纪 90 年代中期,学术界在研究过程中已从资源综合利用的角度、环境保护的角度、技术范式的角度、经济形态和增长方式的角度、广义和狭义的角度等多个层面上对其做了相关解释。当前,社会上普遍推行的是国家发改委对循环经济的定义:"循环经济是一种以资源的高效利用和循环利用为核心,以'减量化、再利用、资源化'为原则,以低消耗、低排放、高效率为基本特征,符合可持续发展理念的经济增长模式,是对'大量生产、大量消费、大量废弃'的传统增长模式的根本变革。"这一定义不仅指出了循环经济的核心、原则、特征,同时也指出了循环经济是符合可持续发展理念的经济增长模式,抓住了当前中国资源相对短缺而又大量消耗的症结,对解决中国资源对经济发展的瓶颈制约具有迫切的现实意义。2008 年 8 月 29 日,《中华人民共和国循环经济促进法》由中华人民共和国第十一届全国人民代表大会常务委员会第四次会议正式通过,自 2009 年 1 月 1 日起施行。在该法中,循环经济定义为在生产、流通和消费等过程中进行的减量化、再利用、资源化活动的总称。

4.2.2 循环经济的主要模式

截止到目前,循环经济的发展仍没有固定模式可依循。发展循环经济要因地制宜,结合不同地区或不同发展阶段以及不同行业特点,创造性发挥聪明才智,通过物质代谢或产业共生延伸产业链。从设计开始,按照生态工业理念或"零排放"思想设计工业园区;对一个企业可以变成"原料"的废弃物进行产业共生;在一块地区开发形成产业联系;根据物质和能量平衡进行产业虚拟联网,对一个园区进行再设计等。这些都是循环经济的实现形式。下面总结的我国工农业发展循环经济的一些做法,是人们在长期实践中积累形成的,可以用来指导实践。

1. 生态农业模式

在农村,循环经济是以生态农业的形式表现出来的。我国农业科学院的专家总结了 200 多种生态农业模式,从物质流角度看属于以下三类。

(1)基塘模式

经济学史研究表明,我国在 900 多年前的珠江三角洲就出现了"基塘模式"雏形。所谓基塘模式,是指在沿海低洼地挖坑,挖出来的泥堆在周围形成基,中间成了水塘,塘里养鱼,基上种桑;塘泥为桑树生长提供肥料,桑叶用作蚕的食粮,蚕的排泄物成为鱼的饲料,一个物质循环得以顺利形成。基塘模式类型众多,种在基上的植物因地而异,养在塘里的鱼品种繁多。我国还有蔗基鱼塘、果基鱼塘、花基鱼塘、杂基鱼塘等。

(2)稻鸭共生模式

在我国南方的水网地区,最主要的作物品种是水稻。在长期的实践中,劳动人民探索出了丰富多彩的稻田生态模式,如稻田养鱼、养蟹、养虾、养鸭等。稻田里养鸭,利用了动植物间的共生互利关系,利用了空间生态位和时间生态位以及鸭的杂食性,将鸭围养在稻田里,以鸭捕食害虫代替农药治虫,以鸭采食杂草代替除草剂,以鸭粪作为有机肥代替部分化肥,从而实现以鸭代替人工为水稻"防病、治虫、施肥、中耕、除草"等目的。稻和鸭共用了水资源,反映的科学原理是"资源共享",或经济学中的"要素共享"。

(3)以沼气为纽带的模式

按生态学原理,通过对太阳能、生物能和农业系统的有机废料的综合利用,大棚里养生物,废物进入沼气池,沼气用于做饭、照明,沼渣用于肥田,不仅变废为宝,还改良土壤,增强农业发展后劲,使农业的高产、优质、高效和低耗得以有效实现。以沼气为纽带的生态农业模式类型还有很多,南方的"猪-沼-果"、北方的"四位一体"等,均属于这种类型。

2. 生态工业模式

在我国工业化加速特别是重化工对经济增长带动作用显著的条件下,生态工业的发展对于提高资源效率,缓解资源约束、减轻环境污染的压力意义重大。

(1)产业间共生模式

产业间共生主要是指第一、第二产业之间存在物质共生关系。从我们调研和掌握的资料看,这种产业间的共生关系在我国很多地方都存在。作为主要特征,这种模式的起点均是吸收太阳能的植物。

①贵糖模式。以生态工业为基础,由蔗田系统、制糖系统、酒精系统、造纸系统、热电联产系统和环境综合处理系统组成,通过中间产品和废弃物的相互交换衔接起来,一个比较完善的生态工业网络得以顺利形成;不断充实和完善示范园区的骨架,形成制糖、造纸和酒精生产基地,一个比较完整的多门类工业和种植业相结合的工业共生网络以及高效、安全、稳定的制糖工业生态园区得以形成。

②林纸一体化。国家造纸工业的发展方向就是林纸一体化。我国造纸业长期以草浆为主要原料,烧碱等化学品消耗量大,回收循环利用难度较大,生产产生的废水对环境污染严重,一些小造纸厂的产品质量也难以提高。使用木浆造纸,可以解决污染问题,且木纤维的废纸有利于多次循环使用。林纸一体化,不是仅仅通过砍伐原生林来增加木浆产量,而是通过林业企业和造纸企业的联合,培育速生丰产用材林为造纸企业提供原料;造纸业的发展又促进用材林的建设,从而形成一个良性循环。

(2)重点行业联产模式

①以煤炭为核心的联产。我国不少煤炭企业(集团)制定并实施新的发展策略,以煤炭资源开发利用为核心,采用先进适用技术,通过洁净煤技术和转化技术的优化集成。通过煤制合成气,用于联合循环(IGCC)发电,用一步法生产甲醇及其衍生物(甲醛、醋酸、醋酐等)、合成氨及其衍生物(尿素、硫铵、硝铵、碳铵)等,还可用作城市煤气,能源和化工的联产得以顺利实现,有效形成了煤-电-化、煤-电-热-冶、煤-电-建等发展模式。这样做可以有效提高资源效率和效益,降低生产成本,从而实现经济效益和环境效益的有机统一。

②钢铁厂成为热能转换、分级利用及废弃物消纳的场所。钢铁行业发展循环经济,考虑铁素循环利用、能源分级利用、水的循环利用、固体废弃物的综合利用等。可以从三个层次上采用重点技术加以推进:一是普及、推广一批成熟的节能环保技术,如高炉煤气发电、干熄焦(CDQ)、高炉炉顶余压发电(TRT)、转炉煤气回收、蓄热式清洁燃烧、铸坯热装热送、高效连铸和近终形连铸、高炉喷煤、高炉长寿、转炉溅渣护炉和钢渣的再资源化等技术。二是投资开发一批有效的绿色化技术,高炉喷吹废塑料或焦炉处理废塑料、烧结烟气脱硫和尾矿处理等技术。三是探索研究一批未来的绿色化技术:熔融还原炼铁技术及新能源开发、薄带连铸技术、新型焦炉技术和处理废旧轮胎、垃圾焚烧炉等服务社会的废弃物处理技术。

3.资源综合利用与环保产业模式

资源综合利用在有效提高资源利用效率的同时,还能够做到从源头削减废弃物的产生。利用煤矸石发电、垃圾焚烧的热利用、废弃物的社会回收利用等,均是循环经济的重要内容。

(1)废旧物资的分类回收、专业加工体系

建立一个回收、分类、加工利用体系是实现社会层面物质循环的关键所在。在我国原有回收体系日益收缩的同时,社会回收体系则在发展中不断壮大。北京市海淀区 2003 年开始建设以再生资源回收网点、集散地和加工利用三位一体的社区回收体系,将居民、企业、机关、院校废旧物质出售和再生资源利用企业联系起来。青岛市把生活垃圾预处理后产生的无机物物质用作制砖的原料,制成的烧结砖符合国家建材标准,已大批量生产。这样的例子不胜枚举。上海市根据"谁污染,谁付费"的原则,探索形成了一条污染者付费、市场化运作、网络化管理的一次性塑料饭盒的回收处置模式。宁波市在环卫系统将厨余废弃物收集、运输到一家企业后,通过分类、热处理等工艺生产蛋白饲料,解决了有机废弃物的循环利用问题。

(2)利用煤矸石、粉煤灰做建筑材料

利用煤矸石、粉煤灰可以做水泥:由于煤矸石和黏土的化学成分相近,在水泥生产中可代替部分黏土提供生料的硅质铝质成分;同时,煤矸石还能释放一定热量,烧制水泥熟料时可以代替部分燃料。煤矸石还可以做烧结空心砖:经过适当的成分调整,利用煤矸石可部分或全部代替黏土生产砖瓦,矸石砖的强度和耐腐蚀性都比黏土砖要好一些,且干燥速度快、收缩率低。不少煤矿利用国家墙体材料革新和限制黏土砖使用的机会,大力发展以煤矸石为原料的生产技术,不仅"吃"掉了原来的矸石山,减少了矸石山的污染,还腾出了原来被占的土地,可谓一举多得。

4.2.3　清洁生产和循环经济的关系

清洁生产和循环经济二者之间的关系是一种点和面的关系,实施的层次也有一定差异。表 4-21 反映了清洁生产和循环经济二者之间的相互关系。

表 4-21　清洁生产和循环经济的相互关系

比较内容	清洁生产	循环经济
思想本质	环境战略	经济战略
原则	节能、降耗、减污、增效	减量化、再利用、资源化(再循环)
核心要素	整体预防、持续运用、持续改进	以提高生态效率为核心,强调资源的减量化、再利用和资源化、实现经济行动的生态化
适用对象	主要对生产过程、产品和服务(点、微观)	主要对区域、城市和社会(面、宏观)
基本目标	生产中以更少的资源消耗产生更多的产品,防治污染产生	在经济过程中系统地避免和减少废物
基本特征	预防性、综合性、统一性、持续性	低消耗(或零增长)、低排放(或零排放)、高效率
宗旨	提高生态效率,并减少对人类及环境的风险	

第5章　当前全球性的环境问题

5.1　全球环境问题概述

5.1.1　全球环境问题的概念

全球环境问题是指对全球产生直接影响或具有普遍性,且该环境问题能够危害到全球范围内,也是引起全球范围内生态环境退化的问题。或者说是超越一个以上主权国家的国界和管辖范围的环境污染和生态破坏问题。其含义为:第一,有些环境问题在地球上普遍存在,不同国家和地区的环境问题在性质上具有普遍性和共同性,如气候变化、臭氧层的破坏、水资源短缺、生物多样性锐减等;第二,虽然是某些国家和地区的环境问题,但其影响和危害具有跨国、跨地区的结果,如酸雨、海洋污染、有毒化学品和危险废物越境转移等。

截止到目前,全球气候变化、酸雨污染、臭氧层耗损、有毒有害化学品和废物越境转移和扩散、生物多样性的锐减、海洋污染等为普遍引起全球关注的环境问题。还有发展中国家普遍存在的生态环境问题,如水污染和水资源短缺、土地退化、沙漠化、水土流失、森林减少等。

5.1.2　全球环境问题的共同特点

(1)人为性。

在人类社会的早期,灾害与环境问题的形成,是以单因素为诱因的,现在则是多因素诱发,且一灾多害,因此具有不确定性和难以预报性,治理难度则更大。如干旱过去主要是大气环流异常所致,现在则要考虑植被破坏、CO_2 的排放量、厄尔尼诺等因素。因此成因互相交织,形成复杂的多层次结构的联系网络如图 5-1 所示。其最终的显示结果就是直接或间接对人类致害。

(2)隐蔽性。

诸多重大环境问题都是缓慢累积性灾害现象,通过食物链的转移,其危害具有缓发性和长期性的特点。

(3)危害性。

全人类的生存安全与发展因诸多重大环境问题的而受到一定影响,生态环境恶化等造成的自然灾害频发,且日渐严重。

(4)移动性。

许多重大环境问题具有跨国性,使有害现象扩大化。部分国家出现的问题如酸雨、臭氧层空洞、赤潮等,可以影响到另外一些地区。

(5)可变性。

如果人类能控制自身的行为,在一定程度上减轻这些重大环境问题是有可能的。但由于人口密度的增加,是很难彻底恢复到原始状态的。

(6)加速性。

社会愈发展,致灾因素愈复杂,有害现象亦愈多,其强度也愈大。

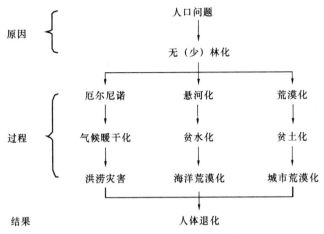

图 5-1　21 世纪环境问题关系示意图

图 5-1 中,环境问题最主要的源问题就是人口问题,它导致了无(少)林化。无林化是许多环境问题的原因,它同时导致天气和气候环境问题、水环境问题、土地覆盖变化环境问题等等。因此,各种全球环境问题间具有成因相关性,形成环境问题的网络结构和复杂性。

5.1.3　全球环境问题的分布特点

全球环境问题的发生是具有区域性和阶段性的。由于发达国家较早经历了"先污染后治理"的过程,一般来说,目前环境问题不很突出。发展中国家正经历着环境问题严重的阶段,是目前环境问题的主要分布和承担者,特别是自然生态环境破坏极为严重。中国是一个发展中国家,由于特定的地理位置,面积巨大,人口众多,现在实行改革开放的政策,正积极发展市场经济,因此其环境问题具有发达国家和发展中国家的二重性,第一产业的生态环境问题与第二产业的环境污染问题都比较突出。中国自然生态环境的敏感脆弱性,增加了人为诱发环境问题的可能性。认识环境问题的区域集中性及全球分布特点,对我们了解环境问题的全局非常有帮助,增加危机感和紧迫感。

1.区域差异性

全球环境问题是一种全球现象,因此具有分布上的广泛性,但由于自然、社会、经济、历史、文化的差异,不同国家的环境问题具有不同步性且其表现也会有或多或少的差异。

发达的工业化国家,在较早阶段就已经经历了人为诱发的生态环境问题即第一产业环境问题后,目前第二产业环境问题即人为有害物质释放造成的各种污染问题比较严重,如西欧等发达地区。而发展中国家,由于经济发展阶段的限制,目前仍以人为诱发的生态环境问题即第一产业环境问题为主要表现,同时兼第二产业环境问题的双重问题,形成了更为复杂的环境问题,如非洲、亚洲等。

2.区域集中性

（1）全球集中分布特点。

由于人类活动主要集中于陆地，因此和海洋比起来，陆地环境问题更加严重；全球人口的近80％集中于北半球，陆地污染源多，又有西风带的传播作用，不仅北半球环境问题严重于南半球，且比南半球更具有远距离转移的条件。

北半球大多以第二产业环境问题为主，南半球以第一产业环境问题为主；由于人口与城市集中于温带地区，故和其他热带地区比起来，温带地区环境问题更加严重；大陆沿海是环境问题的又一个重要分布区，各种污染物通过河流进入沿海，使沿海成为海洋藏污纳垢的主要海域，污染物由此逐步向大洋传送；生态环境脆弱区等敏感区也具有环境问题多发性的特点，如南北极、青藏高原、半干旱区、黄土高原区、内海（渤海、波罗的海等）区，环境问题更加严重和多发。

（2）国家内部集中分布特点。

人类对环境改造最为深刻和影响程度最大的区域就是大城、工矿区。由于地表性质的改变，城市出现了热岛效应、混浊岛效应、干岛效应、水害效应（水泥等不透水地表使雨水不易渗入而加大洪峰流量或形成城市内涝）等。

（3）工业污染问题的集中分布特点。

发达国家的工业污染，造成欧洲、北美等地的环境问题；发展中国家工艺落后，资源浪费和严重污染的问题在近几年来日益严重。

（4）生态环境的集中分布特点。

从自然植被类型看，草原区由于开垦和过度放牧，人为破坏面积大，草原退化，并有流沙活动，环境问题严重；森林区虽直接破坏面积较小，但次生灾害多，诱发的潜在问题也相当的严重，特别是生物种类、数量大幅度减少，导致气候的暖干化，水旱灾害频繁；农耕区水土流失严重，土地退化，农作物种的单一化，导致病虫害加剧。

综合起来看，温带工业化导致的环境污染问题最为突出，热带农牧业活动导致的生态环境问题明显。即温带发达国家有严重的环境污染问题，热带发展中国家的生态环境问题异常严重。

3.多灾区与国家

由于上述特征，重大环境问题的空间分布也就因此具有了非常明显的不确定性，并形成了几个生态环境脆弱区及环境问题比较严重的地区和国家。严重的生态环境问题往往导致自然灾害的频繁发生。非洲撒哈拉地区、中国黄土高原地区、巴西亚马逊雨林区、南北极地区、青藏高原等地区环境敏感而问题突出；亚洲的菲律宾、孟加拉国、印度、印度尼西亚、日本，非洲的埃塞俄比亚、莫桑比克、苏丹，欧洲的意大利，美洲的危地马拉、尼加拉瓜、墨西哥等国环境灾害较集中。

5.1.4 全球环境变化的应对

全球环境变化的风险在于其造成的影响可能是不可逆的。全球环境变化的影响已超越了国界，需要各国共同努力，以便能够更好地解决可能出现的任何问题。

1. 全球环境变化研究重大行动规划

目前,世界各国政府和科学工作者,积极开展全球环境领域的科学研究与技术开发,确定一系列全球环境领域重大行动规划与优先研究领域,为制定应对措施提供科学依据。其中,国际性研究计划更多的是集中在世界气候研究计划(WCRP)、国际地圈生物圈计划(IGBP)、生物多样性计划(DIVERSITAS)、国际全球变化人文因素计划(IHDP)。

(1)世界气候研究计划。

世界气候研究计划(World Climate Research Program,WCRP)从 20 世纪 70 年代中期开始酝酿,1980 年开始实施,其中,气候系统中物理方面的问题是对重点研究对象。WCRP 的目的是增强人类对气候的认识、探索气候的可预报性及人类对气候的影响程度,包括对全球大气、海洋、海冰与陆冰以及地表的研究。

(2)国际地圈生物圈计划。

国际地圈生物圈计划(International Geosphere－Biosphere Program,IGBP)目的在于制定区域和国际政策,讨论关于全球变化及其所产生的影响。

(3)全球环境变化的人类影响国际研究计划。

全球环境变化的人类影响国际研究计划(International Human Dimension of Global Environment Change,IHDP)研究的核心问题包括以下几个:①人类活动对全球环境变化有什么样的贡献? ②为什么要进行这些活动? ③全球环境变化对人类生活有什么样的反作用? ④由谁采取什么样的行动来响应、减少或减轻全球环境变化的影响?

(4)生物多样性计划。

生物多样性计划的主要任务是:通过确定科学问题和促进国际间合作来加强对生物多样性的起源、组成、功能、持续与保护等基础性研究,从而在一定程度上加强对生物多样性的认识,致力于对环境的保护和可持续利用。

2. 重要国际协议与政府应对措施

1992 年,在巴西的里约热内卢召开了"联合国环境与发展大会",通过和签署了五个国际性的环境保护文件,它们分别是《里约环境与发展宣言》《二十一世纪议程》《关于森林问题的原则声明》《气候变化框架公约》和《生物多样性公约》。1997 年 12 月在日本京都召开联合国气候变化框架公约参加国第三次会议,制定《联合国气候变化框架公约的京都议定书》(简称《京都议定书》)。《京都议定书》是联合国《气候变化框架公约》的补充条款,旨在限制发达国家温室气体排放以抑制全球变暖。

2007 年 12 月,190 多个国家的代表和科学家参加在印度尼西亚巴厘岛召开的联合困气候变化大会(即巴厘岛会议)。大会的聚焦于对气候变暖和温室气体减排问题进行讨论以及 2012 年后应对气候变化的措施安排等问题。

全球环境变化问题在中国也得到了重视。中国政府在积极应对全球环境变化问题上采取了一系列重大措施。中国政府把环境保护作为一项基本国策,将科学发展观作为执政理念,根据《气候变化框架公约》的规定,结合中国经济社会发展规划和可持续发展战略,制定并公布了《中国应对气候变化国家方案》,成立了国家应对气候变化领导小组,颁布了一系列法律法规。中国"十一五"规划纲要提出了新中国成立以来第一个"节能、减排"的战略目标,五年内单位国内生产总值能耗降低 20％左右、主要污染物排放总量减少 10％。为此，政府积极推动经济增长方式转变，落实"降耗、节能、减排"任务。中国将在土地利用方式、植树造林、生态系统保护、改变生产生活和消费方式，以及开发利用气候资源和可再生能源等方面采取行动，以减少全球环境变化问题对社会经济发展造成的负面影响。

5.2 全球气候变化

全球气候变化指在全球范围内，气候平均值和离差值两者中的一个或两者同时随时间出现了统计意义上的显著变化。气候变化是一个典型的全球尺度的环境问题，直接涉及全球经济发展方式及能源利用的结构与数量，未来全球发展也会受其直接影响。

5.2.1 全球气候变化趋势

地球自诞生后，气候也一直在变迁中。其中，第四纪是地球历史最新、最近的一个地质时代，和几十亿年的地质史相比，它的时间极为短促，距今仅二三百万年。

第四纪气候特点是冰期、间冰期交替，可分四个冰期、三个间冰期和一个冰后期（距今约 11000 年前至今）。第四纪冰期来临的时候，地球的年平均气温比现在低 10℃～15℃，全球有 1/3 以上的大陆为冰雪覆盖，冰川面积达 5200×10^4 km²，冰厚有 1000 m 左右，海平面下降 130 m。和地质时期比起来，冰后期以来地球的气候相对稳定，但全球气温变化也呈现出轻微的波动上升趋势如图 5-2 所示。

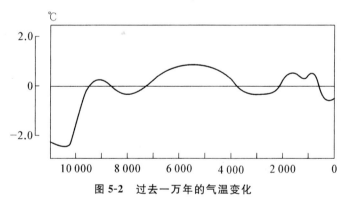

图 5-2 过去一万年的气温变化

百年或更短时间尺度的全球气候变化研究表明，气温上升如图 5-3 所示是近代气候变化的最明显特点。过去 100 年（1906～2005 年）全球地表平均温度升高 0.74℃；最近 50 年的升温速率几乎是过去 100 年的两倍；1850 年以来最暖的 12 个年份中有 11 个出现在 1995～2006 年期间（仅 1996 年除外）。

近半个世纪以来，人类对全球气候变暖问题重视度越来越高。20 世纪 70 年代，科学家把气候变暖作为一个全球环境问题提了出来。80 年代，随着对人类活动和全球气候关系的认识的深化，联合国环境规划署（United Nations Environment Programme，UNEP）将"警惕全球变暖"定为 1989 年"世界环境日"的主题，从而引起全世界的注意。

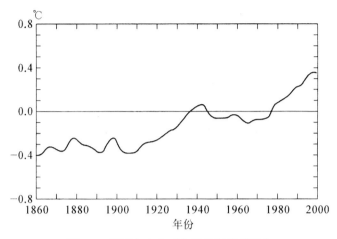

图 5-3　近百年来全球年平均气温的变化

5.2.2　影响全球气候变化的因素

太阳辐射经大气的吸收、散射和反射之后到达地球表面,部分为地表吸收,为地球表层能量的主要来源。吸收太阳辐射的同时,地球本身也向外层空间辐射热量。区别于太阳的短波辐射,地球的热辐射是以长波红外线为主。大气中的 CO_2、水蒸气和其他微量气体,如 CH_4、O_3 等,对太阳的短波辐射几乎无衰减地通过,却强烈吸收地面的长波辐射。其结果是阻挡热量自地球向外逃逸,大气层相当于在地球和外层空间之间的一个绝热层,即有"温室"的作用。大气中能产生温室效应的气体已经发现近 30 种,其中 CO_2 增加 30‰,CH_4 增加一倍,NO_x 增加 15%。氟利昂($CFCs$)是人类的工业产品,尽管大气中浓度很低,但其大气寿命很长,在温室效应中的作用不容忽视。研究表明,大气中已经发现的近 30 种温室气体,对全球气候变化的贡献率差别明显,其中 CO_2 的贡献最大,CH_4、$CFCs$ 和 NO_x 也起相当重要的作用具体可见表 5-1、图 5-4 所示。

表 5-1　主要温室气体及其特征

气体	大气中浓度/ppm*	年增长/%	生存期/a	温室效应($CO_2=1$)	现有贡献率/%	主要来源
CO_2	355	0.4	50～200	1	55	煤、石油、天然气、森林砍伐
$CFCs$	0.00085	2.2	20～102	3400～15000	24	发泡剂、气溶胶、制冷剂、清洗剂
CH_4	1.714	0.8	12～17	11	15	湿地、稻田、化石燃料、牲畜
NO_x	0.31	0.25	120	270	6	化石燃料、化肥、森林砍伐

* ppm(百万分之一),这里指 $\mu L/L$,下同。

在人类活动成为一种重要的扰动之前,在比地质年代时间尺度短的时期内,在 1750 年前后工业化开始之前的几千年内,各个碳库之间的交换一直维持着一个稳定的平衡。冰芯测量结果表明,那时大气中 CO_2 浓度的平均值约为 280 ppm,变化则保持在大约 10 ppm 以内。这一平衡被工业革命打破,造成大气中的 CO_2 浓度增加了 30% 左右,即从 1700 年前后的 280 ppm 增加到目前的 360 ppm 以上,具体可见图 5-5 所示。自 1959 年以来,在夏威夷冒纳罗亚山顶附近的一个观测站进行的精确测量表明:虽然不同年份的 CO_2 增加量变化很大,但平均来说,现在每年增加大约 1.5 ppm,如图 5-6 所示。2005 年全球大气 CO_2 浓度 379 ppm,为 65 万年来最高。

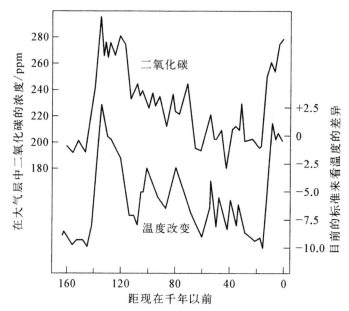

图 5-4　大气中 CO_2 的浓度与大气温度之关系

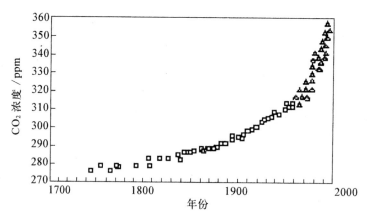

图 5-5　大气二氧化碳自 1700 年以来的增加

□表示南极冰芯的测量结果,△表示 1957 年以来在夏威夷冒纳罗亚观象台的直接测量结果

以下两个点造成了 CO_2 的剧增:①工业化发展和人口剧增,对矿物燃料的需求增大,释放的 CO_2 增多;②森林的大片砍伐,使森林对 CO_2 的吸收量减少。目前,矿物能源占全部能源消耗的 90%,而热带森林由于无节制的滥砍滥伐,正以极大的速度从地球上消失。IPCC 评估,到 21 世纪中叶,大气中的 CO_2 可能比现在增加 60%,比工业革命前增加一倍。

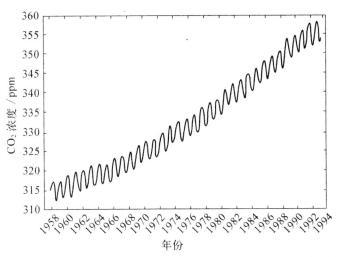

图 5-6　1958～1993 年夏威夷 Mauna Loa 岛大气中 CO_2 浓度的变化情形

5.2.3　气候变化的影响与危害

近年来,世界各国出现了几百年来历史上最热的天气,厄尔尼诺现象也频繁发生,各国经济也因此遭到了巨大损失。发展中国家抗灾能力弱,受害最为严重,发达国家也未能幸免于难。按现在的一些发展趋势,科学家预测有可能出现的影响和危害有:

(1)海平面上升。

全球气候变暖导致的海洋水体膨胀和两极冰雪融化,可能在 2100 年使海平面上升 50 cm,危及全球沿海地区。据 IPCC 2001 年预测,热带更加频繁发生的飓风、由海平面上升所造成的土地减少及渔业、农业和水供应的破坏所带来的损失,每年将达 3000 多亿美元。

(2)加剧洪涝、干旱及其他气象灾害。

气候变暖导致的气候灾害增多可能是一个更为突出的问题。据 IPCC 2001 年预测,如果 CO_2 浓度达到工业革命前的两倍,由干旱、洪水和火灾导致的农业和林业损失最多可达 420 亿美元。

(3)影响农业和自然生态系统。

随着 CO_2 浓度增加和气候变暖,延长生长季节,使世界一些地区更加适合农业耕作。但全球气温和降雨形态的迅速变化,也可能使世界许多地区的农业和自然生态系统无法适应或不能很快适应这种变化。

(4)影响人类健康。

疾病危险和死亡率极有可能会因气候变暖而加大。高温会给人类的循环系统增加负担,热浪会引起死亡率的增加。

由于大气中温室气体浓度具有边界效应,达到京都议定书的目标只是应付气候变化问题的第一步。尽管从长期来看,可以实现大气中温室气体浓度的稳定,但变暖是无法在短期内得到抑制的仍会持续几十年,海平面也还将会在未来几个世纪继续升高,这将对数百万人造成严重后果。

5.3 臭氧层的破坏

5.3.1 臭氧层的破坏及其原因

臭氧可以说是大气圈平流层中最重要的化学组分,它保存了大气中90%的臭氧,故此将这一层高浓度的臭氧称为"臭氧层"。

查普曼于1930年提出的纯氧体系的光化学反应机制就是平流层臭氧的生成和消耗机制,其化学反应为:

$$O_2 + h\nu(\lambda < 240 \text{ nm}) \rightarrow O + O$$

这个反应产生的氧原子具有很强的化学活性,能很快与大气中含量很高的 O_2 发生进一步的化学反应,生成臭氧分子:

$$O_2 + O \rightarrow O_3$$

在平流层,生成的臭氧分子也能够有效吸收紫外辐射并发生分解:

$$2O_3 + h\nu \rightarrow 3O_2$$

近30年来,人们逐渐认识到平流层大气中的臭氧正在遭受着越来越严重的破坏。

进一步的测量表明,在过去10～15年间,每到春天南极上空的平流层臭氧都会发生急剧的大规模的耗损,近95%的臭氧被破坏。卫星观测表明,臭氧层的覆盖面积有时甚至比美国的国土面积还要大。

1974年美国学者莫里那和罗兰提出,氟氯碳化合物即氟里昂(CFCs)和含溴化合物哈龙(Halons)是造成南极臭氧洞的元凶。

尽管南极空气十分干燥,极低的温度使该地区仍有成云过程,三水合硝酸($HNO_3 \cdot 3H_2O$)和冰晶为云滴的主要成分,称为极地平流层云。

在平流层,$ClONO_2$ 和 HCl 会发生以下化学反应:

$$ClONO_2 + HCl \rightarrow Cl_2 + HNO_3$$
$$ClONO_2 + H_2O \rightarrow HOCl + HNO_3$$

生成的 HNO_3 被保留在云滴中。当云滴成长到一定的程度后就会沉降到对流层,与此同时也使 HNO_3 从平流层中去除,其结果是 Cl_2 和 HOCl 等组分的不断积累,Cl_2 和 HOCl 的光解机会很小。当春天来临时,Cl_2 和 HOCl 开始发生大量的光解,产生前述的均相催化过程所需要的大量原子氯,以致造成严重的臭氧损耗。

5.3.2 臭氧层破坏的危害

臭氧浓度降低,臭氧层的破坏,会使其吸收紫外辐射的能力大大减弱,导致到达地球表面的 UV-B 区(280～315 nm)强度增加,给人类健康和生态环境带来严重的危害。臭氧层破坏的后果是很严重的。

(1)对人体健康的影响。

据估计,臭氧减少1%,皮肤癌的发病率就会提高2%～4%,白内障的患者将增加

$0.3\%\sim0.6\%$。另外,人体暴露于紫外线辐射强度增加的环境中,免疫力会受到抑制,诱发人类患各种皮肤疾病。

（2）对生态系统的影响。

对农作物的研究表明,过量的紫外线辐射会使植物的生长和光合作用受到抑制,农作物的产量会有所减少。紫外线辐射增强,使植物叶片变小,光合作用减弱,并使植物更易遭受病虫害,使粮食减产。紫外辐射也使处于食物链底层的浮游生物的生产力下降,由于浮游生物是海洋食物链的基础,浮游生物物种的种类和数量的减少还会影响鱼类和贝类生物的产量从而损害整个水生生态系统。

（3）对生物化学循环的影响。

阳光紫外线的增加会影响陆地和水体的生物地球化学循环,地球—大气系统中一些重要物质在地球各圈层中的循环也会因此而发生改变。

（4）对材料的影响。

建筑、喷涂、包装及电线电缆等材料会因过量的紫外线而加速老化过程,尤其会使塑料等高分子材料老化和分解,结果又造成光化学大气污染。

20世纪70年代,一些科学家开始认识到了臭氧层破坏的化学机制,形成了氯氟烃破坏臭氧层的观点。20世纪80年代中,观测数据证实了氟利昂等消耗物质同南北极臭氧层破坏的关系,促成了国际社会积极行动以保护臭氧层免遭进一步破坏。1980年前后,欧美国家开始采取措施禁止生产氯氟烃作为喷雾剂的气溶胶产品。1985年联合国通过了《保护臭氧层维也纳公约》,促进了各国就保护臭氧层这一问题的合作研究和情报交流。中国于1992年加入了《关于消耗臭氧层物质的蒙特利尔议定书》。从各项国际环境公约执行情况而言,这项议定书执行的情况是最好的。

5.3.3　防止臭氧层破坏的对策

①研究开发破坏臭氧层物质的替代物。目前,研究重点集中在寻找氟利昂的替代物,现在比较常用的有:氢氟烃（HFC）、氢氯氟烃（HCFC）等。其他替代物,如氟碘烃、氟代乙醇、氟代醚、二甲醚、氨、饱和烃等都在进行相关的研究和应用。氨、空气、水、二氧化碳及氮等许多天然物质在低温和制冷行业也早有应用。另外,还可以开发新的燃料,如氢燃料,停止使用石油燃料。

②对于能够破坏臭氧层的物质要尽可能地减少或禁止生产和使用。

③加强国际间的合作。臭氧层的破坏不是一个或几个国家的问题而是全球性的问题,因此必须由各个国家的政府及科研部门相互合作才能得以缓解。

1977年,联合国通过了《臭氧层行动世界计划》,并成立"国际臭氧层协调委员会"。1985年签署了《保护臭氧层维也纳公约》。

1987年在加拿大的蒙特利尔通过了《关于消耗臭氧层物质的蒙特利尔议定书》,并于1989年1月1日生效,对世界CFCs类物质的生产和使用,规定了限制时间表。

1989年5月,颁布《保护臭氧层赫尔辛基宣言》,鼓励更多国家参加《公约》和《议定书》,同意在适当时候发展中国家尽快（但是不迟于2000年）禁止CFCs的生产和使用,加速开发替代物和替代技术。

1995 年在维也纳公约签署 10 周年之际,150 多个国家参加的维也纳臭氧层国际会议规定,将发达国家全面停止使用 CFCs 的期限提前到 2000 年;发展中国家则在 2016 年冻结使用,2040 年淘汰。在防止臭氧层破坏方面,中国也积极参与,并制订了《中国逐步淘汰消耗臭氧层物质国家方案》。

5.4　酸雨污染

5.4.1　酸雨的形成

1.酸雨的发现

近代工业革命从蒸汽机开始,而后火力电厂星罗棋布,燃煤数量日益猛增。煤在燃烧中将排放酸性气体 SO_2 和 NO_x,它们在高空中被雨雪冲刷、溶解,即形成了酸雨。酸雨是指 pH 值小于 5.6 的雨、雪、霜、雾或其他形式的大气降水。

2.酸雨的形成

酸雨的成因涉及复杂的大气化学和大气物理现象。由于我国多燃煤,所以酸雨是硫酸型酸雨。而多燃石油的国家下硝酸雨。

(1)酸雨多成于化石燃料的燃烧。

$$S \rightarrow H_2SO_4$$
$$S+O_2(点燃) \rightarrow SO_2$$
$$SO_2+H_2O \rightarrow H_2SO_3(亚硫酸)$$
$$2H_2SO_3+O_2 \rightarrow 2H_2SO_4(硫酸)$$

也可以被认为是 SO_2 先被氧化为 SO_3,SO_3 再与水反应生成 H_2SO_4。

总的化学反应方程式:

$$S+O_2(点燃) \rightarrow SO_2, 2SO_2+2H_2O+O_2 \rightarrow H_2SO_4$$

(2)氮的氧化物溶于水形成酸。

$$NO \rightarrow HNO_3(硝酸)$$
$$2NO+O_2 \rightarrow 2NO_2, 3NO_2+H_2O \rightarrow HNO_3+NO$$

总的化学反应方程式:

$$4NO+2H_2O+3O_2 \rightarrow 4HNO_3$$
$$NO_2 \rightarrow HNO_3$$

总的化学反应方程式:

$$4NO_2+2H_2O+O_2 \rightarrow 4HNO_3$$

3.影响酸雨形成的因素

(1)酸性污染物的排放及转换条件。

一般说来,某地 SO_2 污染越严重,降水中硫酸根离子浓度就越高,相应地,其 pH 值也就会越低。

（2）大气中的氨。

大气中的氨（NH_3）对酸雨形成是非常重要的。氨是大气中唯一溶于水后显碱性的气体。由于它的水溶性，能与酸性气溶胶或雨水中的酸反应，起中和作用而降低酸度。有机物的分解和农田施用的氮肥的挥发是大气中氨的主要来源。

（3）颗粒物酸度及其缓冲能力。

大气中的污染物除酸性气体 SO_2 和 NO_2 外，还有一个重要成员——颗粒物。颗粒物对酸雨的形成有两方面的作用：一是所含的催化金属促使 SO_2 氧化成酸；二是对酸起中和作用。但如果颗粒物本身是酸性的，就不能起中和作用，而且还会成为酸的来源之一。

（4）天气形势的影响。

如果气象条件和地形对污染物扩散有利的话，则大气中污染物浓度降低，酸雨就减弱，反之则加重（如逆温现象）。

5.4.2　酸雨的危害

酸雨的危害具体体现在以下几个方面：

1. 损害生物和自然生态系统以及人体健康

酸雨降落到地面后得不到中和，可使土壤、湖泊、河流酸化。土壤和底泥中的金属可被溶解到水中，毒害鱼类。若人类食用酸性河水中的鱼，会对人体健康带来危害。

土壤中有机物的分解和氮的固定会因酸雨而受到影响，淋洗土壤中 Ca、Mg、K 等营养因素，使土壤贫瘠化。我国四川盆地大约有 2.8 万 hm^2 的林地被酸雨毁灭。

酸雨还会刺激人的眼睛，使眼睛红肿发炎。

2. 腐蚀建筑材料及金属结构

酸雨腐蚀建筑材料、金属结构、油漆等。尤其是许多以大理石和石灰石为材料的历史建筑物和艺术品。我国著名的杭州灵隐寺的"摩崖石刻"近年经酸雨侵蚀，佛像眼睛、鼻子、耳朵等剥蚀严重，面目皆非；酸雨也在一定程度上侵蚀了我国故宫里的很多汉白玉石。

3. 湖泊酸化和土壤酸化

据美国国家地表水调查数据显示，酸雨造成 75% 的湖泊和大约一半的河流酸化。

4. 破坏文物古迹

古代留下来的文物是不可能再生的文化遗产，由于酸雨的浸蚀和风蚀，已使许多文物古迹受到不同程度的危害。

5.5　生物多样性锐减

地球最为显著特征之一就是生物多样性（biodiversity）。生物多样性是地球上生命经过大约 35 亿年发展进化的结果，是生态系统生命支持系统的核心组成部分。生物多样性是人类的生存和发展的基础。

5.5.1 生物多样性概念

生物多样性是一个地区遗传、物种和生态系统多样性的总和。生物多样性是描述自然界多样性程度的概念，是生物在长期环境适应过程中逐渐形成的一种生存策略。生物多样性包括遗传多样性、物种多样性和生态系统多样性。

遗传多样性(genetic diversity)又称基因多样性，指广泛存在于生物体内、物种内以及物种间的基因多样性。任何一个特定个体或物种，任何一个特定个体的物种都保持着大量的遗传类型，是个基因库。遗传变异多样性是基因多样性的外在表现。一个物种的遗传变异越丰富，则物种对环境的适应能力越强，其进化潜力也越大。改良生物品质的源泉就是基因多样性。因此，遗传多样性对农、林、牧、副、渔业的生产具有重要的现实意义。

物种多样性(species diversity)指一个地区内物种的多样化及其变化，包括一定区域内生物区系的状况、形成、演化、分布格局及其维持机制等。物种多样化是生物多样性在物种水平上的表现形式

生态系统多样性(ecosystem diversity)是指生物圈内生境、生物群落和生态过程的多样性。生境多样性主要指地形、地貌、气候、土壤和水文等的多样性，有了生态多样性才有生物群落多样性可言。生物群落多样性主要指群落的组成、结构和功能的多样性。生态系统过程主要指生态系统的组成、结构和功能在时间、空间上的变化，如水分循环、营养物质循环、生物间的竞争、捕食和寄生等。

生态系统的主要功能是物质和能量流动，它是维持系统内生物存在与演替的前提条件。生态系统多样性是物种多样性和遗传多样性的前提和保证；而遗传多样性、物种的多样性是生态系统多样性的基础。遗传多样性导致了物种的多样性，物种多样性与多样性的生境构成了生态系统的多样性。所以，生物多样性保护需要在基因、物种和生态系统三个层次上都得到保护。生态系统的完整性和珍稀濒危物种为保护的重点。

5.5.2 生物多样性现状

1. 生物资源

据估计，地球上大约有 1400 万种物种，其中只有 170 万种经过科学描述具体可见表 5-2 所示。生物在地球的分布是不均匀的，有些生物物种是大部分地区共有的物种，而有些物种则是某一个地区特有的。生物多样性在全球的分布也是不均匀的，南北两极生物多样性最少，热带雨林、珊瑚礁、热带湖泊及深海区为物种丰富程度最高的地区。如热带雨林仅占地球陆地面积的 7%，但却是生物多样性最集中的地方，赋存着地球上一半以上的物种。物种多样性与地形、气候及局部环境的复杂性等有关，海拔升高，太阳辐射降低、降雨量减少，物种丰富度也随之减少。在中国，热带面积仅占国土的 0.5%，却拥有全国物种总数的 25%。

表 5-2　地球上主要类群的物种数目

类群	已描述的物种数目（10^4）	估计可能存在的物种数（10^4）	类群	已描述的物种数目（10^4）	估计可能存在的物种数（10^4）
病毒	0.4	40	甲壳动物	4.0	15
细菌	0.4	100	蜘蛛类	7.5	75
真菌	7.2	150	昆虫	95.0	800
原生生物	4.0	20	软体动物	7.0	20
藻类	4.0	40	脊椎动物	4.5	5
高等植物	27.0	32	其他	11.5	25
线虫	2.5	40	总计	175.0	1362

生物多样性是包括人类在内的地球生命生存和发展的基础。

生物多样性对于人类社会经济的发展具有历史的、现实的和未来的价值。一方面,生物多样性以及由此而形成的生物资源构成了人类赖以生存的生命支持系统。发展中国家有80%的人口依靠以动植物为主的传统药物进行治疗,发达国家有40%的药物来源于自然资源或依靠从大自然发现的化合物进行化学合成。此外,生物多样性还为人类提供多种多样的工业原料。在单个作物和牲畜种内发现的遗传多样性,与基因工程技术结合,目标生物的竞争能力和对环境的适应可以得到有效提高,已显示出诱人的前景。另一方面,生态多样性为人类提供了极其重要的"生态服务"助能,亦即指的是生物在生长发育过程中,以及生态系统在发展变化过程中为人类提供的一种持续、稳定、高效舒适的服务功能。

2.生态系统

生态系统是自然界存在的一个功能单位。目前,人们多采用按生境性质划分生态系统类型。按照生境性质,地球上的生态系统分为以下两种。

①陆地生态系统可分为森林生态系统、草地生态系统和荒漠生态系统等。其中再细分的话,如中国陆地生态系统可分为森林生态系统(248类)、灌丛生态系统(包括灌草丛生态系统,126类)、草原生态系统(55类)、荒漠生态系统(52类)、草甸生态系统(77类)、沼泽生态系统(包括红树林生态系统,37类),合计595类生态系统。

②海洋生态系统的次一级生态系统主要有沿岸、海湾、河口生态系统,存在于浅水区的藻场生态系统,珊瑚礁、红树林和沼泽湿地生态系统,海岛生态系统和外海及上升流海洋生态系统。淡水生态系统可分为流水生态系统(河流)和静水生态系统(湖泊、沼泽、池塘和水库等)。除自然生态系统外,地球上人类活动的影响愈来愈强烈,一系列人工、半人工生态系统得以有效形成,主要包括人类活动影响较轻的农业生态系统和人类活动影响强烈的城市生态系统。生态系统类型丰富,功能各异,各类系统面积悬殊。维持生态系统多样性与稳定性是地球物种多样性和遗传多样性的前提和保证。

3.生物多样性的功能

生物多样性是包括人类在内的地球生命生存和发展的基础。对人类社会发展来说,生物多样性不仅具有巨大的生产价值,同时还具有一定的经济价值。一方面,人类社会从远古发展至今,无论是狩猎、游牧、农耕,还是集约化经营都建立在生物多样性基础之上。随着社会和经济的发展,人类不仅不能摆脱对生物多样性基础的依赖,而且在食物、医药等方面更加依赖对于生物资源的高层次开发。据统计,就食物而言,地球上大约 7 万~8 万种植物可以食用,其中可供大规模栽培的约有 150 多种,迄今被人类广泛利用的只有 20 多种,却占世界粮食总产量的 90%。发展中国家有 80% 的人口依靠以动植物为主的传统药物进行治疗,发达国家有40% 的药物来源于自然资源或依靠从大自然发现的化合物进行化学合成。此外,生物多样性还为人类提供多种多样的工业原料。另一方面,生态多样性为人类提供持续、稳定、高效舒适的服务,即生态系统的服务功能。例如,生物多样性可以涵养水源,防止水土流失;可以降解有毒有害污染物质,净化环境;可以维持自然界的氧—碳平衡;可以为人类提供清洁的空气和饮用水;可以为人类提供优美的生态环境和休息娱乐场所。可见生物多样性的保护不仅是保护生物及其生存环境,也是保护人类生存和发展的环境。

5.5.3　生物多样性锐减

自从大约 38 亿年以前地球上出现生命以来,就不断地有物种的产生和灭绝。物种的灭绝有自然灭绝和人为灭绝两种过程。物种的自然灭绝是一个按地质年代计算的缓慢过程,而物种的人为灭绝是伴随着人类大规模开发产生的。

自 1600 年以来,由于人类对大自然无节制地索取和破坏,地球上的生物物种灭绝速度相比之前大大加快,以鸟、兽两类为例,1600~1700 年间大约每十年灭绝一种,1850~1950 年间大约每两年灭绝一种。目前,地球上约每小时就有一种生物灭绝,每年有 1.75 万种生物消失,物种灭绝速率是自然灭绝速率的 1000 倍,比形成速率快 100 万倍。20 世纪 90 年代初,联合国环境规划署首次评估生物多样性的一个结论是:在可以预见的未来,5%~20% 的动植物种群可能受到灭绝的威胁,可见表 5-3 所示。国际上其他一些研究也表明,如果日前的灭绝趋势继续下去,在下一个 25 年间,地球上每 10 年大约有 5%~10% 的物种将要消失。

表 5-3　世界受威胁物种状况(1989 年)

类　别	已灭绝	濒危种	渐危种	稀有种	未定种	合　计
植物	384	3325	3022	6749	5598	19078
鱼类	23	81	135	83	21	343
两栖类	2	9	9	20	10	50
爬行类	21	37	39	41	32	170
无脊椎动物	98	321	234	188	614	1355
鸟类	113	111	67	122	624	1037
哺乳类	83	172	141	37	64	497

生物多样性丧失的直接原因主要是生境丧失和破碎化、外来物种的侵入、生物资源的过度开发、环境污染、全球气候变化和工业化的农业及林业等。目前,人口的剧增和自然资源消耗的高速度是造成生物多样性丧失的根本原因,不断狭窄的农业、林业和渔业的贸易区域,经济系统和政策未能正确评估环境及其资源的价值,生物资源利用和保护产生的效益分配的不均

衡,知识及其应用的不充分,以及法律和制度的不合理。

人类的各种活动是造成物种灭绝的主要原因,归纳起来有:①大面积森林受到采伐、火烧和农垦,草地遭受过度放牧和垦殖,导致了生境的大量丧失,保留下来的生境也破碎化对野生物种造成了毁灭性影响;②对生物物种的强度捕猎和采集等过度利用活动,使野生物种难以正常繁衍;③工业化和城市化的发展,占用了大面积土地,破坏了大量天然植被,并造成大面积污染;④外来物种的大量引入或侵入,大大改变了原有的生态系统,使原生的物种受到严重威胁;⑤土壤、水和空气污染,危害了森林,特别是对相对封闭的水生生态系统带来毁灭性影响;⑥全球气候变暖,导致气候形态在比较短的时间内发生较大变化,使自然生态系统无法适应,可能改变生物群落的边界。更为严重的是,上述各种破坏和干扰会累加起来,进而造成更为严重的影响。

生物多样性的保护不仅是保护生物及其生存环境,也是保护人类生存和发展的环境。生物多样性的保护包括遗传多样性、物种多样性、生态系统多样性以及景观多样性的保护,多样性保护的基础就是物种多样性的保护,保护生态系统及其完整性、保护濒危物种和关键种是关注的重点。为了实现保护生物多样性的目标,需要各国政府在制定土地开发和农业、林业、牧业、渔业等发展政策时,综合考虑保护生物多样性的要求。从保护的具体途径来划分,生物多样性的保护主要有就地保护和迁地保护与离体保护。就地保护主要是就地设立自然保护区,限制或禁止捕杀和采集等,控制人类的其他干扰活动。迁地保护和离体保护主要是建立植物园、动物园、水族馆、种质库和基因库,对野生生物物种和遗传基因进行保护。

5.5.4　生物多样性性减少的原因

生物多样性减少既有自然因素影响的结果(即物种在进化过程中自然淘汰减少),也有受人类影响而发生的。当前大量物种灭绝或濒临灭绝,可以说就是人类的各种活动导致了生物多样性不断减少:

①大面积森林受到采伐、火烧和农垦,草地遭受过度放牧和垦殖,导致了生存环境的大量丧失,保留下来的生息地也支离破碎,对野生物种造成了的影响可以说是毁灭性的。

②对生物物种的高强度捕猎和采集等过度利用活动,使野生物种的正常繁衍难以为继。

③外来物种的大量引入或侵入,使原有的生态系统发生了巨大变化,使原生的物种受到严重威胁。

④工业化和城市化的发展,占用了大面积土地,人量天然植被遭到了破坏,并造成大面积污染。

⑤土壤、水和空气污染,危害了森林,特别是对相对封闭的水生生态系统带来毁灭性影响。

⑥无控制的旅游,对一些尚未受到人类影响的自然生态系统受到破坏。

⑦全球变暖,导致气候形态在比较短的时间内发生较大变化,使自然生态系统无法适应,生物群落的边界发生改变也就在所难免。

此外,氮沉积(由于化肥使用增加和化石燃料燃烧所导致)、石油泄漏和非法贸易对生物多样性减少也产生较大的影响。尤其严重的是,各种破坏和干扰会累加起来,对生物物种造成的影响也就更加严重如表5-4所示。

表 5-4   物种灭绝的原因

类群	每一种原因的比例(%)					
	生境消失	过度开发	物种引进	补食控制	其他	还不清楚
哺乳类	19	23	20	1	1	36
鸟类	20	11	22	0	2	37
爬行类	5	32	42	0	0	21
鱼类	35	4	30	0	4	48

5.5.5   生物多样性锐减的后果与防治对策

物种的灭绝和遗传多样性的丧失,将使生物多样性不断减少,不仅会使人类丧失各种一系列宝贵的生物资源,丧失它们在食物、医药等方面直接和潜在的利用价值,而且会造成生态系统的退化和瓦解,直接和间接威胁人类生存的基础。因此,国际上比较早地采取了行动,各种生物物种和资源得到了有效保护,并逐渐形成了一个国际条约体系。如以野生动植物的国际贸易管理为对象的《华盛顿公约》,以湿地保护为对象的《拉姆萨尔公约》,以候鸟等迁徙性动物保护为对象的《波恩公约》,以世界自然和文化遗产保护为目的的《世界遗产公约》以及 1992 年在联合国环境与发展大会上通过了《生物多样性公约》等。

5.6   土地荒漠化

5.6.1   荒漠化及其成因

1. 荒漠化的含义

荒漠化(Desertification)被称作"地球的癌症",是由于大风吹蚀、流水侵蚀、土壤盐渍化等造成的土壤生产力下降或丧失,有狭义和广义之分。

狭义的荒漠化(即沙漠化)是指由于人为过度的经济活动,使类似沙漠景观的环境变化过程出现在了原非沙漠的地区。凡是具有发生沙漠化过程的土地都称之为沙漠化土地。沙漠化土地还包括了沙漠边缘在风力作用下沙丘前移入侵的地方以及由于植被破坏发生流沙活动的沙丘活化地区。

广义荒漠化则是指由于人为和自然因素的综合作用,使得干旱、半干旱甚至半湿润地区自然环境退化(包括盐渍化、草场退化、水土流失、土壤沙化、狭义沙漠化、植被荒漠化、沙丘前移入侵等以某一环境因素变化为标志的自然环境退化)的总过程。

从世界范围来看,在 1994 年通过的《联合国关于在发生严重干旱和/或荒漠化的国家特别是在非洲防治荒漠化的公约》中,荒漠化是指包括气候变异和人类活动在内的种种因素造成的干旱(Arid)、半干旱(Semi－arid)和亚湿润干旱(Dry subhumid)地区的土地退化。其中"干旱区、半干旱区和亚湿润干旱地区"是指年降水量与潜在蒸发散量之比在 0.05～0.65 之间的地区,其中,极区与亚极区是不包含在内的。

2.荒漠化的成因

荒漠化的形成是由于土地和植被破坏造成的。沙漠是由于降水量少,植被无法成活而形成的,是千百年来缓慢形成的自然荒漠化。

产生荒漠化的原因有自然因素和人为因素。自然因素包括干旱(基本条件)、地表松散物质(物质基础)、大风吹扬(动力)等;人为因素包括过度樵采,过度放牧,过度开垦,以及水资源不合理利用等。人为因素和自然因素综合作用于脆弱的生态环境,造成植被破坏,导致了荒漠化现象的出现和发展。荒漠化程度受干旱和人畜对土地压力强度的影响。荒漠化也存在着逆转和自我恢复的可能性,这种可能性的大小及荒漠化逆转时间进程的长短受自然条件(特别是水分条件)、地表情况和人为活动强度的影响。

今日的荒漠化特征是人为因素远大于自然因素,人类的生产活动使干旱破坏力加剧。人类对自然环境的过度开发,对自然资源的过度利用和因过度放牧引发的植被破坏,致使荒漠化的速度已远远超过了自然恢复的速度,导致荒漠化可以说是全球社会都无法逃避的一个问题。造成我国土地荒漠化、沙漠化并加速扩展的原因有气候因素,干旱区域及其附近半湿润区生态系统的自然脆弱性,不合理的人为活动是关键所在。过度放牧、粗放经营、盲目垦荒、水资源的不合理利用、乱樵、过度砍伐森林、不合理开矿等人类活动是加速荒漠化扩展的主要表现。

根据荒漠化的成因,可把荒漠化分为风蚀荒漠化、水蚀荒漠化、冻融荒漠化、土壤盐渍化和其他因素造成的荒漠化等几种类型。

5.6.2　土壤荒漠化的基本状况

土地荒漠化是指在干旱、半干旱和某些半湿润、湿润地区,由于气候变化和人类活动等各种因素所造成的土地退化,土地生物和经济生产潜力会因此而有所减少,甚至基本丧失。全球干旱陆地中(不包括极度干旱的沙漠),大约有 36 亿 hm^2 或 70％发生了土地退化。土地荒漠化大致有四类:一是风力作用下的,以出现风蚀地、粗化地表和流动沙丘为标志性形态;二是流水作用下的,以出现劣地和石质坡地作为标志性形态;三是物理和化学作用下的,主要表现为土壤板结、细颗粒减少、土壤水分减少所造成的土壤干化和土壤有机质的显著下降,结果出现土壤养分的迅速减少和土壤的盐渍化;四是工矿开发造成的,主要表现为土地资源损毁和土壤。

土地荒漠化是当今世界最严重的环境与社会经济问题。联合国环境规划署曾三次系统评估了全球荒漠化状况。从 1991 年底为联合国环境与发展大会所准备报告的评估结果来看,全球荒漠化面积已从 1984 年的 34075 亿 hm^2 增加到 1991 年的 35.92 亿 hm^2,约占全球陆地面积的 1/4,全世界 1/6 的人口(约 9 亿人)均已受到相关影响,涉及 100 多个国家和地区。据估计,在全球 35 亿 hm^2 受到荒漠化影响的土地中,水浇地有 2700 万 hm^2,旱地有 1.73 亿 hm^2,牧场有 30.71 亿 hm^2。从荒漠化的扩展速度来看,全球每年有 600 万 hm^2 的土地变为荒漠,其中 320 万 hm^2 是牧场,250 万 hm^2 是旱地,12.5 万 hm^2 是水浇地。另外还有 2100 万 hm^2 土地因退化而不能生长谷物。表 5-5 列出了世界土地荒漠化的基本情况。

表 5-5　世界荒漠化状况

土地类型	面积（万 km²）	占干地的比例 * （%）
1.退化的灌溉农地	43	0.8
2.荒废的依赖降雨农地	216	4.1
3.荒废的放牧地（土地和植被退化）	757	14.6
4.退化的放牧地（植被退化地）	2576	50.0
5.退化的干地（1＋2＋3＋4）	3592	69.5
6.尚未退化的干地	1580	30.0
7.除去极干旱沙漠的干地总面积	5172	100

＊干地指极干旱、干旱、半干旱、干性半湿润土地的总和。

世界上最大的旱地存在于非洲大陆上，大约是 20 亿 hm²，占非洲陆地总面积的 65%。整个非洲干旱地区经常出现旱灾，目前非洲 36 个国家受到不同程度的干旱和荒漠化影响，估计将近 5000 万 hm² 土地半退化或严重退化，占全大陆农业耕地和永久草原的 1/3。根据联合国环境规划署的调查，在撒哈拉南侧每年有 150 万 hm² 的土地变成荒漠，在 1958—1975 年间，仅苏丹撒哈拉沙漠就向南蔓延了 90~100 km。亚太地区也是荒漠化比较突出的一个地区，共有 8600 万 hm² 的干旱地、半干旱地和半湿润地，7000 万 hm² 雨灌作物地和 1600 万 hm² 灌溉作物地受到荒漠化影响。这意味着亚洲总共有 35% 的生产用地受到荒漠化影响。遭受荒漠化影响最严重的国家依次是中国、阿富汗、蒙古、巴基斯坦和印度。从受荒漠化影响的人口的分布情况来看，亚洲是世界上受荒漠化影响的人口分布最集中的地区具体可见表 5-6 所示。

表 5-6　各大洲荒漠化状况

洲名	非洲	亚洲	澳洲	欧洲	北美洲	南美洲
干地总面积（万 km²）	1432.59	1881.43	701.21	145.58	578.18	420.67
退化面积（万 km²）	1054.84	1341.70	375.92	94.28	428.62	305.81
72.7 比例（%）	73.0	71.3	53.6	64.8	74.1	72.7

第6章 自然资源的生态保护

6.1 概述

通常将自然资源称为资源。按照联合国环境规划署的定义,自然资源是指在一定时间条件下,能够产生经济价值以提高人类当前和未来福利的自然环境因素的总和,主要包括如土地、水、森林、草原、矿物、海洋、野生动植物、阳光、空气等。自然资源的概念和范畴是动态变化的,人类文秘不断发展各类技术水平的提高,过去被视为不能利用的自然环境要素,将来可能变为有一定经济利用价值的自然资源。

6.1.1 自然资源分类

自然资源的分类根据不同的标准可分为不同的种类。如图6-1所示根据自然资源的有限性,将自然资源分为有限自然资源和无限自然资源。

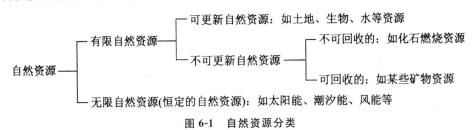

图6-1 自然资源分类

(1)有限自然资源。

有限自然资源也称为耗竭性资源。这类资源是在地球演化过程中的特定阶段形成的,质与量有限定,空间分布不均匀。有限资源具体又可根据其否更新分为可更新资源和不可更新资源两大类。

①可更新资源也称可再生资源。这类资源主要是指那些被人类开发利用后,可依靠生态系统自身的运行力量得到恢复或再生的资源,如生物资源、土地资源、水资源等。只要其消耗速度不大于它们的恢复速度,可通过自然循环或生物的生长、繁殖,这些资源从理论上讲是可以被人类持续利用的。但各种可更新资源的恢复速度不尽相同,例如,森林的恢复一般需要数十年至百余年。长期不合理开发利用,便会让可更新的资源逐渐成为不可更新资源,甚至耗竭。

②不可更新资源也称为不可再生资源。此类资源是在漫长的地球演化过程中形成的,其储量固定。被开发利用后,会逐渐减少直至枯竭,一旦耗尽无法再生,例如,各种金属矿物、非金属矿物、化石燃料等。这些矿物由古代生物或非生物经过漫长的地质年代形成的,无法持续利用。

（2）无限自然资源。

无限自然资源也称为恒定的自然资源或非耗竭性资源。此类资源随着地球的形成及其运动而存在，基本上是持续稳定产生的，几乎不受人类活动影响，也不会因人类利用而枯竭，例如，太阳能、风能、地热能等。

6.1.2　自然资源的属性

（1）区域性。

所谓区域性是指资源分布的不平衡性，数量或质量上存在着显著的地域差异，并有其特殊的分布规律。自然资源的地域分布是由多方面的因素影响的，例如，太阳辐射、大气环流、地质构造和地表形态结构等因素。不同地区的种类、数量、质量等方面都有很大的差异。由于影响自然资源地域分布的因素是恒定的，在一定条件下必定会形成相应的自然资源区域，因此，自然资源的区域分布也有一定的规律性。例如，我国的天然气、煤和石油等资源主要分布在北方，而南方则蕴藏丰富的水资源。

人类发展经济开发相关资源，需要结合当地的资源类型，进行合理科学的规划，才能持续开发和利用资源发展起经济，将经济、环境和社会效益良好融合把握平衡，真正做到可持续发展。

（2）有限性。

有限性是自然资源最本质的特征。大多数资源在数量上都是有限的。资源的有限性在矿产资源中尤其明显，任何一种矿物的形成不仅需要有特定的地质条件，还必须经过千百万年甚至上亿年漫长的物理、化学、生物的作用过程，因此，相对于人类而言是不可再生的，消耗一点就少一点。其他的可再生资源如动物、植物，由于受自身遗传因素的制约，其再生能力也是有限的，过度利用将会使其稳定的结构破坏而丧失再生能力，成为非再生资源。

资源的有限性要求人类在开发利用自然资源时必须从长计议，珍惜一切自然资源，注意合理开发利用与保护，不能只顾眼前利益，肆意破坏、浪费资源。

（3）多用性。

多用性是指任何一种自然资源都有多种用途，例如，土地资源既可用于农业，也可用于工业、交通、旅游以及改善居民生活环境等。自然资源的多用性只是为人类利用资源提供了不同用途的可能性，采取何种方式则是由社会、经济、科学技术以及环境保护等诸多因素决定的。资源的多用性要求在对资源开发利用时，必须根据其可供利用的广度和深度，实行综合开发和综合利用，以做到物尽其用，取得最佳效益。

（4）整体性。

整体性是指每个地区的自然资源要素存在着生态上的联系，形成一个整体，触动其中一个要素，就可能引起一连串的连锁反应，从而影响整个自然资源系统的变化。该属性在可再生资源中尤其突出。例如，森林资源除经济效益外，还具有涵养水分、保持水土等生态效益，如果森林资源遭到破坏，不仅会导致河流含沙量的增加，引起洪水泛滥，而且会使土壤肥力下降。土壤肥力的下降，又进一步促使植被退化，甚至沙漠化，从而又使动物和微生物大量减少。自然资源的整体性要求必须对自然资源进行合理规划及综合研究和综合开发。

6.2　水资源的利用与保护

6.2.1　概述

这里的水资源是指目前经济和技术条件下,较易被人类利用的那部分淡水,主要包括河川、湖泊、地下水和大气水等。

随着全球人口增长和经济的发展,水资源需求与日俱增,人类社会正面临水资源短缺的严重挑战。据相关研究,全世界有 100 多个国家缺水,严重缺水的国家已达 40 多个。人们意识到水资源的重要性,并且水资源也成为了国家经济增长和社会进步的重要影响因素。

我国多年平均水资源总量为 28124 亿 m^3,水资源总量较丰富,但人均和地均拥有量少。其中河川径流约占 94%,低于巴西、苏联、加拿大、美国和印度尼西亚,约占全球径流总量的 5.8%,居世界第六位。可见,我国水资源总量还是比较丰富的。然而,由于我国人口众多,平均每人每年占有的河川径流量的 2260 m^3,不足世界平均值的 1/4,列世界第 88 位。从这一角度来看,我国属于贫水国家。我国地域辽阔,平均每公顷耕地的河川径流占有量约为 28320 m^3,为世界平均值的 80%。所以我国水资源量与需求不适应的矛盾十分突出,以占世界 7% 的耕地和 6% 的淡水资源养活着世界上 22% 的人口。

我国陆地水资源的地区分布与人口、耕地的分布不相适应,水土资源不平衡。长江以南的珠江、浙闽台和西南诸河等地区,国土面积占全国的 36.5%,耕地面积占全国的 36%,人口占全国的 54.4%,但水资源却占全国的 81%,人均占有量为 4100 m^3,约为全国人均占有量的 1.6 倍。辽河、海滦河、黄河、淮河沿岸等北方地区,国土面积占全国的 18.7%,耕地面积占全国的 45.2%,人口占全国的 38.4%,但水资源仅占全国的 10% 左右。地下水也是南方多、北方少。占全国国土面积 50% 的北方,地下水只占全国的 31%,因此,我国形成了南方地表水多、北方地表水少、地下水也少,由东南向西北逐渐递减的局面。

水能资源丰富。我国的山地面积广大,地势梯级明显,特别是在西南地区,大多数河流落差较大,水量丰富,因此我国是一个水能资源蕴藏量特别丰富的国家。我国水能资源理论蕴藏量约为 6.8 亿 kWh(千瓦·时),占世界水能资源理论蕴藏量的 13.4%,占亚洲的 75%,居世界首位。已探明可开发的水能资源约为 3.8 亿 kWh,为理论蕴藏量的 60%。我国能够开发的,装机容量在 1 万 kWh 以上的水能发电站共有 1900 余座,装机容量可达 3.57 亿 kwh,年发电量为 1.82 万亿 kWh,可替代年燃煤 10 多亿吨的火力发电站。

我国的降水受季风影响,降水量和径流量在一年内分配不均。长江以南地区,3～6 月(4～7 月)的降水量约占全年降水量的 60%;而长江以北地区,6～9 月的降水量,常常占全年降水量的 80%。由于降水过分集中,造成雨期大量弃水,非雨期水量缺乏,总水量不能充分利用的局面。由于降水年内分配不均,年际变化很大,我国的主要江河都出现过连续枯水年和连续丰水年。在雨季和丰水年,大量的水资源不仅不能充分利用,白白地注入海洋,而且造成许多洪涝灾害。在旱季或少雨年,缺水问题又十分突出,水资源不仅不能满足农业灌溉和工业生产的需要,甚至某些地方人畜用水也很困难。

6.2.2 我国水资源现状

1.水资源浪费严重

我国工农业生产中水资源浪费严重。在我国,农业灌溉工程不配套,大部分灌溉区渠道没有防渗措施,渠道漏失率为30%～50%,有的甚至更高;部分农田采用漫灌方法,因渠道跑水和田地渗漏,实际灌溉有效率为20%～40%,南方地区更低。而国外农田灌溉的水分利用率多在70%～80%。

工业生产由于技术设备和生产工艺等因素的限制,我国工业万元产值耗水比发达国家多数倍。工业耗水过多,不仅浪费水资源,同时增大了污水排放量和水体污染负荷。在城市用水中,由于卫生设备和输水管道的跑、冒、滴、漏等现象严重,也浪费了大量的水资源。

2.水资源污染导致淡水资源紧张

由于工农业生产的发展和人口的增加,每年污水的排放量不断增加,使许多江、河、湖泊及地下水受到污染。根据中国环保状况公报,我国江、河、湖、水库等水域普遍受到不同程度的污染,全国监测的1200条河中有850条被污染。鱼虾绝迹的河段长约2400 km,七大水系污染呈加重趋势,大的淡水湖泊与城市湖泊均为中度污染,部分湖泊发生富营养化,巢湖(西半湖)、滇池和太湖的污染仍然严重。工业发达城镇附近的水域污染尤为突出,90%以上的城市水域污染严重,近50%的重点城镇水源不符合饮用水水质标准。水污染使水体丧失或降低了其使用功能,造成了水质性缺水,更加剧了水资源的不足。

3.河湖容量和环境功能降低

我国是一个多湖的国家,长期以来,由于片面强调增加粮食产量,在许多地区过分围垦湖泽,排水造田,结果使许多天然小型湖泊从地面消失。号称"千湖之省"的湖北省,1949年有大小湖泊1066个,现在只剩下326个。据不完全统计,近40年来,由于围湖造田,我国的湖面减少了133.3～10^8 m²,损失淡水资源350亿 m³。许多历史上著名的大湖也出现了湖面萎缩、湖容减少的情况。中外闻名的"八百里洞庭"在30年内被围垦掉3/5的水面,湖容减少115亿 m³。鄱阳湖在20年内被垦掉一半水面,湖容减少67亿 m³。围湖造田不仅损失了淡水资源,减弱了湖泊蓄水防洪的能力,也降低了湖泊的自净能力,破坏了湖泊的生态功能,从而造成湖区气候恶化、水产资源和生态平衡遭到破坏,进而影响到湖区多种经营的发展。

由于严重水土流失,以致大量泥沙沉积,从而使水库淤积、河床抬高,甚至某些河段已发展成为地上河,严重影响了河湖蓄水、防洪、纳污的能力以及航运、养殖和旅游等功能的开发利用。

4.盲目开发地下水

由于地下水的开发利用缺乏规范管理,所以开采严重超量,出现水位持续下降、漏斗面积不断扩大和城市地下水普遍污染等问题。据统计,一些地区由于超量开采,形成大面积水位下降,地下水中心水位累计下降10～30 m,最大的达70 m。由于地下水位下降,十几个城市发生地面下沉,京、津、唐地区沉降面积达8347 km²,在华北地区形成了全世界最大的漏斗区,总面积达到5万 km²,且沉降范围仍在不断扩大。沿海地区由于过量开采地下水,破坏了淡水与咸水的平衡,引起海水入侵地下淡水层,加速了地下水的污染,尤其城区、污灌区的地下水污染日益明显。

总的来说我国水资源还是相当紧缺。20 世纪末,在全国 660 个建制市中,有 300 多个城市缺水,其中严重缺水的城市有 110 座,日缺水量达 1600 万吨。全国农村有 5000 万人、3000 万头牲畜饮水困难;有 5533×10^8 m^2 的耕地是没有灌溉设施的干旱地,9333×10^8 m^2 的草场缺水;2000×10^8 m^2 耕地受旱灾威胁,其中成灾耕地面积约为 667×10^8 m^2。全国各地几乎都有可能发生旱灾,其中黄淮海地区最为严重,受灾面积占全国受灾面积的一半以上。

6.2.3 水资源的开发利用

1. 强化水资源的科学管理、规划

要尽快改革传统的水资源管理体制,国家要加强或扩大水资源综合管理的能力,在流域级应完善现行的水资源管理体制,尤其是建立和完善以河流流域为单元的水资源统一管理体制。切实提高水资源的管理手段和能力,改革水资源开发和保护的投资机制,采用经济手段和价格机制,进行需求管理和供给管理,鼓励专家和社会公众参与水资源的管理和保护。

2. 培养珍惜水、节约水的意识

水资源属于可更新资源,可以循环利用,但是在一定的时间和空间内都有数量上的限制。

目前,我国的总缺水量约为 300 亿～400 亿立方米。预计 2030 年全国总需水量将近 10000 亿立方米,全国将缺水 4000 亿～4500 亿立方米,到 2050 年全国将缺水 6000 亿～7000 亿立方米。

在我国人口众多的情况下,提高全社会保护水资源、节约用水的意识和守法的自觉性,树立全民较高的珍惜水、节约水的意识,是实现水资源可持续开发利用的核心。

3. 全方位开展节水工作

通过改进生产工艺、调整产品结构、推行清洁生产来降低水耗,提高循环用水率;适当提高水价,以经济手段限制耗水大的行业和项目发展;强制推行节水卫生器具,控制城市生活用水的浪费;农业灌溉是我国最大的用水途径,要改进地面灌溉系统,采取渠道防渗或管道输送(可减少 50%～70%水的损失);制定节水灌溉制度,实行定额、定户管理,以提高灌溉效率;推广先进农灌技术,在缺水地区推广滴灌、雾灌和喷灌等节水技术。

4. 合理调节水资源的不均衡性

可以计划地进行跨流域调水,改善水资源区域分布的不均衡性。跨流域调水是通过人工措施来改变水资源的数量和质量在时间和空间上的不均匀分布现象,以满足水资源不足地区的供水需要。我国实施的具有全局意义的"南水北调"工程,是把长江流域的一部分水由东、中、西 3 条线路,从南向北调入淮河、黄河、海河,把长江、淮、黄、海河流域连成一个统一的水利系统,以解决西北、华北地区的缺水问题。

5. 严格控制水污染提高监控力度

要加强水生态环境的保护,在江河上游建设水源涵养林和水土保持林,中下游禁止盲目围

垦,防止水质恶化;划定水环境功能区,实行目标管理;治理流域污染企业,严格实行达标排放;大力提倡施用有机肥,积极开展生态农业和有机农业,严格控制农药和化肥的施用量,减少农药径流造成的水体污染等。

6.综合科学地可持续性地开发水资源

开发利用水资源必须综合考虑,除害兴利,在满足工农业生产用水和生活用水外,还应充分认识到水资源在水产养殖、旅游、航运等方面的巨大使用价值以及在改善生态环境中的重要意义,使水利建设与各方面的建设密切结合,与社会经济环境协调发展,尽可能做到一水多用,以最少的投资取得最大的效益。

水面资源(尤其是湖泊)是旅游资源的重要组成部分。在我国已公布的国家级风景名胜区中,有很多都属于湖泊类风景名胜区。搞好湖泊旅游资源开发,不仅能提高经济效益,还能带动其他相关产业的发展。

水面(尤其是较大水面)的存在,对改善小气候、涵养水分、增加空气湿度、减少扬尘、维持水生生态环境等,都具有重要的意义,加强水面保护是改善环境质量的重要措施之一。

6.3 土地资源的利用与保护

6.3.1 概述

土地是地球陆地的表层,是农业的基本生产资料,是工业生产和城市活动的主要场所,也是人类生活和生产的物质基础。它是极其宝贵的自然资源,是人类赖以生存和发展的物质基础和环境条件。人类的衣、食、住、行都离不开土地,所以,土地是极其宝贵的自然资源。土地是一个综合性的科学概念,它是由地质、地貌、气候、植被、土壤、水文、生物以及人类活动等多种因素相互作用下形成的高度综合的自然经济复合生态系统。

土地的基本属性是位置固定、面积有限和不可代替。在目前的经济技术条件下,人类活动一般都是在土地上进行的。一定面积土地上创造的价值反映了开发利用这块土地的水平和程度,不同的土地利用方式对土地性状和持续创造价值的能力会有不同的影响。因此,合理开发利用土地资源和保护土地生产力,使土地为人类持续创造更多的财富,是关系到经济和社会发展乃至人类生存的大事。位置固定是指每块土地所处的经纬度都是固定的,不能移动,只能就地利用。面积有限是指非经漫长的地质过程,土地面积不会有明显的增减。不可代替是指土地无论作为人类生活的基地,还是作为生产资料或动植物的栖息地,一般都不能用其他物质来代替。当然,随着科学技术的发展,不可代替这个概念会有变化,例如,无土栽培植物已经出现。

从农业生产的角度看,利用合理、因地制宜就能提高土地利用率。实行集约经营,不断提高土地质量,就可以改善土壤肥力,增加农作物产量。若利用不当,甚至进行掠夺式经营,就会导致土地退化,生产力下降,甚至使环境恶化,影响人类和动植物的生存。从土地资源合理利用的角度看,没有不能利用的土地。我们应该把每块土地利用好,让它充分发挥作用。不同的用途对土地有不同的要求。如新建工厂,它重视的是工程地质和水文地质条件及土地面积的大小,而试验原子弹则要求在荒无人烟的大沙漠。

目前世界上土地资源的破坏和丧失是很严重的,其中与人类关系最大的是可耕土地。全世界适于农业生产用的耕地约占陆地面积的 1/10,而且各个国家、地区间分配极不成比例。例如,丹麦的耕地面积占全国的 65%,英国占 30%,美国占 20%,中国占 10.4%,前苏联占 10%,有些国家只有 5%~6%。沙漠化、风蚀和水的冲刷是丧失耕地和破坏农田的主要原因。目前全球土地沙漠化的情况依然严重,占全球地表 1/4 的土地,即 36 亿 hm² 已经沙漠化;110 个国家 70% 的干旱农田遭到不同程度的破坏。进入 20 世纪 90 年代后,土地沙化情况愈益严重,全球每年因此损失耕地约 600 万 hm²。至于因风和水的侵蚀而受到破坏的土地,据称在过去 100 年内达到了总耕地面积的 27% 左右。而工业城市的发展和地下资源的开采等也是造成土地面积缩小的另一重要因素。

我国地域辽阔,总面积达 960 万 km²,占世界陆地面积的 6.4%,仅次于俄罗斯和加拿大居世界第三位。我国土地资源有如下特点。①土地类型多样。从南北看,中国北起寒温带,南至热带,南北长达 5500 千米,跨越 49 个纬度,其中中温带至热带的面积约占总面积的 72%,热量条件良好。从东西看,中国东起太平洋西岸,西达欧亚大陆中部,东西长达 5200 千米,跨越 62 个经度,其中湿润、半湿润土地面积占 52.6%。从地形高度看,从平均海拔 50 m 以下的东部平原逐级上升到西部海拔 4000 m 以上的青藏高原。由于地域辽阔,不同的水热条件和复杂的地形、地质条件组合的差异,形成了多种多样的土地类型,这为农林牧副渔和其他各业利用土地提供了多样化的条件。②山地面积大。我国山地面积约 633.7 万 km²,占土地总面积的 66%。其中,西北、西南地区的山地还是主要的牧场。山地资源丰富多彩、开发潜力大,但是山地土层薄、坡度大,如利用不当,自然资源和生态环境易遭破坏。③农用土地资源比重小。我国土地总面积虽居世界第三,但按现有技术经济条件,可被农林牧副渔各业和城乡建设利用的土地资源仅 627 万 km²,占总面积的 2/3,其余 1/3 的土地是难以被农业利用的沙漠、戈壁、冰川、石山、高寒荒漠地带。在可被农业利用的土地中,耕地占土地面积的 14%;林地占 17%;天然草地占 29%;淡水水面占 2%;建设用地占 3%。④后备耕地资源不足。我国人均耕地面积与世界各主要大国相比一直是最少的,与世界人均耕地相比,不足其一半。据估计我国在天然草地、灌木林地和海涂中,尚有适宜于开垦种植农作物、发展人工牧草和经济林木的土地约 3530 万公顷,其中 40% 开发后可主要用于种植粮食和经济作物,但是,这些为数不多的后备土地大多在边远地区,开垦难度较大。

6.3.2　土地资源环境问题

1. 土壤侵蚀

土壤侵蚀在干旱地区的主要表现是沙漠化,在湿润地区的主要表现是水土流失。此外,还有不合理的灌溉造成的土壤盐碱化、人类工业、城市建设等问题。土壤侵蚀问题在人类发展历史上具有深刻的教训,在现代却又不断重演,故该问题是土地资源开发中必须加以重视的重点。

(1)沙漠侵蚀。

地球陆地上约有 1/3 是干旱的荒漠地区,其中以沙漠质的荒漠,即沙漠为主。这种地区雨水稀少而多风,土壤沙质,缺少有机物质而盐分含量高,因此大多数未被利用,一片荒凉。其边缘地带若开发得不适当,最容易引起沙漠化,造成流沙的外侵,使更多的土地良田被吞噬。沙漠化是指由于人类不合理的开发利用活动破坏了原有的生态平衡,使原来不是沙漠的地区也出现以风沙活动为主要标志的生态环境恶化和生态环境朝沙漠景观演变的现象和过程。其概念最早是 1977 年 8 月 29 日至 9 月 9 日联合国在肯尼亚内罗毕召开的国际沙漠问题会议上提出的。一般说来,沙漠化是指土地生产力减少 25%以上而言的;严重的沙漠化是指土地生产力减少 25%~50%;而特别严重的沙漠化会使土地减少生产力 50%以上。沙漠化的主要指标是:森林或草本植被减少、草原退化、旱作农田减产、小沙丘扩大等。

作为一个全球性的问题,目前世界范围的沙漠化发展已引起人们的高度关注。地球上受到沙漠化影响的土地面积有 3800 多万平方千米,目前,全世界每年约有 600 万公顷土地发生沙漠化。近半个世纪以来,非洲撒哈拉沙漠向外扩大了 65 万平方千米,印度的塔尔沙漠周围每年有 13 万平方千米的土地丧失生产力,使附近的许多居民流离失所,逃往他乡,给国家的经济带来了很大的压力。我国西北和华北地区也有许多沙漠,如内蒙古和陕西的毛乌素沙漠、新疆的塔克拉玛干沙漠等,以前都曾经是水草丰盛的地区,现在都在流沙的覆盖之下。

造成沙漠化的原因很多,大致可分为自然因素和人为因素。自然因素主要是气候干燥多风、雨量稀少(400 毫米/年以下)、蒸发量大(200 毫米/年以上)、地表形成的松散沙质的土壤等,具有这些特征的地带一般是干旱和半干旱的草原地区,这些地区常处于沙漠边缘地带。人为因素是过度放牧、乱砍滥伐、烧毁植被、樵采过度和不适当地利用水资源等。有些地方降雨量并不低,曾经植被完整、林丰草茂,保持着自然固有的生态平衡,但是,由于人类活动的加剧,若再加上气候的变化,那么就很容易打破这种平衡而造成土地沙化。土地沙化以后,生产力下降,甚至生产力完全丧失,环境更趋恶化。

沙化防治的关键是调整生产方向。易沙化的土地应以放牧为主,严禁滥垦草原,加强草场建设,控制载畜量;禁止过度放牧以保护草场和其他植被;沙区林业要用于防风固沙、禁止采樵。总之,防治沙漠化的蔓延需要恢复干旱和半干旱地区的生态平衡。另外,控制干旱和半干旱地区人口的增长对控制沙漠化的发展带有决定性的意义。

(2)水土流失。

自然状态下,纯粹由自然因素引起的地表侵蚀过程,速度非常缓慢,表现很不显著,常和自然土壤形成过程处于相对稳定的平衡状态。但是,如果人类对土地不合理的开发、利用和管理以及毁林、毁草和不适当的樵采、放牧等,破坏了植被,就会打破这种自然的平衡,造成水土流失。造成水土流失的原因很多,既受地质、地貌、气象、水文、植被的影响,又主要受人类活动的控制。但是,自然因素是水土流失发生、发展的条件,人类活动范围的扩大则是触发和加速这种过程的催化剂,特别是人类破坏了坡地上的植被,对森林长期反复地进行乱砍滥伐,对草原过度放牧和滥垦,采取了不合理的土地利用形式,造成了严重的后果。据估计每年因土壤侵蚀而丧失的耕地为 600 万~700 万 hm²,其速度为过去 300 多年来的 2 倍多。

我国黄河中游地区曾经是中华民族的摇篮,文化发源地,那里有着茂密的森林,自然条件比较优越。后来,由于森林被大量砍伐,就逐步成为我国水旱灾频繁、水土流失最严重的地区。长江过去水土流失较轻,但由于近十几年来在其上游乱砍滥伐森林,自然生态平衡遭到严重破坏,如今长江已是水患不断。

美国水土流失相当严重,土壤流失入海速率比世界平均数高 2.5 倍。据报道,美国每平方千米良田每年有 74 千克土壤随水流失,有 1/2 国土受到侵蚀危害;每年损失土壤达 30 亿吨,由于肥分流失而退化的土地达 1.2 万平方千米;导致全国 39% 的水库泥沙淤积,有的水库寿命不到 50 年即告报废。发展中国家水土流失能速度更加惊人。据专家们估计,第三世界国家水土流失的严重性约为美国的 2 倍。

水土流失是世界性的严重环境问题,能影响到国民经济发展的各个方面,主要危害有三个方面:①破坏土壤肥力,危害农业生产,许多水土流失地区每年损失土层的厚度约 0.2~1 厘米,严重流失的地方甚至达 2 厘米,使肥沃的表土层变薄,农作物产量下降;②影响工矿、水利和交通等建设工作。大量泥沙流入河川,造成河床抬高、水库淤积、工程效益和通航能力降低;③威胁群众生命财产安全,造成经济损失,由于河道堵塞引起河水暴涨暴落,会使下游泛滥成灾,淹没村庄,冲毁大片耕地,造成重大的经济损失。

水土流失一旦发展到严重程度,其治理将是一项相当困难的工作,而且还要付出很大的代价,需要很长时间才能见效。因此,防治水土流失必须采用以预防为主的方针,应大力宣传利用自然资源从事农业生产和进行经济建设,必须按自然规律办事。例如,保护现有亚热带和热带森林,严禁毁林开荒、开垦草原为农田等;开展工矿建设必须进行生态环境影响评价,提出防止水土流失的措施,工矿建设和保护生态环境的措施必须同步进行,以确保水土流失的面积不再扩大;保护好现有森林,大力植树造林,兴建防护林体系工程来控制水土流失面积的蔓延。另外,对已发生水土流失的地区,按水土流失程度与具体自然环境和社会经济条件,制定出切实可行的生物和工程措施。

(3)土壤盐渍化。

土壤盐渍化是指土壤的盐化和碱化。土壤学中一般把表层中含有 0.6%~2% 以上的易溶盐的土壤叫做盐土,把含交换性钠离子占交换性阳离子总量 20% 以上的土壤叫做碱土,统称盐碱土或盐渍土。由于人类不合理的农业措施而发生的盐渍化称次生盐渍化。在盐渍土上,一般植物很难成活,土壤沦为不毛之地。

我国盐渍地主要分布在黄淮河平原、西北黄土高原、新疆、东北丘陵平原区和沿海地带,估计总面积在 26 万平方千米左右,其中次生盐渍地约为 8 万多平方千米。

盐渍土的形成实际上是各种可溶性盐类在土壤表层或土体中逐渐积聚的过程。盐渍土主要分布在内陆干旱、半干旱地区或海滨地区,其形成原因很复杂,主要有以下几方面的原因:①气候方面的原因,由于干旱、半干旱地区,降水量少,为了灌溉农田,当水由农田涓涓细流地通过时,蒸发量很大,但水中溶解的盐分并不蒸发,结果盐分积聚土壤表层,余下水分中的盐浓度不断增加,它们渗入地下水,使盐分越积越多,从而导致形成盐渍土;②地形方面的原因,在上述气候条件下,由于内陆盆地排水不良、径流不畅,山间洼地排水不良等原因,形成水涝,随着水分的蒸发,盐浓度逐渐增加;③水文地质方面的原因,除气候、地形外,水文地质条件也造成土壤积盐。在地下水径流滞缓,地下水含盐量达到一定程度并且可沿毛细管上升到地面的情况下,土壤才强烈表现出积盐的过程;④海洋,这主要是在海滨地区形成盐渍化的原因。在海滨地区含盐的水流过地表土,也可以直接使盐分积聚在土壤中形成盐渍化。这种情况不一定要有干旱的气候条件;⑤不合理的灌溉活动,这是形成次生盐渍化的主要原因。有些地区,由于灌溉系统不完善,有灌无排或者大水漫灌,当土壤中的水分自然蒸发后,水里溶解的盐分被浓缩并留在土壤里,致使土地盐分逐渐增加,导致土壤盐渍化。随着世界灌溉总面积的增加,虽然使世界粮食产量有所增长,但据两位美国分析家估计,全球至少有 1/3 的灌溉面积不同程度地受到盐渍化问题的无形破坏。现在,世界大约有 30 个国家都受到水涝和盐渍的困扰。

土壤盐渍化的改善需要水利改良、生物改良和化学改良措施等多方面共同作用,主要是要建立完善的灌溉系统,实行科学的灌溉制度,采用先进的灌溉技术,改善排水,使土壤中的盐分能够随着排水流走,不再增加土壤中盐的浓度。对易产生次生盐渍化的土地,要防止地下水位升高到临界深度以上。对已经受到盐渍化危害的土地,需要改善供水,合理排水,使土壤含盐量有所下降,逐渐恢复土壤的生机。同时,还可以利用盐碱土上植物和微生物的活动,改造土壤结构,增加绿地覆盖率,减少水分的蒸发,加速盐分的淋洗。

(4)工业和城市侵占。

由于工业迅速发展和城市不断扩大,工矿企业、交通运输、旅游业、军用设施等建设占用大量的土地。在美国,工业和城市发展每年占地约 600 多万,1976 年以前,靶场和军用设施占地约 670 万 hm^2,到 1980 年止,由于采矿损坏的土地面积达 2000 万 hm^2。英国和俄罗斯等每年因开采地下资源而破坏的地表,都在 2 万~3 万 hm^2 之间。意大利农业用地每年被工业、城市建筑和新的公路等吞食的,相当于罗马市区的面积,约 5 万 hm^2。

我国目前人口以每年 1000 多万的速度递增,耕地以每年数百万亩的速度递减。由表 6-1 可知,除非冒破坏生态平衡而引起土地沙漠化的风险,扩大耕地面积的潜力实已甚微。至 2002 年末,全国城镇人口为 50212 万人,我国城市化水平达 39.1%。未来 20 年内,我国城市化水平将从发展中国家的 38% 的平均水平,接近或达到世界平均 47% 的水平,预计到 2020 年总人口将达 15.3 亿人,即城市人口将达到 7 亿人。城市人口的增加,势必占用耕地,而且势必占用那些离城较近、水源较丰富、已为人们长期耕种、土地比较平整、土壤肥沃、比较利于耕作的好地。

表 6-1　我国土地利用概况

土地利用情况	面积/万 km^2	所占百分比/%
森林	158.9	16.55
耕	125.9	13.11
草原	393	40.94
其他农用地	25.65	2.67
园地	10.79	1.12
居民点及独立工矿用地	25.1	2.61
交通运输用地	2.08	0.22
水利设施用地	3.55	0.37
其他	215.03	22.4

由于人类的食物目前基本上是直接或间接地来源于土地,所以对于一定数量的人口,必须

保证一定数量的农产品用地。以我国为例,每减少 2 亩耕地就等于减少一个人的生物食品来源,增加 1 亿人口就相当于要增加 2 亿亩耕地。因此,对于那种不合理地使用土地和错误地发展工业城市的政策,目前已为越来越多的人所认识,引起了人们的重视,并正在寻求解决的措施。

2. 土壤污染

土壤污染主要是指人类在生产和生活活动中产生的"三废"物质直接或通过大气、水体和生物间接地向土壤系统排放,当排入土壤系统的"三废"物质数量,破坏了土壤系统原来的平衡,引起土壤系统成分、结构和功能的变化,即发生土壤污染。需要注意的是,受污染的土壤还可以通过生物的新陈代谢,或以植物的果实、根、茎和叶给动物提供食物的途径向环境输出污染物,使大气、水体和生物进一步受到污染。

通常可大致将土壤污染源可分为自然污染源和人为污染源两类。在自然界中,某些矿床或物质的富集中心周围经常形成自然扩散晕,而使附近土壤中某些物质的含量超出土壤的正常含量范围,而造成土壤的污染,这一类称为自然污染源。例如,铅矿、铁矿、铀矿等重金属或放射性元素的矿床附近地区,由于这些矿床的风化分解作用,也可造成周围地区的土壤污染。工业上的"三废"任意排放以及农业上滥伐森林造成严重水土流失,大规模围湖造田以及不合理地施用农药、化肥等导致土壤发生污染,这一类称为人为污染源。目前,土壤污染主要是人为污染源造成的。

壤污染物质包含较为广泛,凡是进入土壤中并影响土壤正常作用的物质,即会改变土壤的成分,降低农作物的数量或质量,有害于人体健康的那些物质,统称为土壤污染物质。按污染物质的性质大致分为如下几类。

(1)有机污染物。

土壤中主要的有机污染物是有机农药,目前大量使用的农药约有 50 余种,主要有有机氯类、有机磷类、氨基甲酸酯类、苯氧羧酸类、苯酰胺类等。此外,石油、多环芳烃、多氯联苯、甲烷、洗涤剂和有害微生物等也是土壤中常见的有机污染物。这些有机物质进入土壤后,大部分均被土壤吸收,除一部分发挥了应有的作用外,残留在土壤中的农药由于生物降解和化学降解的作用,形成了不同的中间产物,甚至最终变成无机物。质地黏湿的土壤对农药的吸附力较强,砂土吸附力弱;土壤中水分增多,可以加速农药的降解,其对农药的吸附力也就减弱了;若水分蒸发加强,农药还可从土壤中逸出,进一步造成污染;土壤中的微生物增多,农药的生物降解作用也可以加强。

(2)无机污染物。

土壤中的无机污染物包括对生物有危害作用的元素和化合物,主要是重金属、放射性物质、营养物质和其他无机物质等。污染土壤的重金属主要来自大气及污水,主要指汞、镉、铅、锌、铜、锰、铬、镍、钼、砷等。这些物质不能为土壤微生物所分解,相反可以被生物所富集,然后通过食物链危害生物本身和人体健康。

不同种类的重金属元素对植物的污染危害是不同:①土壤中的汞主要来自厂矿排放的含汞废水。积累在土壤中的金属汞、无机汞盐(可溶性汞盐 $HgCl_2$ 和难溶性汞盐如 HgS、$HgCO_3$ 等)以及有机配位化合态或离子吸附态汞,均能在土壤中长期存在,可以被植物吸收,使植物生长受到抑制,株型矮、叶黄、籽粒少,最终导致植物减产;②土壤中的镉主要来自冶炼排放和汽车尾气排放,磷肥中也常常含有镉;③土壤中的铅主要来自汽车尾气排放,公路两侧的土壤易受铅污染。在含铅土壤中生长的植物,如蔬菜和水果等,可造成食物污染,铅使动物的寿命缩短;铅还能损害人的骨髓造血系统和神经系统;④土壤中的锌主要来自各种成土矿物。锌在土壤中富集,会使土壤中的酶失去活性,使土壤中的细菌数目减少,对食用这种植物的动物和人均有危害;⑤土壤中的镍主要来源于岩石风化、大气降尘、灌溉用水、农田施肥和动植物残体的腐烂,可危害很多植物的生长;⑥土壤中的钴主要来源于岩石风化,对西红柿、亚麻、甜菜有毒害作用,浓度超过 10×10^{-6} 会导致农作物死亡;⑦土壤中的砷主要来自含砷农药(杀鼠剂、杀菌剂和除草剂)、工厂含砷废水以及燃煤冶炼的飘尘。砷可在土壤中积累并进入农作物,阻碍植物生长和养分吸收;对动物则有致癌作用;⑧土壤中的铜可在土壤中富集并为植物所吸收,造成作物特别是水稻和大麦生长不良,污染粮食籽粒。

造成土壤污染的放射性物质,一般来自两个方面:①是大气核武器的试验和使用;②是原子能和平利用过程中,放射性物质通过废水、废气、废渣的排放,最终不可避免地随同自然沉降、雨水冲刷和废弃物的堆放而污染土壤。土壤一旦被放射性物质污染是不能自行消除的,只有靠自然衰变到稳定元素时才能消灭其放射性。

污染土壤的营养物质主要指氮、磷、硫、硼等,来源于生活污水和农田施用的化肥。此类物质引起的污染主要问题:①湖泊、内海等水体发生富营养化。其原因主要是水体中氮、磷输入过多,引起藻类等水生生物过度繁殖而造成的;②污染土壤,使其物理性质恶化。长期过量使用化肥会使土壤酸化;③食品、饮料和饮用水中有毒成分增加。在使用化肥地区的井水或河水中,氮化物的含量常会增加,甚至超过饮用水标准;④大气中氮氧化物的含量增加。释放到大气中的氮氧化物会引起很多的环境问题。它除了可以破坏平流层的臭氧层外,还能导致人和野生动物的呼吸道发生疾病,使蔬菜、果树、农田植物受害,还会增加皮肤癌、致畸、致突变,产生气候异常,引起大面积的自然灾害。

其他无机物如硝酸盐、硫酸盐、氯化物、氰化物、可溶性碳酸盐等,都是大量常见的污染物。

(3)固体废弃物和垃圾。

固体废物分为工业废物、农业废物、放射性废物和生活垃圾。工业废物主要来自各种工业生产过程和加工过程;农业废物主要来自农业生产和牲畜饲养;放射性废物主要来自核工业生产、放射性医疗、核科学研究和核武器爆炸;生活垃圾主要来自城镇居民的消费活动、市政建设和维护、商业活动、事业单位的科学活动等。

固体废物和垃圾的危害是多方面的,可以通过水体、大气、生物为媒介传播各种病原菌和各种有毒物质,并且占有土地资源面积也很大。

(4)病原微生物污染。

病原微生物主要来自未经处理的粪便、垃圾、城市生活污水、医院污水、饲养场和屠宰场的污染物等。其中,传染病院未经消毒处理的污水和污物危险性很大。当人与污染的土壤接触时可使健康受到影响,若食用被土壤污染的蔬菜、瓜果等,则人体间接地受到污染。在这类污染土壤上聚集的蚊蝇则成为扩大污染的带菌体,当这种土壤经过雨水冲刷,又可能污染水体。据统计,土壤中能引起人类致病的病毒,目前发现的有 100 余种,如脊髓灰质病毒等。

土壤受到污染后其主要的净化还是要靠自身,即污染物质进入土壤后,与土壤的固相、液相和气相物质之间发生一系列物理、化学、物理化学和生物化学反应。

①物理过程：就是利用土壤具有多相、疏松多孔的特点，通过挥发、稀释、扩散等物理过程，使污染物移出土壤体外。其净化效果取决于土壤的温度（温度高挥发量大）、湿度、土壤的质地和结构；同时也与污染物的性质有关。

②化学过程：主要包括溶解、氧化还原、化学降解和化学沉降作用，使污染物迁出土壤之外或变成难溶物不被植物吸收，而不改变土壤的结构和功能。

③物理化学过程：主要是通过胶体的吸附和解吸作用，使污染物在土壤中迁移转化。胶体吸附能力的大小，与胶体自身的性质和金属离子的性质以及土壤的性质都有关。

③生物化学过程：主要依靠土壤生物的主体，即土壤微生物，使土壤中的有机污染物质发生分解或化合作用而转化的过程。其中农药的微生物降解就是最重要的转化作用。

6.3.3　土地资源的合理开发与保护

我国土地资源开发利用过程中存在的问题主要表现为以下几个方面：土地利用布局不合理；耕地不断减少，土壤肥力下降；土壤污染严重；沙漠化、盐渍化加剧；水土流失严重。这些问题非常严重，应引起人们特别是决策层的极大重视。当前，急需制定保护土地资源的政策法规，强化土地资源管理；制定并实施生态建设规划和土壤污染综合防治规划。

1. 加强法制建设，强化土地管理

我国政府从我国土地国情和保证经济、社会可持续发展的要求出发，于1998年8月29日公布了《中华人民共和国土地管理法》，采取了世界上最严格的土地管理、保护耕地资源的措施和管理办法，明确规定了国家实行土地用途管理制度、占用耕地补偿制度和基本农田保护制度。因此，要按照《中华人民共和国土地管理法》的要求，切实加强土地管理，使土地管理纳入法制的轨道。

2. 控制生态破坏，加强生态建设

制定并实施土地生态建设规划是防止和控制土地资源生态破坏的前提条件。1999年1月，国务院常务委员会讨论通过了《全国生态建设规划》，并由国务院发出通知要求各地区因地制宜地制定并实施当地的"生态环境建设规划"。全国生态建设规划对防止和控制土地资源的生态破坏提出了明确的目标：从现在起到2010年，坚决控制住人为因素产生新的水土流失，努力遏制荒漠化的发展。

积极治理已退化的土地是防止和控制土地资源生态破坏的必由之路，应积极搞好水土保持工作，治理水土流失：①实行预防与治理相结合；②重视对沙化土地的治理，严禁滥垦草原，加强草场建设，控制载畜量，禁止过度放牧以保护草场和其他植被。沙区林业要用于防风固沙、禁止采樵；③应加强对土壤次生盐渍化的治理。

3. 综合防治土壤污染

应强化土壤环境管理。一方面，应实行污染总量控制，制定土壤环境质量标准，进行土壤环境容量分析，对污染土壤的主要污染物进行总量控制；另一方面，应控制和消除土壤污染源。这主要是指控制污灌用水及控制农药、化肥污染。

应强化农田中废塑料制品污染的防治。主要从回收管理、循环利用以及可降解等几个方面加强治理。

应积极防治土壤重金属污染。当前,防治重金属污染、改良土壤的重点是在揭示重金属土壤环境行为规律的基础上,以多种措施限制和削弱其在土壤中的活性和生物毒性或者利用一些作物对某些重金属元素的抗逆性有条件地改变作物种植结构以避其害。

6.4 森林资源利用与保护

6.4.1 概述

从生态学观点看,森林是世界上较复杂的一种自然生态系统,对地球生物圈的物质循环和能量流动有巨大的影响。森林是由乔木或灌木组成的绿色植物群体,是整个陆地生态系统的重要组成部分。现在地球上有1/5以上的地面被森林所覆盖,森林在自然界中的作用越来越受到人们的关注。它不仅为社会提供大量的林木资源,且还具有保护环境、调节气候、防风固沙、蓄水保土、涵养水源、净化大气、保护生物多样性、吸收二氧化碳、美化环境及生态旅游等功能。

森林生态系统无论在生态结构或营养结构方面都十分复杂。具有明显的分层结构是它的重要特征,地上和地下各层形成特殊的生态环境以支持不同的生态区系。也就是说,各层中动、植物的习性和适应性各不相同,构成许多小型甚至微型的生态系统。在森林生态系统中,各层次和各小型生态系统之间纵横交错、相互影响,表明其物质循环和能量流动的多渠道和多环节特性。

森林生态系统演替到成熟阶段,即到了顶极生态系统时,系统中的生产者、消费者和分解者的营养层次最多,组成和结构也最为复杂,物质循环和能量流动则形成动态平衡。

森林生态系统在生物圈中的作用如下。

1.森林是地球之肺

氧与二氧化碳的循环变化是地球生物圈存在的基础。生物的呼吸作用,在加上人类的各种燃烧过程,消耗大量的氧气,同时释放出相应数量的二氧化碳。若没有绿色植物的造氧作用,不难设想,总有一天生物会从地球上消失掉。

森林是造氧能力最强的绿地。据资料报道,1 hm² (公顷)阔叶林每天吸收 1 t 二氧化碳,放出 0.73 t 氧气。全球的森林每年大约能使 550 亿 t 二氧化碳转变成木材,同时放出 400 亿 t 多的氧气。

2.森林是自然界物质和能量交换的重要枢纽

森林除了是二氧化碳的第二大储库外,水、氮等无机物质通过森林的交换量也是巨大的。森林每年吸收约 250 亿 t 水与相应数量的二氧化碳化合成有机物质。通过森林蒸腾的水量则更大。如果地球上的森林都可看成是生长旺盛的林带,则每年约向空中蒸腾 48×10^4 亿 t 水,并需要消耗 1023 J 热量。此外,森林生态系统通过光合作用而固定的太阳能量,占整个生物圈总量的一半左右。森林还有涵养水源、保护农田、增加有机质、改良土壤等作用。

3. 森林是物种基因库

森林是世界上最富有的生物区,它繁育着多种多样的生物物种,它保存着世界上珍稀特有的野生动植物。它们不但在维持生态平衡方面是不可缺少的,而且其中许多还是活的"化石",对于了解生物的进化和生态系统的演替,都具有极大的科学价值。

4. 森林是人类食物和木材来源的重要基地

森林不仅有机物的生产量大,而且除可食用的植物外,更有许多药用植物。森林又是野生动物的主要栖息地,那里有最大的草食动物,也有最凶猛的肉食动物,为人类提供相当数量的食肉和毛皮。此外,全世界的森林,每年提供木材 23 亿 m³ 以上,是人类生产和生活的重要资源。

5. 森林在环境保护中的作用

由于森林生态系统占有的生态空间最大,结构最复杂,内在调节机制最完整有效(即其稳定性最大),它对环境的保护作用最显著。主要有以下几方面:

①涵养水源和保持水土。林地中土壤疏松,其上的枯枝落叶具有保水能力,能使降落在林地上的水分储存起来不散失。据测定,无林坡地的土壤只能吸收降水的 56%,但 10 m 宽的林带则可吸收 84%,如林带宽达 80 m,地表径流则可完全转为地下径流。据测算,5 万亩森林相当于 100 万 m³ 储量的水库,故,森林有"看不见水的水库"之称。

②防风固沙。森林能降低风速,其作用显著。据测定,由林边向林内深入 30～50 m 处,风速可减少 30%～40%。如深入到 200 m 的地方,则完全平静无风。所以营造防护耕带,意义极大。同时,发达交错的林根密布于土壤中,还具有保水固沙的作用。

③美化环境和保护野生动物。林木是美化环境的重要因素,是风景区、旅游区和疗养地必不可少的景观,也是美化城市和整个大自然所必需的。森林更是许多野生生物的栖息地,离开森林的保护,它们就无法生存。

此外,在吸收有毒气体、阻滞粉尘飞扬、驱菌杀菌、净化空气和水源以及减弱噪声等方面,森林对保护工业发达和人口集中的城市环境也具有重要意义。

6.4.2　森林资源环境问题

我国是一个少林的国家,森林总量不足,分布不均,功能较低。我国森林资源在保护和利用上存在的主要问题是:森林资源面积不断减少,质量日益下降,不适应国民经济持续发展和维护生态平衡的需要。由于人口众多、建设事业发展较快,对木材及其他林副产品的需求量越来越大,而森林面积有限,因此,无论用材、薪柴、纸浆以及其他林业经济产品的供应都很紧张。

森林资源下降的主要原因如下:①国有林区集中过伐,更新跟不上采伐,全国大规模的森林破坏曾出现数起;②毁林开垦,山区毁林开荒比较严重,我国过去曾片面强调发展粮食生产,开垦的主要对象是林地,不但破坏了森林,而且也破坏了生态环境;③火灾频繁,火灾是森林的大敌,其中 90% 是人为引起的。大部分林区由于防火设施差,经营管理水平较低,火灾预防和控制能力低;④森林病虫害严重,森林病虫害也是影响林业发展的重要环节。据 20 世纪 80 年代中期对全国主要森林及树种的普查结果,危害严重的树木病害有 60 多种,如落叶松落叶病、枯梢病、杨树腐烂病等。危害严重的森林害虫有 200 多种,如松毛虫、白蚁等;⑤造林保存率低。由于造林技术不高,忽视质量、片面追求数量,造林后又缺乏认真管理,使新造林保存率偏低。

森林破坏的严重后果不仅使木材和林副产品短缺,珍稀动植物减少甚至灭绝,还会造成生态系统的恶化。由于森林面积减少,造成生态平衡的失调,使局部小气候发生变化,扩大了水土流失区。我国黄河流域历史上曾是"林木参天",森林破坏后,一些地方呈现"荒山无树、鸟无窝"的景象。

目前国家对保护现有森林、绿化植树十分重视,除严禁乱砍滥伐、毁林开荒外,还大力动员全体人民植树造林,走一条可持续发展的道路,战略目标是,到 21 世纪中叶基本建成资源丰富、功能完善、效益显著、生态良好的现代林业。预计到 2010 年,全国新增森林面积 3148 万 hm^2,森林覆盖率达到 20.3%;到 2020 年,森林覆盖率达到 23.4%;到 2050 年,森林覆盖率达到 28%以上,从而创造安全、优美、自然、舒适的人居环境。

6.4.3 森林资源利用与环境保护

1. 健全法制,加强保护森林资源力度

森林可分为以下五类:防护林、用材林、经济林、薪炭林、特殊用途林。根据 1998 年 4 月修订并通过的《中华人民共和国森林法》中的规定,国家对森林资源实行以下保护性措施:①对森林实行限额采伐,鼓励植树造林、封山育林,扩大森林覆盖面积;②根据国家和地方人民政府的有关规定,对集体和个人造林、育林给予经济扶持或者长期贷款;③提倡木材综合利用和节约使用木材,鼓励开发、利用木材代用品;④征收育林费,专门用于造林、育林;⑤煤炭、造纸等部门按照煤炭和木浆纸张等产品的质量提取一定数量的资金,专门用于营造坑木、造纸等用材林;⑥建立林业基金制度。此外,地方各级政府组织应建立护林组织,维护辖区治安,保护森林资源。地方各级政府还应做好森林火灾的预防和扑救工作,组织森林病虫害的防治工作。禁止毁林开荒和毁林采石、采砂、采土及其他毁林行为。禁止在幼林地和特种用途林内砍柴、放牧。对自然保护区以外的珍贵树木和林区内具有特殊价值的植物资源,应当认真保护,未经批准不得采伐和采集。

2. 科学规划生态建设,综合开发利用

《全国生态建设规划》提出了近、中、远期的奋斗目标:近期目标——从现在到 2010 年,森林覆盖率达到 19%以上,退耕还林 500 万公顷,建设高标准、林网化农田 1300 万公顷;中期目标——2011~2030 年,新增森林面积 4600 万公顷,全国森林覆盖率达到 24%以上;远期目标——2031~2050 年,宜林地全部绿化,林种、树种结构合理,全国森林覆盖率达到并稳定在 26%以上。

各个有关部分颁布实施政策措施:①强化对森林的资源意识和生态意识。要充分发挥森林多种功能、多种效益,经营管理好现有森林资源;同时,大力保护、更新、再生、增殖和积累森林资源。②大力培育森林资源,实施重点生态工程。建立五大防护林体系和四大林业基地,即三北防护林体系、长江中下游防护林体系、沿海防护林体系、太行山绿化工程、平原绿化工程以及用林和防护林基地、南方速生丰产林基地、特种经济林基地、果树生产基地。③制订各种造林和开发计划。提高公众绿化意识，提倡全民搞绿化；坚持适地造林，重视营造混交林，采取人工造林、飞播造林、封山育林和四旁植树等多种方式造林绿化。在农村地区，继续深化"四荒"承包改革，鼓励在无法农用的荒山、荒沟、荒丘、荒滩植树造林，稳定和完善有关鼓励政策。④开展国际合作。吸收国外森林资源资产化管理经验以及市场经济条件下的森林资源的监督管理模式，争取示范工程和培训基地的国外技术援助。

6.5　矿产资源的利用与保护

6.5.1　概述

矿产资源是在地壳形成后，经过几千万年、几亿年甚至几十亿年的地质作用而生成的。它是一种不可更新的资源，长期利用或过度开采势必使其储量降低过快，出现供应困，而且还会污染环境。因此，矿产资源的合理利用和妥善保护也是一个很重要的环境问题。

矿物资源一般可分为能源、金属矿物和非金属矿物等三大类。它是近代工业的基础，没有它，工业就没有原料，也没有动力。按照工业上不同的用途矿产资源可分为以下几类：①能源矿产，煤、石油、天然气、油页岩、铀等；②黑色金属矿产，铁、锰、铬、钛、钒等；③有色金属及贵金属矿产，铜、铅、锌、铝、镁、镍、钴、钨、锡、钼、铋、汞、锑、金、银、铂等；④稀有、稀土和分散元素矿产，钽、铌、铍、锂、锆、铯、铷、锶、稀土、锗、镓、铟等；⑤冶金辅助原料矿产，石灰岩、白云岩、菱镁矿、耐火黏土、萤石、硅石等；⑥化工原料非金属矿产，硫铁矿、磷、钠盐、硼、明矾土、芒硝、天然碱、重晶石等；⑦建筑材料及其他非金属矿产，水泥用石灰岩、玻璃用砂、建筑用石料、云母、石棉、高岭土、石墨、石膏、滑石、压电水晶、冰晶石、金刚石、蛭石、浮石等。其中金属矿物为重点，它包括铁和铁合金元素、非铁或有色金属和贵金属等三类。

在人类步入工业社会之后，大约有 95% 的能源为矿物能源，80% 左右的工业原料为矿物原料，农业生产资料中大部分原料也来自矿物资源。因此，为了维持人类的生存发展和社会的正常运转，全球每年人均要从地球岩石圈掘取 25 t 矿物资源，以全球 58 亿人口计算，每年总共要从岩石圈掘取各种矿物质达 1450 亿 t。经过人类几千年不停地掘取，在最近地质年代内，不能再生的矿产资源短缺或枯竭的危机渐渐向人类进逼。

我国的矿产种类很多，是世界上矿产品种比较齐全的少数几个国家之一。矿产资源消耗是一个国家富裕水平的指标，矿产资源的利用与生活水平有关。当今世界上，各国对矿产资源的消耗存在巨大的差别，美国主要矿物的消耗量是世界其他发达国家平均消耗量的二倍，是不发达国家的几十倍。占世界人口 30% 的发达国家消耗掉的各种矿物约占世界总消耗量的 90%。随着经济的发展和人口的增长，今后世界对矿产资源的需求仍将大大增加。由于矿产资源的不断消耗，即使储量很大，仍会出现资源枯竭的问题。

在世界上广泛应用的工业矿物有 80 多种，其中产值大、在国际上占重要地体的非燃料矿物有铁、铜、铝土、锌、镍、磷酸盐、铅、锡、锰等。我国在已探明储量的矿产中，钨、锑、稀土、锌、萤石、重晶石、煤、锡、汞、钼、石棉、菱镁矿、石膏、石墨、滑石、铅等矿产的储量在世界上居于前列,占有重要的地位。另外,有些矿的储量很少,如铂、铬、金刚石、钾盐等,远不能满足人们的需要。随着人类社会不断地向前发展,近 200 年来,特别是近几十年来,世界矿产资源消耗急剧增加,其中消耗最大的是能源矿物和金属矿物。矿产资源是不可更新的自然资源,因此,矿产资源的大量消耗就必然会使人类面临资源逐渐减少以至枯竭的威胁,同时也带来一系列的环境污染问题。人类急切需要科学合理地开发利用矿产资源。

6.5.2　矿产资源环境问题

矿产资源的开采给人类带来巨大的物质财富,当前我国经济建设中 95％的能源和 80％的工业原料依赖矿产资源供给,但在开采过程中也存在不少的问题,不合理开采矿产资源不仅造成资源的损失和浪费,而且极易破坏生态环境、威胁人们的健康。常见的问题如下。

1.破坏土地资源

据《中国 21 世纪议程》提供的数字,我国因大规模矿产采掘产生的废弃物的乱堆滥放造成压占、采空塌陷等损毁土地面积已达 200 万公顷,现每年仍以 2.5 万公顷的速度发展,破坏了大面积的地貌景观和植被。特别是矿产的露天采掘和废石的大量堆放都要占用大量土地,废石堆还会发生自然爆炸,甚至发生严重的滑坡事故。美国有一座 240 多米高的煤矸石堆场发生滑坡,使邻近城区中居民死亡 800 余人。同样,尾矿堆场或尾矿坝也会发生坝基坍塌和尾矿流失事故,从而造成对生命财产的严重危害。再如开采建筑材料的采石场,对石灰石、花岗岩、石膏、玻璃用砂的大量开采会造成生态环境的严重破坏,特别是在采矿结束后,一些地方不进行回填复垦及恢复植被工作,破坏了矿产及周围地区的自然环境,并且造成土地资源的浪费。

2.资源回收率和综合利用率较低

1986 年对全国 3498 个矿山进行的调查发现,国营煤矿采选回收率为 34％(美国为 57％),乡镇和个体煤矿仅为 10％～15％,3498 个矿山资源总回收率只有 30％～50％。其中 34 个矿种、515 个矿山具有综合利用价值和条件,但综合利用较好的仅占 31.1％,部分综合利用的占 25.6％,有 43.3％的矿山完全没有开展综合利用。即使有的矿山开展了综合利用,其综合利用率大多较低,例如,伴生金银的选矿回收率比发达国家低 10％。

3.污染环境

(1)对大气的污染。

露天采矿及地下开采工作面的穿孔、爆破以及矿石、废石的装载运输过程中产生的粉尘、废石场废石(特别是煤矸石)的氧化和自燃释放出的大量有害气体,废石风化形成的粉尘在干燥大风作用下会产生尘暴,矿物冶炼排放的大量烟气,化石燃料特别是含硫多的燃料的燃烧,均会造成严重的区域环境大气污染。

(2)对地下水和地表水体的污染。

由于采矿和选矿活动、固体废物的日晒雨淋及风化作用,使地表水或地下水含酸性、含重金属和有毒元素,这种污染的矿山水通称为矿山污水。矿山污水危及矿山周围河道、土壤,甚至破坏整个水系,影响生活用水、工农业用水。由采矿造成的土壤、岩石裸露可能加速侵蚀,使泥沙入河、淤塞河道。开采矿山破坏地面的森林植被后,会使水土流失加剧,并可能引起当地气候的变化。其他如酸性矿坑水和有色金属冶炼尾气等都会使环境的污染问题更加严重。

(3)对海洋的污染。

海上采油、运油、油井的漏油、喷油必然会造成海洋污染。目前,世界石油产量的 17% 来自海底油田,这一比例还在迅速增长。此外,近几十年来发现从海底开采锰矿等其他矿物也会造成海洋污染。

4. 深加工技术水平低

我国不少矿产品由于深加工技术水平低,因此在国际矿产品贸易中,主要出口原矿和初级产品,经济效益低下,如滑石初级品块矿,每吨仅 45 美元,而在国外精加工后成为无菌滑石粉,每千克 50 美元,价格相差 1000 倍。此外,优质矿没有优质优用,如山西优质炼焦煤,年产 5199 万吨,大量用于动力煤和燃料煤,损失巨大。

6.5.3　矿产资源的合理开发和利用

我国矿产资源可持续利用的总体目标为:在继续合理开发利用国内矿产资源的同时,适当利用国外资源,提高资源的优化配置和合理利用水平,最大限度地保证国民经济建设对矿产资源的需要,努力减少矿产资源开发所造成的环境代价,全面提高资源效益、环境效益和社会效益。具体措施包括以下 4 个方面。

1. 强化矿产资源的管理

首先要提高保护矿产资源的自觉性,继而要加强法制管理。主要包括以下几个方面。①加强对矿产资源国家所有权的保护。世界上许多国家都已制定了专门的法规、条例来保护矿产资源,我国尚没有完整的矿产资源保护法规,必须在《矿产资源法》的基础上健全相应的矿产资源保护的法规、条例,建立有关矿产资源的规章制度。认真贯彻国家为矿产资源勘查开发规定的统一规划、合理布局、综合勘查、合理开采和综合利用的方针。②组织制定矿产资源开发战略、资源政策和资源规划。③建立集中统一领导、分级管理的矿山资源执法监督组织体系。④建立健全矿产资源核算制度,有偿占有开采制度和资产化管理制度。

2. 科学保护矿产资源

一是按照"谁受益谁补偿,谁破坏谁恢复"的原则,开采矿产资源必须向国家缴纳矿产资源补偿费,并进行土地复垦和恢复植被;二是按照污染者付费的原则征收开采矿产过程中排放污染物的排污费,提高对矿山"三废"的综合开发利用水平,努力做到矿山尾矿、废石、矸石以及废水和废气的"资源化"和对周围环境的无害化,鼓励推广矿产资源开发废弃物最小量化和清洁生产技术;三是制定和实施矿山资源开发生态环境补偿收费,以及土地复垦保证金制度,减少矿产资源开发的环境代价。

3. 综合规划合理开发

研究探索采矿、选矿、冶炼等方面的相关技术。对分层赋存多种矿产的地区,研究综合开发利用的新工艺;对多组分矿物要研究对矿物中少量有用组分进行富集的新技术,提高矿物各组分的回收率;适当引进新技术,有计划地更新矿山设备,以尽量减少尾矿,最大限度地利用矿产资源。积极进行新矿床、新矿种、矿产新用途的探索科研工作。加强矿产资源和环境管理人员的培训工作。

4.加强交流与创新

矿产资源是不可更新的自然资源,为保证经济、社会的持续发展,一方面要寻找替代资源(以可更新资源替代不可更新资源),并加强勘查工作,发现探明新储量;另一方面要节约利用矿产资源,提高矿产资源利用效率。同时还要加强国际合作和交流,例如引进推广煤炭、石油、多金属、稀有金属等矿产的综合勘查和开发技术;在推进矿山"三废"资源化和矿产开采对周围环境影响的无害化方面加强国际合作,以更好地利用资源、保护环境。

6.6　海洋资源的利用与保护

6.6.1　概述

从海洋学观点来讲,海和洋的概念是不同的。海离大陆近,深度较浅,一般是在 2000～3000 m 以内。其水文状况由于受大陆的影响,各种环境因子变化较大,可以有明显的季节变化。洋离陆地较远,深度在 3000 m 以上,有独立的潮汐、温度、盐度、密度、水色、透明度等水文状况的海流系统。海洋是生物圈中最庞大的生态系统,它是具有高盐分的特有环境,其生物类群与淡水和陆地明显不同。海洋中除沿海外,没有种子植物。在海洋植物中,以红藻、绿藻、褐藻占优势。在海洋动物中没有昆虫,但代之而起的是甲壳动物(如虾、蟹等)、腔肠动物(如海蜇、珊瑚虫等)以及鱼类、鲸类(是哺乳动物)等。这些在淡水中不存在或存在数量很少的种类在海洋生态系统中却占有重要位置。

根据海洋生态系统的环境特点,除潮间带外,可分为浅海或称沿岸带和外海带两类生态系统,具体可见图 6-2 所示。

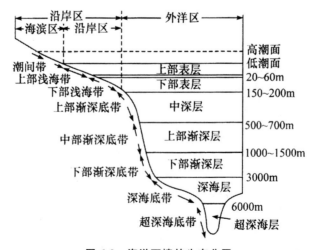

图 6-2　海洋环境的生态分区

海洋生态系统中存在着复杂的营养联系,具体可见图 6-3,由图中可知,外海带食物链比浅海带长,营养级一般都不低于 4～5 级。

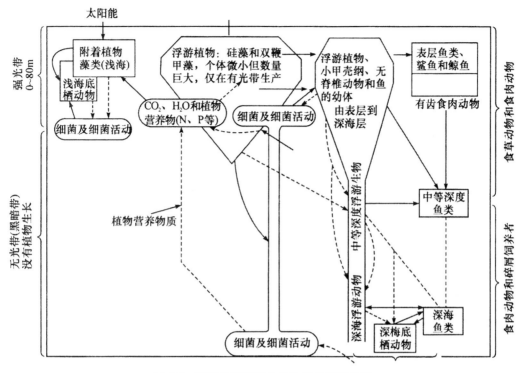

图 6-3　海洋生态系统中生物间的营养关系

　　自古人类与海洋的关系即密不可分,人们开始居住在海边,过着渔猎和采集的生活。后来,人们又利用海洋资源,发展航运通商。海洋对世界各国经济、文化的发展和交流起了积极的作用。海洋中一切可被人类开发利用的物质和能量称为海洋资源。海洋资源中包括生物资源、非生物资源及空间资源三大类。海洋生物资源主要指海洋中具有经济价值的动物和植物,如海洋中的鱼类、药用植物、经济藻类等。海洋非生物资源包括水化学资源,如人类可从海水中提取各种化学元素和制取淡水;海底矿产资源,如石油、天然气和锰结核等;海洋动力资源,如潮汐能、波浪能等。海洋空间资源包括具有开发利用价值的海面上空和水下的广阔空间。如可建海地居所、仓库;利用海洋进行海运、开发海洋旅游等。

　　随着生产力的发展,人们大规模地开发海洋生物资源、矿产资源、水力资源和能源,并利用海洋空间和发展海洋游览观光事业。与此同时,特别在近 20 年内,世界海洋生物资源遭到破坏,以及大量工业生产废弃物排入海洋,导致海洋的污染情况也日益严重了。

6.6.2　海洋资源的环境问题

　　海洋环境污染与破坏的原因主要有以下几个方面:

　　(1)排污量不断增长,海洋纳污能力有限。随着经济的发展,工业废水产生量不断增长,工业废水直排入海洋的数量呈不断增长趋势。与此同时,海上石油开采和海洋运输业都发展较快,海上污染的排污量也相应增加,但近岸海域的环境容量(纳污能力)是有限的,这是造成海洋环境污染的重要原因。

我国渤海海域尤其突出排污量大、纳污能力小的矛盾。据统计,每年排入渤海的污水量约为 28 亿吨,占全国污水入海量的 1/3;渤海接纳污染物量约为 70 万吨,占全国入海污染物总量的近 1/2。而渤海的面积为 7.7×10^4 平方千米,仅为全国四海区总面积的 16%,平均水深只有 18 米,如同一只面积不大的浅盘子,又是我国的内海(封闭海域),水体自净能力极差。

(2)仅以工业污染物为控制对象,收效不大。无机氮、活性磷酸盐是我国渤海、黄海、东海和南海四大海区普遍存在的主要污染物,近岸海域富营养化现象已相当严重,仅 1998 年监测到的赤潮就有 22 次。据调查,入海无机氮的 75% 来自粪肥和化肥,20% 来自生活污染和其他,而只有 5% 来自工业污染源;入海总磷的 27% 来自粪肥和化肥,14% 来自生活,59% 来自其他(指由于水土流失而进入水中附着于土壤上的磷),而工业来源为 0%。综上所述,引起海域富营养化的无机氮和总磷主要不是由于工业污染源,而现行措施都以工业污染物为主要控制对象,因而收效不大。

(3)没有有效的以生态理论为指导的综合防治政策和措施。

海洋环境污染与生态破坏的危害表现为以下几个方面:

①近海环境污染对水产资源的不良影响。我国海域辽阔、水产资源丰富,渔业生产与人民生活密切相关,是国民经济不可缺少的重要组成部分。随着沿海地区人口增长,工农业及海上运输业的发展,造成近海环境污染,使海洋水产资源受到不同程度的影响和损害。

②海域环境污染对人体健康的影响。海洋环境污染对人体健康的影响主要是污染物通过食物链迁移、转化、富集进入人体,直接危害人体健康。

③海洋环境污染对旅游资源的影响。石油污染严重损害了滨海旅游资源。海面漂浮的大量油膜或油块,随海流飘至海岸区域,黏附在潮间带各种物体上,渗透于砂砾之间,从而污染了海水滩面、礁石、海岸堤坝和海上游乐设施等,破坏了海滨环境,降低了海滨旅游价值。

④赤潮、溢油等海洋污染事件的危害。以渤海为例,20 世纪 90 年代以来,发生赤潮达数十次,影响面积数千平方千米,造成经济损失数十亿元。此外,渤海几乎每年都发生由于拆船、撞船、沉船、井喷、漏油等原因造成的溢油事件,海域石油污染严重,给水产养殖和海滨旅游事业带来了巨大的威胁。

6.6.3　海洋资源的合理开发和利用

海洋资源利用综合防治对策的基本原则如下:

①以经济建设为中心,坚持可持续发展战略。可持续发展以经济发展为中心,以资源、环境可持续利用为基础,综合防治对策必须有利于促进经济与环境协调发展,经济建设开发强度不能超过资源、环境的承载力。

②以生态理论为指导。近岸海域与滨海地区相互依存、相互制约,组成一个复合生态系统,综合防治就是要促进复合生态系统的良性循环。以生态理论为指导,根据近岸海域的生态特征和规律,"以海制陆",调整和改善滨海陆域的生态结构,促进复合生态系统生态流协调稳定的运行。

③以防为主,坚持源头控制原则。防治环境污染和生态破坏,都不应在污染、破坏产生以后再去治理和处理,而应采取措施防止污染破坏的产生,消除产生污染破坏的根源,坚持源头控制的原则。通常的做法是转变经济增长方式,推行清洁生产,加强生态建设。

④合理利用海洋环境自净能力与人为措施相结合。海洋环境有比较大的自净能力,是宝贵的自然资源。但同时也要考虑其承受限度,不可无限制地排污,破坏海洋的自净能力,可以在对海洋环境容量进行科学分析的基础上,进行排海工程设计与人为污水处理措施相结合;优化排污口和污染负荷的分布,既可以节约污染治理投资,又可以恰当地利用海洋的自净能力。

⑤按功能区实行总量控制与海域环境浓度控制相结合。科学地划分海域环境功能区,按功能区环境容量确定污染物总量控制指标并分配到源,对污染源排污量进行总量控制;海域环境监测的监测值是对总量控制的检验,环境浓度监测可显示对污染物入海量进行总量控制后是否达到了海域功能区的环境目标值和相应的环境标准。

⑥全面规划、突出重点、系统分析、整体优化。海洋环境综合防治对策,需制定海洋环境保护规划,污染防治与生态环境保护并重,全面规划,但要突出重点。规划方案和综合防治对策的确定,要系统分析、整体优化。

⑦技术措施与管理措施相结合。污染防治和生态建设、生态保护都必须依靠技术进步,采取必要的技术措施;但是,技术措施必须与管理措施相结合,因为强化海洋环境管理是实施技术措施的支持和保证。

此外还要健全海洋环境法制,强化海洋环境管理。同时加强海洋环境监督管理,对经济活动、生活活动引起的海洋污染监督和对沿海地区及海上的开发建设等对海洋生态系统造成不良影响或破坏的监督两个方面。海洋环境监督管理的重点:沿海工业布局的监督;新污染源的控制与监督;控制老污染源的监督。监督污染源达标排放,并结合技术改造选择无废、少废工艺及设备,达到海洋环境功能区污染总量控制的要求;对危险废物及有毒化学品的处理、使用、运输进行严格监督;对海洋生物多样性保护进行监督;对海洋资源开发利用与保护进行监督。

6.7　能源的利用与保护

6.7.1　概述

能源是指可能为人类利用以获取有用能量的各种资源。如太阳能、风力、水力、电力、天然气和煤等。能源与人类有着密不可分的关系,它既能供人类使用,造福于人类,但又可给人类带来环境上的污染。随着经济的发展和人民生活水平的不断提高,能源的需求量会愈来愈多,必然会对环境产生极大的影响。图6-4所示为能源的分类示意,通常而言从不同角度出发,可以对能源进行不同的划分。

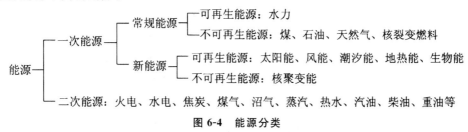

图6-4　能源分类

能源是近代工农业生产和人类生活必需的基本条件之一。在一定意义上说,人均能源消耗量是衡量现代化国家人民生活水平的主要标志。随着工农业的发展和交通工具数量的增加,世界能源的消耗速度在急剧增加。尤其是发达国家个人能源消耗水平越来越高。

伴随生产力由低级向高级的不断发展,世界能源结构经历了三次大转变:

①18 世纪 60 年代,英国的产业革命促使世界能源结构发生了第一次大转变。蒸汽机的推广、冶金工业的勃兴以及铁路和航运的发达,造就煤炭成为世界级商品能源。

②第二次世界大战后,世界能源结构发生了第二次大转变,几乎所有的工业化国家都转向石油和天然气。同煤炭相比,石油和天然气热值高,加工、转换、运输、贮存和使用均很方便,效率高,而且是理想的化工原料。同时,社会和政府环境保护意识的提高也加速了,能源结构从单一煤炭转向石油、天然气,推进了能源结构的进步。

③20 世纪 70 年代以来,世界能源结构开始经历第三次大转变,即从石油、天然气为主的能源系统转向的核能、风能、太阳能等新能源为基础的持续发展的能源的开发利用。世界能源的构成正向多样化变化。

我国能源资源总量相当可观,煤炭储量居世界第三位,石油居第十位,水能居第一位。但若按人口平均,只有世界水平的 1/2。自然资源分布不均衡,在人口、工业密集的东南部,能源分布少。水能开发率还很低,核能则刚刚起步。

目前我国能源存在的问题如下。

①消费结构不合理。在能源生产和消费结构中,一直以煤炭为主,优质能源少,而且大量直接烧煤,污染严重。能源消费的部门结构中,工业用能偏高。

②能源利用率低,单位产值能耗高。1997 年,单位国民生产总值能耗是发达国家的 3～4 倍。

③能源生产不足、价格不合理,使能源一直处于紧张状态,但近几年煤炭生产相对过剩。

④环境污染严重。

⑤能源生产安全性差、事故多。

6.7.2 能源利用对环境的影响

1.城市大气污染

以煤炭为主的能源结构是我国大气污染严重的主要根源。据历年的资料估算,燃煤排放的主要大气污染物,如粉尘、二氧化硫、氮氧化物、一氧化碳等,总量约占整个燃料燃烧排放量的 96%。其中燃煤排放的二氧化硫占各类污染源排放的 87%,粉尘占 60%,氮氧化物占 67%,一氧化碳占 70%。我国大气污染造成的损失每年达 120 亿元人民币。

2.酸雨

化石能源的燃烧产生的大量 SO_2、NO_x 等污染物通过大气传输,在一定条件下形成大面积酸雨,改变酸雨覆盖区的土壤性质,危害农作物和森林生态系统,改变湖泊水库的酸度,破坏水生生态系统,腐蚀材料,破坏文物古迹,造成巨大的经济损失。

3.温室效应增强

工业革命前,大气中的 CO_2 按体积计算是每 100 万大气单位中有 280 个单位的 CO_2。之后,由于大量化石能源的燃烧,大气 CO_2 浓度不断增加,1988 年已达到 349 个单位。大气中的 CO_2 浓度每增加一倍,全球平均表面温度将上升 $1.5 \sim 3℃$,极地温度可能会上升 $8℃$。这样的温度可能导致海平面上升 $20 \sim 140 \ cm$,将对全球许多国家的经济、社会产生严重影响。

4. 核废料问题

发展核能技术,尽管在反应堆方面已有了安全保障,但是,世界范围内民用核能计划的实施,已产生了上千吨的核废料,如果这些核废料处理不好产生泄漏,将会严重污染环境,对人类的健康构成危害。这些核废料的最终处理问题并没有完全解决。这些核废料在数百年内仍将保持有危害的放射性。

6.7.3 我国能源的合理开发与利用

结合我国国情我国能源产业结构的发展战略为:以煤炭为基础,以电力为中心,积极开发石油、天然气,适当发展核电,因地制宜开发新能源和可再生能源,走优质、高效、洁净、低耗的能源可持续发展之路。

(1)优化煤炭在能源结构中的基础地位。

我国是以煤为主要能源的国家,但近几年由于小煤矿生产总量失控、社会环保意识的加强、新能源的崛起,煤炭生产出现相对过剩局面。

我国煤炭资源与其他一次能源资源相比,在数量上占绝对优势。将已探明的一次能源折为标准煤,煤炭占 90% 以上,煤炭在价格上相对石油和天然气有很强的优势。科技时代为煤炭成为洁净、高效的能源创造了条件。到 2050 年我国煤炭将大部分用于发电和液化,煤占终端能源消费的比重将由目前的 56% 降为 16%。届时,采用煤气化燃料电池等发电新技术,可大幅度减少 CO_2 排放和大气污染。用煤大量生产合成液体燃料,弥补国产石油的不足。2050 年国产石油将徘徊在 1 亿 t 左右,而需求将达到 5 亿 t,用煤生产的合成液体燃料可达 1.5 亿~2.0 亿 t(全世界估计为 6 亿 t)。

(2)全局整合国内能源建设。

21 世纪国产能源主要靠中西部供应。据专家预测,到 2050 年,全国煤产量可达 26 亿 t,其中晋陕蒙占 50%,西南地区占 10%;国产石油的 50% 来自新疆。到 2020 年,陆上天然气产量的 90% 来自中西部地区,可开发水能资源的 61% 分布在西南地区,11% 在西北地区。到 2020 年西南地区可向东部地区输送 1100 万~1200 万千瓦电力,西北地区可输送 360 万~468 万千瓦。大陆高温地热资源全部在西藏和滇西,新疆—甘肃—内蒙古北部—东北是我国风能资源丰富地带,西藏和西北是太阳能最丰富的地区。

根据中国能源供应战略构想,为确保能源安全和优化中国能源结构目标的实现,必须发挥西部资源的比较优势,加大洁净能源的开发力度。

(3)结合国内外市场改善能源消费。

据国际能源机构(IEA)发表的《1998 年世界能源展望》预测,到 2020 年,石油消费量年均增长 1.9%,天然气为 2.6%,煤为 2.2%。可以看出煤炭消费量将保持较高的增长速度,尤其是亚洲,预测亚洲大部分国家煤炭需求年均增长在 3.8%,而中亚和东亚地区甚至高达 5%。

综合国际能源市场需求、我国能源资源开发利用的现状和发展趋势,发挥比较优势,优化资源利用结构。当前适度增加煤炭出口和石油进口,以煤换油来改善我国能源供应结构也是一条重要途径。

(4)开发新能源和可再生能源,优化能源产业结构。

1980年以来,各发达国家从保障能源供应出发,大力发展新能源和可再生能源。目前,已规模商业化的有五种,即水电、光伏电池、风电、生物质能和地热发电。

中国地域广阔,蕴藏着丰富的可再生资源,目前我国在太阳能、风能、地热能、生物能利用方面有一定的社会基础和规模,未来还需要加快科学研究步伐,加大新成果推广应用力度,多元化开发利用的能源。

第7章　水环境保护技术

7.1　水质指标与水环境质量标准

7.1.1　水体概念

水体概念的给出,可通过以下两个方面实现:一般是指河流、湖泊、沼泽、水库、地下水、海洋的总称;在环境学领域中,水体则被看成一个完整的生态系统或者是完整的综合自然体,其囊括了水中的悬浮物、溶解物质、底泥和水生生物等。

基于不同的角度,对水体也可作不同的划分,具体为:

按类型可分为:①陆地水体,包括存在于地表的一些水体和地下的水体,如河流、湖泊等;②海洋水体,包括海和洋。

还可以按照区域来划分水体,所谓的区域即为某一具体的被水覆盖的地段。按照区域进行划分的话太湖、洞庭湖、鄱阳湖是三个区域的三个不同的水体。从类型的角度出发长江、黄河、珠江为属于陆地水体中的地表水体内的河流,而立足于区域进行划分的话,它们三个分别属于三个流域的三条水系。

从整个水环境保护技术的层面看起来,"水"与"水体"概念的差别非常明显。下面举例来说明,例如重金属污染物从水到底泥中的转移实现起来没有难度,存在于水中的重金属量不大,若仅仅是从水的角度来看,可以说水是没有受到污染的,但是从水体的层面看来,水体受到非常严重的污染的可能性非常大,该水体也因此成为了长期的初生污染源。

7.1.2　水质指标

水质指标是指水与其所含杂质共同表现出来的物理学、化学和生物学的综合特性。仅有一部分水体污染能够被直观地观察到,例如,水的颜色发生了变化,水体也不再清澈见底而会变得混浊,与此同时还会散发出刺鼻的味道,从而导致原有水体的某些生物的减少,严重的话会导致其死亡,水体环境的变化还会使某些特殊生物出现或骤增等。然而,更多时候,需要借助于相关技术才能检测到水体污染,因为很多水体污染是无法被直接观察出来的。通常情况下,对水质的好坏及水体受污染的程度可借助于水质指标来进行衡量。水质指标项目种类繁多,细分的话可以分为以下三类:

①物理性水质指标,具体囊括了以下两个方面:感官物理性状指标,如色度、温度、浑浊度、嗅和味以及透明度等。此外,还包括总固体、悬浮固体、可见固体、电导率等其他物理性状指标。

②化学性水质指标,具体囊括了以下两个方面:一般的化学性水质指标,如 pH、碱度、硬

度、各种阳离子、各种阴离子、总含盐量、一般有机物质等。有毒的化学性水质指标,具体包括如重金属、氰化物、多环芳烃、各种农药等特殊指标。有关氧平衡的水质指标,如溶解氧(DO)、化学需氧量(COD)、生化需氧量(BOD)、总需氧量(TOD)等,这些指标将会在接下来的内容中探讨到。

③生物学水质指标,包括细菌总数、总大肠菌群数等。

对在水环境保护技术中,以下水质指标比较常用。

1. 悬浮物(Suspended Solid,SS)

它是指 1 L 水中不能通过特定滤膜的、非溶解性固体物重量,单位为 mg/L。悬浮物的多少决定了水体的浑浊度,跟水体的用途也有很大关系,如自来水厂取水口等对此指标十分关注,而在造纸废水、皮革废水、选矿废水等工业废水中,悬浮物指标均较高,大量排放会造成水体污染。

2.“三氧”

在实际操作过程中,通常情况下,水中有机物和部分无机物的含量往往是通过以下指标来表示的,即 COD、BOD、TOC 和 TOD。大多数情况下会把 COD、BOD 和 TOC 称为“三氧”。

(1)化学需氧量(Chemical Oxygen Demand,COD)。

指存在于水中的有机污染物和无机污染物在氧化剂氧化时所需的耗氧量,其表示借助于每升水消耗氧的毫克数(mg/L)。当水体中有机污染物比较多的是也就意味着 COD 值比较高。目前,高锰酸钾和重铬酸钾为理想的氧化剂。在测定一般地表水的化学需氧量时使用的是高锰酸钾法(简记 COD_{Mn})。鉴于重铬酸钾法(简记 COD_{Cr})氧化能力较强,在对污染比较严重的水体进行分析时可以使用该方法。

不含氧的有机物和含氧有机物中碳的部分均属于化学需氧量所测定的内容范围,从根本上来说,其更多地是有效反映了有机物中碳的耗氧量。此外,在实际操作过程中,不仅只有有机物会被氧化,还可以有效氧化各种还原态的无机物(如硫化物、亚硝酸盐、氨、低价铁盐等)。

(2)生物化学需氧量(Bio-chemical Oxygen Demand,BOD)。

简称生化需氧量,该标识表示的是水中微生物在分解有机物是所耗氧量,其表示用的是单位体积的污水所消耗的氧量(mg/L)。BOD 正比于水中需氧有机物质。通常情况下,以下两个阶段共同构成了有机物经微生物氧化分解:①碳化阶段,在该阶段有机物会被转化成为 CO_2、H_2O 和氨等;②硝化阶段,更多的是氨被转化为亚硝酸盐和硝酸盐。鉴于只有处于适宜的温度环境中,微生物的活动才能高效地进行,故通常情况下,测定的标准温度为 20℃。理想状态中,当水体的温度是 20℃时,一般生活污水中的有机物如果想要完成第一阶段的氧化分解过程的话大概需要 20 天,然而该温度在实际操作中是难以为继的。故为了提高测定结果的可比性,就会采取在 20℃的条件下培养 5 天,作为测定生化需氧量的标准时间,简称 5 日生化需氧量,用 BOD_5 表示。目前已颁布了微生传感器快速测定法(HJ/T86—2002),此时以 BOD 表示,而不使用 BOD_5。

(3)总有机碳(Total Organic Carbon,TOC)和总需氧量(Total Oxygen Demand,TOD)。

存在于水中的物质经过燃烧变成稳定的氧化物所耗费的氧气量即为 TOD,水中的物质主要囊括了有机碳氢化合物,含 S、含 N、含 P 等化合物。TOC 是指水中所有有机污染物质中的碳含量,想要计算出水中的 TOC 值的话,需要将水中的有机污染物高温燃烧氧化,此过程中会释放出 CO_2,然后测得所产生 CO_2 的量,即可实现 TOC 值的测定。借助于仪器可以实现 TOC 和 TOD 这两个指标的快速测定,整个过程的完成仅需几分钟。鉴于技术的局限性,在进行测定中,水中难免会存在分解难度比较大的有机物,且在实现 BOD 和 COD 的测定时会占用大量时间,水体被需氧有机物污染的程度无法在短时间内被测定,鉴于此,TOC 和 TOD 被拿来对水质中有机物污染的指标是在国内外都通用的。

3. pH 值

无论是污水的处理还是其综合利用都与其 pH 值有很大关系,与此同时,水中生物的生长繁殖也会因此的变化而发生相应变化,故对污水 pH 值的测定是必不可少的一项工作之一,还要时刻关注其变化。

4. 溶解氧(Dissolved Oxygen,DO)

水中生物的正常生存跟水中的溶解氧有很大关系。通常情况下,水中的溶解氧含量低于 $2\sim3$ mg/L(与水温有关)时鱼类会因为缺氧而死亡。微生物的生长会因溶解氧升高而更加迅速,从而导致水体自净能力处于较高的水平。厌氧细菌会因水中缺乏溶解氧而迅速繁殖,水体也会因此而发臭。更多的时候,水体是否污染的判断和污染程度的衡量可以借助于溶解氧来实现。如水温、气压、水气接触面积等因素均会影响到溶解度,但对于某一特定的水体在一定时间内,上述影响因素是相对稳定的。影响水中溶解氧数量的因素主要是水中的光合作用、曝气作用等,都会增加溶解氧的作用;对于呼吸作用、有机物分解耗氧等又可减少溶解氧的作用。两方面作用的平衡,决定了水中溶解氧的多少。

5. 污水的细菌污染指标

1 ml 污水中的细菌数要以千万计。在污水中的细菌,大多数都是无害的,已丧生活机能的机体是它们寄生的场所;此外,还有一部分有害的细菌,且无论是对人还是牲畜都是有害的,有生活机能的活的有机体是它们寄生的所在,这类细菌比较常见的是霍乱菌、伤寒菌、痢疾菌等。在处理污水过程中,难度最大的一项工作就是细菌分析,在具体操作过程中,水体被污染的程度可以借助于以下两个指标来表示:1 ml 水中细菌(杂菌)的总数与水中大肠菌的多少。如果有大肠菌存在于水中的话,就意味着水已被污染。

6. 有毒物质指标

截止到目前,我国早已完成了"地表水中有害物质的最高允许浓度"标准的制定工作,将近 40 种有毒物质都一一列出,例如 Hg、Cd、Pb、Cr、Cu、Zn、Ni、As、氰化物、硫化物、氟化物、挥发性酚、石油类、六六六、DDT 等。在 GB 3838—2002 中,又完成了 80 种有毒物质的水环境质量标准的添加工作。

7.1.3　水环境质量标准

水环境质量标准是对用水对象所要求的各项水质参数应达到的指标和限值。不同的用水对象,与其对应的水环境质量标准也各不相同。

1. 给水水质标准

(1) 地表水环境质量标准。

2002 年,《地表水环境质量标准》(GB 3838—2002)被国家环保总局得以制定、颁布完成。该标准规定基本项目为 24 项,补充项目 5 项、特定项目 40 项以及上述各项的对应分析方法。

水域按照地表水使用目的和保护目标可以分为以下五类:

Ⅰ类　此类会在源头水、国家自然保护区中使用到。

Ⅱ类　集中式生活饮用水水源地一级保护区、珍稀水生生物栖息地、稚鱼的产卵场、鱼虾类产卵场等是该标准的适用场所。

Ⅲ类　主要适用于集中式生活饮用水水源地二级保护区、洄游通道、鱼虾类越冬场、水产养殖区等渔业水域及游泳区。

Ⅳ类　在一般工业用水及人体非直接接触的娱乐用水区可使用该标准。

Ⅴ类　在农业用水区及一般景观要求水域可使用该标准。

(2) 城市供水行业水质标准。

1992 年,根据我国各地区发展不平衡的现状及城市的规模,建设部将自来水公司划分为 4 类:

①第一类为最高日供水量超过 100 万 m^3/d 的直辖市、对外开放城市、重点旅游城市以及国家一级企业的自来水公司(以下简称水司)。

②第二类为最高日供水量超过 50 万 m^3/d 的城市、省会城市以及国家二级企业的水司。

③第三类为最高日供水量为 10 万 m^3/d 以上、50 万 m^3/d 以下的水司。

④第四类为最高日供水量小于 10 万 m^3/d 的水司。

同时建设部组织编制了《城市供水行业 2000 年技术进步发展规划》,对四类水司的水质标准做了详细规定,其中对三、四类水司的出水标准的要求基本与国家标准 GB 5749—85 相同,此标准代表我国 20 世纪 80 年代国内水平;二类水司标准参照世界卫生组织(WHO)的水质标准,代表 20 世纪 80 年代国际水平;一类水司标准指标值取自欧洲共同体(EC)标准,其中包括感官性状指标 4 项,物理及物理化学指标 15 项,不希望过量的物质指标 24 项,有毒物质指标 13 项,微生物指标 6 项,硬度有关指标 4 项,共 66 项,该水质标准反映了 20 世纪 80 年代国际先进水平。

(3) 生活饮用水水源水质标准。

在《生活饮用水水源水质标准》中,包括以下四项水质项目:第一类为感官性状指标,这项指标主要包括水的浊度、色度、臭和味及肉眼可见物等,这类指标能够引起使用者的厌恶感,还好对人体健康无直接危害。浊度高低取决于水中形成浊度的悬浮物多寡,并且有些病菌和病毒及其他一些有害物质可能裹胁在悬浮物中,因此饮用水水质应尽量降低水的浊度。第二类指标为化学物质指标。水中含有一些如钠、钾、钙、铁、锌、镁、氯等人体必需的化学元素,但这些物质浓度若过高,会对人们的正常使用产生不良影响。第三类为毒理学指标。主要是水源污染造成的,如源水中含有汞、镉、铬、氰化物、砷及氯仿等物质,这些物质对人体的危害极大,常规的给水处理工艺很难去除这些物质,因此,要想控制这些有害物质在饮用水中的浓度,应主要控制水源的污染。第四类指标为细菌学指标,这类指标主要列出细菌总数及总大肠菌数和游离余氯量。另外还有一类为放射性指标,这类指标含两项即总α放射性、总β放射性。放射性指标为最近两次水质标准修订所增项目,人体白血病及生理变异等现象均会因这两项指标过高而导致。

2001 年,卫生部颁布了《生活饮用水水质卫生规范》,重点要求饮用水源中有害物质的最高容许浓度,共计 64 项。规定了生活饮用水及其水源水水质卫生要求,城市生活饮用集中式供水(包括自建集中式供水)及二次供水也需要满足此规范要求。

(4)工业用水标准。

不同的工矿企业用水,对水质的要求指标会多多少少存在一定的差异,即使是同一种工业,由于生产工艺过程不同,对水质的要求也有差异。一般应该根据生产工艺的具体要求,对原水进行必要的处理以保证工业生产的需要。

食品工业用水水质标准与生活饮用水标准几乎没有任何差异。

在纺织和造纸工业中,水直接与产品接触,要求水质清澈,否则在产品中会出现斑点,例如铁、锰过多能使产品产生锈斑。

有大量的冷却水杯石油化工、电厂、钢铁等企业需要。这类水主要对水温有一定要求,同时易于发生沉淀的悬浮物和溶解性盐类含量也不宜过高,以免堵塞管道和设备;藻类和微生物的滋生也要控制,还要求水质对工业设备无腐蚀作用。

电子工业用水要求较高,半导体器件洗涤用水及药液的配制,就需要使用高纯水了。

2.排水水质标准

需要对污水的排放进行严格控制,这样才能保障障天然水体不受污染,在排放前还要进行无害化处理,以保证对天然水体水质不造成污染。

我国排放标准有一般排放标准和行业排放标准两个。一般排放标准包括《工业"三废"排放试行标准》(GBJ 4—73)、《污水综合排放标准》(GB 8978—1996)、《农用污泥中污染物控制标准》(GB 4284—84)等。行业排放标准包括《造纸工业水污染物排放标准》(GB 3544—2001)、《船舶污染物排放标准》(GB 3552—88)、《纺织染整工业水污染物排放标准》(GB 4287—92)、《肉类加工工业水污染物排放标准》(GB 13457—92)等。这些行业标准可作为规划、设计、管理与监测的依据。

(1)污水综合排放标准。

天然水体包括地面水和地下水,是人类社会的重要资源。为了使天然水体的水质得到保障,就需要保证不向水体任意排放废水。因此应当制定废水排入水体的水质标准,严格控制排入水体的废水水质。《污水综合排放标准》(GB 8978—1996)规定了污水排入地面水水域的水质要求,包括标准分级、标准值、排水定额、水的循环利用率、标准实施和取样、监测等,适用于排放污水和废水的一切企事业单位。

按地面水域使用功能要求(特殊保护水域、重点保护水域、一般保护水域)和污水排放去向,通常情况下,地面水水域排放时需要执行的标准为一、二级标准。

排入《地面水环境质量标准》(GB 3838—2002)Ⅲ类水域(在集中式生活饮用水水源地二级保护区、一般鱼类保护区及游泳区中使用的比较多;本分级将划定的保护区和游泳区除外)和排入《海水水质标准》(GB 3097—1997)中二类海域的污水,执行一级标准。

排入《地面水环境质量标准》(GB 3838—2002)Ⅳ类(在一般工业用水区及人体非直接接触的娱乐用水区中使用的比较多)、Ⅴ类(主要适用于农业用水区及一般景观要求水域)和排入《海水水质标准》(GB 3097—1997)中三类海域的污水,执行的是二级标准。

排入设置二级污水处理厂的城镇排水系统的污水,执行的是三级标准。

排入未设置二级污水处理厂的城镇下水道的污水,执行的是一级或者是二级标准是的选择是根据下水道出水受纳水体的功能要求重点和一般保护水域的规定来进行的。

在本标准中,将排放的污染物按其性质分为两类。

第一类污染物,指能在环境或动物体内蓄积,从长远来看对人体健康会产生不良影响。含有此类有害污染物质的污水,不分行业和污水排放方式,也不分受纳水体的功能类别,一律在车间或车间处理设施排出口取样,其最高允许排放浓度必须符合有关规定。

第二类污染物,和第一类的污染物质相比,该污染物的长远影响稍小一些,在排污单位排出口取样,其最高允许排放浓度和部分行业最高允许排水定额必须符合有关规定。

废水排入地面水域后,地面水水质应达到的要求均有国家标准,其中包括两项最通用的污染指标:生化需氧量和溶解氧。按表中规定,BOD 不得超过 3~4 mg/L,溶解氧含量不得低于 4 mg/L。实际上生化需氧量和溶解氧标准不是完全独立的。因为一般来说,要维持溶解氧含量在 60% 的最低饱和度,只能在河水的生化需氧量不超过 4 mg/L 的时候。溶解氧含量的规定不仅使保证鱼类的正常生活得到保障,也是为了保证在有氧的条件下正常的水体自净过程和避免有机物腐化而影响环境卫生。

(2)污水排入城市下水道水质标准。

《污水排入城市下水道水质标准》(CJ 3082—1999)规定了污水排入城市下水道的一般规定、水质标准和水质监测等,在向城市下水道排放污水的所有单位的污水水质控制中都可以使用该标准。污水排入城市下水道的一般规定:

能够腐蚀到下水道设施的污水要坚决制止其排入下水道。

垃圾、积雪、粪便、工业废渣和排放容易凝集的堵塞下水道的物质也需要被严格禁止。

严禁将剧毒物质(氰化钠、氰化钾等)排放至城市下水道中,易燃、易爆物质和有害气体的排放也是严格禁止的。

医疗卫生、生物制品、科学研究、肉类加工等含有病原体的污水进行严格地消毒处理,具体可参见相关规定。

在向城市下水道排放放射性物质的时候,在需要遵守本标准的同时,放射卫生防护基本标准》(GB 4792—84)的执行也是不可忽视的。

水质超过标准的污水,要对其进行处理而并不是用稀释法降低其浓度,排入城市下水道。

(3)城镇污水处理厂污染物排放标准。

为了使《中华人民共和国环境保护法》《中华人民共和国水污染防治法》《中华人民共和国海洋环境保护法》《中华人民共和国大气污染防治法》《中华人民共和国固体废物污染环境防治法》能够得到很好地被执行下去,使城镇污水处理厂的建设及管理工作得到有效保证,使城镇排放的污水能够在污水处理厂中得到很好地处理,与此同时还要保证污水的资源化利用,从而使污水无法影响到人们的身体健康,使生态环境得以健康地维持下去,故在《城市污水处理及污染防治技术政策》的基础上,《城镇污水处理厂污染物排放标准》(GB 18918—2002)最终由国家环境保护总局和中华人民共和国质量监督检验检疫总局完成了联合制作发布工作。在该标准中,对城镇污水处理厂出水、废气和污泥中污染物分别分年限制定完成了其控制项目和标准值,其他独立的生活污水处理设施(居民小区和工业企业内)污染物的排放管理也需要按照该标准来执行。此外,特殊污水的排放要特别对待,例如工业废水和医院污水,它们需要达到多种标准的时候才能被允许排放。

《城镇污水处理厂污染物排放标准》按照污染物的来源和具体性质又将污染物控制项目进一步分为了两类:基本控制项目和选择控制项目。水环境和城镇污水处理厂无需经过特殊工艺即可实现常规污染物的去除的为基本控制项目,其中囊括了部分一类污染物,共 19 项。相对于易除去的常规污染物,就有能够对环境造成长期影响或者是毒性比较大的污染物了,这些污染物共计 43 项,对这些污染物的处理就是选择性控制项目。其中,基本控制项目是的执行是必须要得到保证的。选择控制项目,由地方环境保护行政主管部门根据具体情况来具体对待。

7.2　水体污染与自净

7.2.1　水体污染

水体污染是指排入天然水体的污染物,该物质在水体中的容量在已经超过了水体的自净能力,水体中存在的微生物已经对过多的污染物显得能力有限,最终是该物质在水体中的含量有所增加,这样的话,就会是水体无论是物理特征还是化学特征都难免会发生变化,水中固有的生态系统也会难以为继,最终会对人们的身体健康和社会经济发展带来不好的影响。为了确保人类生存的可持续发展,人们在利用水的同时,必须有效地防治水体的污染。

(1)水体污染源。

向水体排放污染物的场所、设备、装置和途径统称为水体的污染源。有很多因素能够导致水体污染,具体归纳为以下几个方面。

①工业污染源。工业污染源是向水体排放工业废水的工业场所、设备、装置或途径。在工业生产过程中要消耗大量的新鲜水,排放大量废水,其水量和性质随生产过程而异,通常分为工艺废水、设备冷却水、原料或成品洗涤水、生产设备和场地冲洗水等废水。废水中常含有生产原料、中间产物、产品和其他杂质等。废水会因其来源不同而使其性质存在很大差异。由于所用原辅材料、工艺路线、设备条件、操作管理水平的差异,即使是生产同一产品的同类型工厂,所排放的工业废水水量和水质差异也就非常明显。因此,工业废水具有污染面广、排放量大、成分复杂、毒性大、不易净化和难处理等特点。

②生活污染源。生活污染源主要是向水体排放生活污水的家庭、商业、机关、学校、服务业和其他城市公用设施。生活污水包括厨房洗涤水、洗衣机排水、沐浴、厕所冲洗水及其他排水等。生活污水中含有大量有机物质,含有氮、磷、硫等无机盐类,有多种微生物和病原体存在于其中。随着工业化的不断发展和人们生活水平的日益提高,生活污水的水量和污染物含量将相应增加,水质日趋复杂。

③其他污染源。借助于重力沉降或降水过程,随大气扩散的有毒物质会进入水体,其他污染物被雨水冲刷随地面径流而进入水体等,均会造成水体污染。

(2)水体污染类型。

水体污染类型较多,具体可以划分为以下几类。

①有机耗氧物质污染。生活污水和一部分工业废水,会有大量的有机污染物存在于其中,具体如碳水化合物、蛋白质、脂肪和木质素等。这些污染物往往会被称为有机耗氧污染物,因为存在于水体中的微生物,借助于水中的溶解氧,会将这些污染物生化分解。水体中的溶解氧,会因微生物在分化大量的耗氧有机物时而消耗掉,最终使水体中的大部分溶解氧因此而被消耗掉,从而在一定程度上影响到存在于水体中的鱼类和其他水生生物的正常生活。情况严重的话,还会导致鱼类的大量死亡,水体也会严重变质甚至是发臭。

②植物营养物质污染。生活污水和某些工业废水,往往会有大量的氮、磷等植物营养元素存在于其中,此类污水进入水体之后,藻类及其他浮游生物会因大量水体中植物营养物质的增多而异常地繁殖,这个过程就会消耗掉大量的溶解氧,还会释放出生物毒素,这就导致存在于水体的其他生物如鱼类、贝类会因此而死亡,而人体食用过死亡的鱼贝,其身体健康也会受到影响。

③石油污染。石油污染主要集中在海洋中。油船的事故泄漏、海底采油、油船压舱水以及陆上炼油厂和石油化工废水均有可能造成石油污染。石油污染会导致水体自净能力的下降,其具体影响是通过以下步骤:一层油膜会因进入海洋的石油在水面上得以形成,从而使氧气在扩散到水体的过程受到影响,海洋生物的正常生长会因缺氧而受到不良影响,最终影响到水体的自净能力。石油臭味也会因石油污染而影响大鱼虾类,海产品的食用价值也会因此而大打折扣。石油污染造成的不良影响还很多,在此不再一一介绍。

④酸、碱、盐污染。生活污水、工矿废水、化工废水、废渣和海水倒灌等都能产生酸、碱、盐的污染,使水体水含盐量增加,水质就会因此而受到影响。

⑤有毒化学物质污染。主要是重金属、氰化物和难降解的有机污染物,矿山、冶炼废水等是其主要来源。有毒污染物的种类已达数百种之多,其中包括重金属无机毒物如 Hg、Cd、Cr、Pb、Ni、Co、Ba 等;人工合成高分子有机化合物如多氯联苯、芳香胺等。它们都不易消除,富集在生物体中,通过食物链,危害人类健康。

⑥热污染。工矿企业、发电厂等向水体排放高温废水,水体温度会因此而增高,影响水生生物的生存和水资源的利用。温度增高,使水体中氧的溶解减少,耗氧反应的速度就会在无形之后得到加快,最终导致水体缺氧和水质恶化。

⑦病原体污染。通常情况下,会有如病毒、病菌和病原虫等大量的病原体存在于生活污水、医院污水、肉类加工厂、畜禽养殖场、生物制品厂污水等中。若该类污水不经任何技术手段进行处理和消毒就流入水体的话,这些病原体就会借助于食物链进入到人体中,危害到人体健康,就会引起痢疾、伤寒、传染性肝炎及血吸虫病等。

⑧放射性污染。铀矿开采、选矿、冶炼以及核电站及核试验以及放射性同位素的应用等是水中放射性污染的主要来源。鉴于放射性物质污染持续的时间长且对人体危害程度严重,故其是人类所面临的重大潜在威胁之一。

7.2.2　水体自净

1. 水体及水体自净

水体是指地表被水覆盖的自然综合体。水体不仅包括水,水中的悬浮物、底泥和水中生物等也包含在内。

污染物随污水排入水体后,污染物在一定的作用(物理的、化学的和生物化学)下,其浓度会随着时间的推移而发生变化,在整个过程中会自然降低或发生总量减少的情况,受污染的水体也会在一定程度上或者是彻底地恢复原状,这种现象称为水体自净。该能力是水体通常都会具备的,被称为水体自净能力或水体环境容量。通常情况下,水体自净的效果很有局限性,不是说对再严重的水体污染都能够使其恢复原状,所以说,如果污染物排放量比较大超过水体的自净能力的话,必然会造成水体的污染。

水体自净过程掺杂了多种作用,故其复杂度极高,从净化机理来看,可以分为物理净化作用、化学净化作用和生物化学净化作用。物理净化是指进入水体的污染物质通过常见的物理反应而被稀释、混合、沉淀和挥发,整个过程中浓度会有所降低但总量不曾发生任何变化;化学净化是指污染物通过常见的如氧化、还原、中和、分解等化学反应,使污染物的存在形态及浓度均在一定程度上发生改变,但总量不减;生物化学净化是污染物通过以微生物为代表的众多水生生物的生命活动,改变污染物的形态,有机物无机化,有害物无害化,浓度降低,总量减少。通过前面的介绍不难发现,水体自净的核心因素不外乎生物化学净化作用。

2. 水体自净过程

水体自净过程十分复杂,很多因素都会对其造成影响。在物理、化学和生物化学三种作用的基础上才有水体的自净。现对每种净化过程作简要介绍。

(1)物理净化过程。

通过前面的介绍已经知道,物理净化过程是指污水排入水体后,通过稀释、混合、沉淀等物理作用而使污染物浓度降低的过程。

稀释是一个重要的物理净化过程,污染物浓度高的水团被浓度低的水团所冲稀,或者不同组成的水团进行互相混合,污染物浓度均会有所降低。

对流和扩散作用均会影响到稀释效果,混合作用与温度、水团流量和扰动情况有关。通过沉淀过程可降低水中不溶性悬浮物浓度,由于同时发生的吸附作用,还能消除部分可溶性污染物。

(2)化学净化过程。

化学净化过程是指由于氧化、还原、中和、分解等一些化学技术而使水体污染物质浓度降低的过程。

水体化学净化的主要组成部分是氧化还原,某些污染物能够与溶解于水中的氧发生氧化反应。在氧化作用下如铁、锰等重金属离子就会形成难溶性氢氧化物而沉淀下来。即使是在多微生物的作用下,还原反应依然可以正常进行。

通常情况下,排入到水体中的酸、碱会与元存在于水体中的地表矿物质(如石灰石、白云石、硅石)以及游离二氧化碳、碳酸系碱度等发生反应,从而使排入到水体的酸、碱尽可能地减少对水体的 pH 所能造成的影响。当排入水体的酸、碱量量比较大无法被有效中和的话,水体的 pH 发生变化是在所难免的。若水体因此而变得偏碱性的话,砷、硒和六价铬等污染元素容易随水迁移,若变成偏酸性水体,则磷、铜、锌和三价铬等污染元素容易迁移。

(3)生物化学净化过程。

生物化学净化过程是指由于水中生物活动,特别是水中微生物对有机物的氧化分解作用而导致污染物质浓度降低的过程。

有大量的水生生物存在于水体中,小到肉眼看不见的微生物,如细菌放线菌和真菌等,大到鱼类。当水体受到污染时,水生生物在适应变化的同时,也客观地改变着水体污染所造成的局面。

当排入水体的污染物数量有限时,微生物能够将其中的有机物转变为无机物,分解出的氮、磷等无机物是水生植物的营养源,在此基础上,水生植物能够进行有效繁殖,而藻类等水生植物又被水生动物所吞食。这一系列的水生生物活动,使一些污染物浓度降低,起到了净化作用。另外微生物也起着催化化学反应和吸附、絮凝有机物质的作用。

实际上,上述几种净化过程并不是单独存在的,而是交织在一起的。例如,当一定量的污水排入河流时,在河流中首先混合和稀释,比水重的颗粒逐渐沉降在河床上,易氧化的物质被水中的溶解氧氧化。大部分有机物则由微生物通过代谢氧化分解为无机物,所消耗的溶解氧由河流表面在流动过程中不断地从大气中获得,并随浮游生物光合作用所放出的氧气而得到补充,生成的无机营养物质则被水生植物所吸收。这样,河水流经一段距离以后,就能得到一定程度的净化。

图 7-1 是接纳了大量生活污水的河流水体中 BOD(BOD 代表水中可生物降解的有机污染物浓度)和溶解氧(DO)变化曲线模式图。污水集中在河流的 0 点排放,排放前河水中的溶解氧含量跟饱和(8 mg/L)比较接近,BOD 值处于正常状态(低于 4 mg/L)。污水排放后,立即与河水混合,在 0 点处 BOD 值急剧上升,高达 20 mg/L,随着河水向下流动,有机污染物被分解,BOD 值逐渐减低,约经 7.5 d 后,又恢复到原来状态;河水中的溶解氧消耗于有机物的降解,从污水排入的第一天开始,含量即低于地面水最低允许含量 4 mg/L,在流下的 2.5 d 处,降至最低,但在流下 4 d 前,溶解氧都低于地面水最低允许含量(涂黑部分),此后逐渐回升,在流下约 7.5 d 后,又恢复到原有状态。

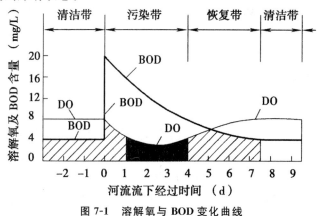

图 7-1 溶解氧与 BOD 变化曲线

根据溶解氧与 BOD 的变化曲线,河流会被划分未污染前的清洁带、污染后的污染带、恢复带和恢复后的清洁带这四个连续的河段(带)。

在污染河段中,影响着水中的溶解氧含量作用主要包括以下两个方面,一种是有机污染物的分解作用消耗水体中的溶解氧,简称耗氧作用;另一种作用使水中溶解氧得到恢复,如空气中的氧溶解于水、水生生物光合作用释放出氧等。空气中的氧溶于水中的作用称为水面复氧作用。耗氧作用与复氧作用决定水中溶解氧的实际含量。

在溶解氧降低到最低点的区域,对溶解氧要求较高的生物就会出现窒息死亡的现象,或者是逃离本区域转移到溶解氧含量较高的区域。

7.3　污染物在水体中的迁移、转化

污染物进入水体后发生各种反应,根据污染物的不同性质产生的污染过程也各不相同。有机物在水体中经微生物的生物化学作用可逐步降解无机化,从而消耗水中的溶解氧,一些难降解的人工合成有机物则形成水体特殊污染问题;一些重金属污染物在水体中可发生形态或状态的迁移转化。

1. 水体富营养化过程

藻类的数量的增多和种类的变化就是造成水体"富营养化"的最直接的表现。藻类的变化是一种由于 N、P 等含量过多引起的,这些植物营养物质进入水体,刺激藻类增值,最终导致恶化。现代湖沼学把这一现象当作湖泊演化过程中逐渐衰亡的一种标志。

天然水体中藻类合成的基本反应式可写为:

$$106CO_2 + 16NO_3^- + HPO_4^{2-} + 122H_2O + 18H^+ + 微量元素 \xrightarrow{\text{光}} C_{106}H_{263}O_{110}N_{16}P + 138O_2$$

根据 Justus Liebig(1894)提出的植物生长最小限制因子定律,植物生长繁殖的速度是由其所需养料中数量最少的那一种所决定的。可以看出,在藻类分子式中各种成分所占的重量百分比中 P 最小,N 次之。表明 P 是限制水体藻类生长繁殖的最主要因素,N 则次之。当水体中 P、N 等限制因子在内的各方面条件充分满足的情况下,水体的藻类种群就会发生变化,数量大幅度上升,引起水体富营养化的发生。

(1)含 N 化合物在水体中的转化。

含 N 化合物在水体中的转化分两步进行,第一步是含 N 化合物如蛋白质、多肽、氨基酸和尿素等有机氮转化为无机氮中的氨氮;第二步则是氨氮的亚硝化和硝化,使无机氮进一步转化。在微生物作用下,这两步转化反应是可以同时进行的。

蛋白质的降解首先是在细菌分泌的水解酶的催化作用下,进过水解作用从而形成氨,这个过程称之为氨化。氨进一步在亚硝化菌的作用下,被氧化为亚硝酸,继之亚硝酸在硝化菌的作用下,进一步氧化为硝酸。

在缺氧的水体中,是无法进行硝化反应的,却可能在反硝化细菌的作用下,产生反硝化作用而形成 N_2,返回到大气中,这就是所谓的反硝化。

从需 N 污染物在水体中的转化过程来看,有机氮转化的历程为:$NH_3 \to NO_2 \to NO_3$ 可作为需氧物污染物的自净过程的判断标志,但从另一方面考虑,这一过程又是耗氧有机物向营养污染物的转化过程,在水中,藻类繁殖所需的 N 元素即可通过它们来提供。

(2)含 P 化合物在水体中的转化。

根据废水的类型,废水中的 P 是以不同的形式存在的,最常见的有磷酸盐、聚磷酸盐和有机磷。生活污水中的 P70% 是可溶性的。P 在水体中的转化只能进行固、液之间的循环。水体中的可溶性磷很容易与 Ca^{2+}、Fe^{3+}、Al^{3+} 等离子生成难溶性沉淀物而沉积于水体底泥中。沉积物中的 P,通过湍流扩散再度释放到上层水体中去。或者当沉积物中的可溶性磷大大超过水中 P 的浓度时,则可能再次释放到水层中去。这些 P 又会被各种水生生物加以利用。

由于 P 在水体中的转化可以看作是一个动态的稳定体系,而 P 又是水体藻类生长的最小控制因子,因此,控制水体富营养化,最重要的是控制 P 污染物进入水体。国内外的大多数研究结果认为,在湖泊水体中,藻类迅速增殖的现象会因 P 的含量超出 0.05 mg/L 而出现。若要防止湖泊水体发生富营养化,水中 P 的含量应控制在 0.02 mg/L 以下,无机氮含量应控制在 0.3 mg/L 以下。

2.重金属在水体中的迁移转化规律

在水体中,重金属无法被微生物所降解,只能产生各种形态之间的相互转化以及分散和富集,这种过程称之为重金属的迁移。重金属在水环境中的迁移,按照物质运动的形式,可分为机械迁移、物理化学迁移和生物迁移三种基本类型。

以下三种作用是重金属在水环境中的物理化学迁移中存在的。

(1)沉淀作用。

重金属在水中可经过水解反应生成氢氧化物,也可以同相应的阴离子生成硫化物或碳酸盐。这些化合物的溶度积都很小,沉淀物的生成非常容易。沉淀作用的结果,使重金属污染物在水体中的扩散速度和范围受到限制,从水质自净方面看这是有利的,但大量重金属沉积于排污口附近的底泥中。

(2)吸附作用。

重金属离子由于带正电,在水中易于被带负电的胶体颗粒所吸附。吸附重金属离子的胶体,可以随水流向下游迁移,但除少部分外都大多数都会迅速沉降下来。因此,这也使重金属容易富集在排水口下游一定范围内的底泥中。

沉淀作用和吸附作用都会造成大量重金属沉积于排污口附近的底泥中。沉积在底泥中的重金属是一个长期的次生污染源,治理起来难度非常大,当环境条件发生变化时有可能重新释放出来,成为二次污染源。

(3)氧化还原作用。

在天然水体中,氧化还原作用有较重要的地位。由于氧化还原作用的结果,使得重金属在不同条件下的水体中以不同的价态存在,而价态不同其活性与毒性也不同。无机汞在水体底泥中或在鱼体中,在微生物的作用下,能够转化为毒性更大的有机汞(甲基汞);Cr^{6+} 可以还原为 Cr^{3+},Cr^{3+} 也可能转化为 Cr^{6+},从毒性上看,Cr^{6+} 的毒性远大于 Cr^{3+}。

生物迁移是指重金属通过生物体的新陈代谢、生长、死亡等过程所进行的迁移。这种迁移过程复杂程度非常高,它既是物理化学问题,也很好地遵守了生物学规律。所有重金属都能通过生物体迁移,并由此使重金属在某些有机体中富集起来,经食物链的放大作用,构成对人体的危害。

3. 有机物在水体中的转化

有机污染物在水中好氧微生物的作用下氧化分解。微生物利用氧化分解的产物作为养料能量繁殖生长。于是,氧化分解使一部分有机物转变为活的细菌机体;另一部分转变为无机物,有机物得到降解。需要一定数量的氧,有机物的氧化分解才能够很好地进行,但是与此同时,通过水面的复氧作用,水体从大气中得到氧的补充。如果排入水体的有机物在数量上没有超过水体的环境容量(即自净能力),水体中的溶解氧会始终保持在允许的范围内,有机物在水体内进行好氧分解。

如果排入水体的有机物过多,水中的溶解氧就会因其而被剥夺,从大气补充的氧也不能满足需要,说明排入的有机污染物在数量上已超过了水体的自净能力,水体将出现由于缺氧而产生的一些现象。若完全缺氧,有机物在水体内即将转入厌氧分解。

有机物是水体的重要的污染物质。它对于水体的影响与水体中的溶解氧含量有关,保持一定的溶解氧(DO)含量是使水体中生态系统保持自然平衡的主要因素之一。溶解氧完全消失或其含量低于某一限值时,有机物对水体的污染是严重的。

人们将接纳大量有机性污水的河流,从污水排放后,按 BOD 及溶解氧曲线,划分为三个相接连的河段(带):严重污染的多污带、污染较轻的中污带(中污带又可分为强、弱两带)和污染不重的寡污带。每一带在具有独特物理化学特点的同时,还有各自的生物学特点。各污染带特征见表 7-1。

表 7-1　各种污染带特征

项目	多污带	强中污带	弱中污带	寡污带
有机物	大量有机污染物存在于水中,多是未分解的蛋白质和碳水化合物	由于蛋白质等有机物的分解,形成了氨基酸和氨	由于氨的进一步分解,出现亚硝酸和硝酸,有机物含量很少	沉淀的污泥也进行分解,形成硝酸盐,水中残余的有机物极少
溶解氧	极少或全无,处于厌氧状态	少量(兼性)	多(好氧)	很多(好氧)
BOD_5	很高	高	低	很低
生物种属	很少	少	多	很多
细菌数/个/ml	数十万~数百万	数十万	数万	数百~数十
主要生物群	细菌、纤毛虫	细菌、真菌、绿藻、蓝藻、纤毛虫、轮虫	蓝藻、硅藻、绿藻、软体动物、甲壳动物、鱼类	硅藻、绿藻、软体动物、甲壳动物、鱼类、水昆虫

从表 7-1 所列数据可以看到,多污带耗氧有机物污染严重,基本上可以说不具备溶解氧,生物种类单调,主要是细菌,个体数极多,有时每毫升中细菌数可达几亿个之多。

强中污带开始有一些溶解氧,但生物种类数量仍然非常少,主要是细菌,每毫升水中可达数十万个,但已出现吞食细菌的纤毛虫和轮虫类。

弱中污带由于产生了硝酸盐,使藻类大量出现,溶解氧逐步回升,生物种类开始丰富起来,主要是各种藻类(绿藻、硅藻、蓝藻)以及轮虫、甲壳动物,细菌数量减少的非常明显,每毫升水中只有数万个,开始出现鱼类。

寡污带,耗氧有机物已完全分解,溶解氧已恢复为正常值,藻类的种类和数量增加,出现大量的昆虫,细菌数目已极少,鱼类逐渐增多,多种维管束植物也相继出现。

7.4 水体污染的控制

7.4.1 概述

污水处理,实质上是采用各种手段和技术,将污水中的污染物质分离出来,或将其转化为无害的物质,污水也就因此而得以净化。

大量的有害物质和有用物质存在于污水中。如果不加以处理而排放,不仅是一种浪费,且会造成社会公害。

(1)污水处理方法。

现代污水处理技术,按照其技术实现原理可以分为物理处理法、化学处理法、生物化学处理法和物理化学处理法四类。

①物理处理法。利用物理作用分离污水中呈悬浮状态的固体污染物质。方法有:筛滤法、沉淀法、气浮法、上浮法、过滤法和反渗透法等。

②化学处理法。利用化学反应的作用,分离回收污水中处于各种状态的污染物质(包括悬浮的、溶解的、胶体的等)。主要方法有中和、混凝、电解、氧化还原、汽提、萃取、吸附、离子交换和电渗析等。生产污水的处理使用的比较多的就是化学处理法。

③生物化学处理法。是利用微生物的代谢作用,使污水中呈溶解、胶体状态的有机污染物转化为稳定的无害物质。

④物理化学处理法。污染物质的去除还可以利用物理化学作用来实现。常用的方法有:吸附法、膜分离法、离子交换法、汽提法、萃取法等。

城市污水与生产污水中的污染物是多种多样的,仅仅借助于一种手段很难达到预期效果,往往需要采用几种方法的组合,才能处理不同性质的污染物与污泥,达到净化的目的与排放标准。

(2)污水处理程度。

按照处理程度,污水处理技术可以划分为一级、二级和三级处理。

①一级处理。主要去除污水中呈悬浮状态的固体污染物质,物理处理法大部分只能满足一级处理的要求。经过一级处理后的污水,BOD 一般只可去除 30% 左右,跟排放标准仍然是有一定差距的。一级处理属于二级处理的预处理。

②二级处理。主要去除污水中呈胶体和溶解状态的有机污染物质(BOD、COD 物质),去

除率非常高甚至能够达到 90% 以上,使有机污染物达到排放标准。

③三级处理。是在一级、二级处理后,进一步处理难降解的有机物和磷、氮等能够导致水体富营养化的可溶性无机物等。主要方法有生物脱氮除磷法、混凝沉淀法、砂滤法、活性炭吸附法、离子交换法和电渗析法等。

（3）污水处理工艺流程。

确定合理的处理流程,需要根据污水的水质及水量、受纳水体的具体条件以及回收的有用物质的可能性和经济性等多方面考虑。一般通过实验,确定污水性质,进行经济技术比较,最后可以决定选用哪种工艺流程。

①城市污水处理流程。有机物是城市污水的主要组成部分,典型处理流程如图 7-2 所示。

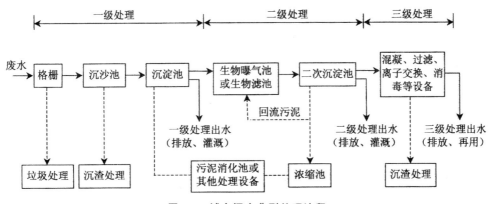

图 7-2　城市污水典型处理流程

②工业废水处理流程。各种工业废水的水质差别非常明显,水量也不恒定,并且处理的要求也不相同,因此,对工业废水处理一般采用的处理流程为:

污水→澄清→回收有毒物质处理→再用或排放

对于某一种污水来说,究竟采用哪些方法或哪几种方法联合使用,须根据国家的建设方针、污水的水质和水量、回收的经济价值、排放标准、处理方法的特点等,通过调查、分析和比较后决定。必要时,先对其进行试验研究,这样才能选择最佳的处理办法。

7.4.2　水的物理处理

水的物理处理是借助于物理作用分离和去除水中不溶性悬浮物或固体,也称为机械治理法,常用的有:筛滤、均和调节、沉淀与上浮、离心分离、过滤等。其中前三项在城市污水处理流程中常用在主体处理构筑物之前,故又被称为预处理或前处理。下面以调节为例来进行介绍。

1. 调节的作用

工业企业由于生产工艺的原因,在不同工段、不同时间所排放的污水有着天壤之别,尤其是操作不正常或设备发生泄漏时,污水的水质就会急剧恶化,水量也会大大增加,往往会超出污水处理设备的正常处理能力。

具体说来,以下几个方面充分体现了调节的作用:

①提供对污水处理负荷的缓冲能力,处理系统负荷的急剧变化得以有效防止。

②减少进入处理系统污水流量的波动,使处理污水时所用化学品的加料速率稳定,从而跟加料设备的能力相匹配。

③防止高浓度的有毒物质直接进入生物化学处理系统。

2.调节处理的类型

按照调节功能进行划分的话,调节处理可以分为水量调节和水质调节两类。

(1)水量调节。

水量调节实现起来比较简单,一般只需设置一个简单的水池,保持必要的调节池容积并使出水均匀即可。

污水处理中单纯的水量调节有两种方式:一种为线内调节,如图 7-3 所示,进水一般采用重力流,出水用泵提升,池中最高水位不高于进水管的设计水位,最低水位为死水位,有效水深一般为 2~3 m。另一种为线外调节如图 7-4 所示,调节池设在旁路上,当污水流量过高时,多余污水用泵打入调节池,当流量低于设计流量时,再从调节池回流至集水井,然后再对其进行后续处理。

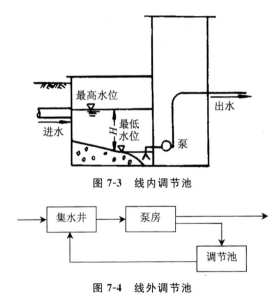

图 7-3　线内调节池

图 7-4　线外调节池

线外调节与线内调节相比,进水管高度不会对其调节池造成任何影响,施工和排泥较方便,但被调节水量需要两次提升,消耗动力大。一般都设计成线内调节。

(2)水质调节。

水质调节的任务是对不同时间或不同来源的污水进行混合,使流出的水质比较均匀,以避免后续处理设施承受过大的冲击负荷。可通过以下方法来实现水质调节。

①外加动力调节。

外加动力就是在调节池内,采用外加叶轮搅拌、鼓风空气搅拌、水泵循环等设备对水质进行强制调节,它的设备比较简单,运行效果好,但需要投入的更多。

②差流方式调节。

采用差流方式进行强制调节,能够混合不同时间和不同浓度的污水,这种方式基本上没有运行费用,但设备较复杂。

•对角线调节池。对角线调节池是常用的差流方式调节池,其类型很多,结构如图 7-5 所示。对角线调节池的特点是出水槽沿对角线方向设置,污水由左右两侧进入池内,经不同的时间流到出水槽,从而使先后过来的、不同浓度的废水混合,从而实现自动调节均和的目的。

为了尽可能地防止污水在池内短路现象的发生,可以在池内设置若干纵向隔板。污水中的悬浮物会在池内沉淀,对于小型调节池,可考虑设置沉渣斗,通过排渣管定期将污泥排出池外;如果调节池的容积很大,需要设置的沉渣斗过多,这样管理起来太麻烦,可考虑将调节池做成平底,用压缩空气搅拌,以防止沉淀,空气用量为 $1.5\sim3\ m^3/(m^2\cdot h)$。调节池的有效水深采取 $1.5\sim2\ m$,纵向隔板间距为 $1\sim1.5\ m$。

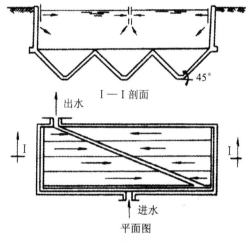

图 7-5　对角线调节池

如果调节池采用堰顶溢流出水,则这种形式的调节池只能调节水质的变化,而不能调节水量。如果后续处理构筑物对处理水量的稳定性要求比较高,可把对角线出水槽放在靠近池底处开孔,在调节池外设水泵吸水井,通过水泵把调节池出水抽送到后续处理构筑物中,水泵出水量可认为是稳定的。或者使出水槽能在调节池内随水位上下自由波动,以便贮存盈余水量,补充水量短缺。

•折流调节池。在池内设置许多折流隔墙,控制污水 1/3～1/4 流量从调节池的起端流入,在池内来回折流,延迟时间,充分混合、均衡;剩余的流量通过设在调节池上的配水槽的各投配口等量地投入池内前后各个位置,从而使先后过来的、不同浓度的废水混合,以使自动调节均和的目的得以顺利实现。

•同心圆调节池。同心圆调节池的结构原理类似于对角线调节池,只是做成圆形。

另外,利用部分水回流方式、沉淀池沿程方式,也可以实现水质均和调节。在实际生产中,具体选用哪种调节方法可以根据实际情况来选择。

7.4.3　水的化学处理

水的化学处理方法是借助化学反应来去除水中污染物,从而达到改善水质、控制污染的目的。常用的水的化学处理方法有中和、混凝、化学沉淀、氧化还原和消毒,下面重点介绍中和。

借助于化学法,去除废水中的酸或碱,使 pH 值达到中性的过程,这就是中和的实现原理。

1. 中和法原理

(1)中和法原理。

酸性或碱性废水中和处理基于酸碱物质摩尔数相等,具体公式如下:

$$Q_1 C_1 = Q_2 C_2$$

式中,Q_1 为酸性废水流量,L/h;Q_2 为碱性废水流量,L/h;C_1 为酸性废水酸的物质的量浓度,mmol/L;C_2 为碱性废水碱的物质的量浓度,mmol/L。

(2)中和方法。

工业企业常常会有酸性废水和碱性废水,当这些废水含酸或碱的浓度很高时,例如在 3%～5% 以上,应尽可能考虑回用和综合利用,这样既可以回收有用资源,处理费用也会因此得以减少。当其含酸或碱的浓度较低时,回收或综合利用经济价值不大时,才考虑中和处理。对于酸、碱废水,常用的处理方法有酸性废水和碱性废水互相中和、药剂中和和过滤中和三种。

以下因素是在选择中和方法时,需要充分考虑的:

①废水所含酸类或碱类物质的性质、水量、浓度及其变化规律。

②本地区中和药剂和滤料(如石灰石)的供应情况。

③就地取材所能获得的酸性或碱性废料及其数量。

④接纳废水的管网系统、后续处理工艺对 pH 值的要求以及接纳水体环境容量。

(3)中和药剂和滤料。

针对酸性废水和碱性废水需要的中和剂各不相同,酸性废水中和处理采用的中和剂和滤料有石灰、石灰石、白云石、苏打、苛性碱、氧化镁等;碱性废水中和处理通常采用盐酸和硫酸。

苏打和苛性碱具有宜贮存和投加,反应快,宜溶于水等优点,但其价格较高,通常使用的比较少。相反,石灰、石灰石、白云石来源广,价格低廉,使用的频率非常高。但其存在下列不足:劳动条件和环境条件差;产生泥渣量大,难于运送和脱水;对设备腐蚀性较强,且需投加和反应的设备较多。

2. 中和法工艺技术与设备

(1)酸碱废水相互中和工艺。

可根据废水水量和水质排放规律来确定酸碱废水的相互中和。当水质、水量变化较小时,且后续处理对 pH 值要求较宽时,可在管道、混合槽、集水井中进行连续反应;当水质、水量变化较大时,且后续处理对 pH 值要求较高时,应设连续流中和池。中和池水力停留时间视水质、水量而定,一般 1～2 h;当水质变化较大,且水量较小时,宜采用间歇式中和池。为保证出水 pH 值稳定,其水力停留时间应相应延长,如 8 h(一班)、12 h(一夜)或 1 d。

(2)药剂中和处理。

中和处理最常见的是酸性废水的中和处理。此时选择中和剂时应尽可能使用工业废渣,如电气石废渣、钢厂废石灰等。当酸性废水含有较多杂质时,具有一定絮凝作用的石灰乳可以说是不错的选择。在含硫酸废水的处理中,由于生成的硫酸钙会在石灰颗粒表明形成覆盖层,影响或阻止中和反应的继续进行,所以,中和剂石灰石、白垩石或白云石的颗粒应在 0.5 mm 以下。

　　由于中和剂的纯度是无法得到根本上保证的,加之中和剂中和反应一般不能完全彻底,因此,和理论用量比起来,中和剂用量要相对高一些。在无试验资料条件下,用石灰乳中和强酸(硫酸、硝酸和盐酸)时一般按 1.05~1.10 倍理论需要量投加;用石灰干投或石灰浆投加时,一般需要 1.40~1.50 倍理论需要量。

　　石灰作中和剂时,可干法和湿法投加,一般多采用湿式投加。投加工艺流程见图 7-6。当石灰用量较小时(一般小于 1 t/d),可用人工方法进行搅拌、消解。反之,采用机械搅拌、消解。经消解的石灰乳排至安装有搅拌设备的消解槽,后用石灰乳投配装置具体可见图 7-7 所示,投加至混合反应装置进行中和。混合反应时间一般采用 2~5 min。采用其他中和剂时,其反应时间可根据反应速度的快慢来适当延长。

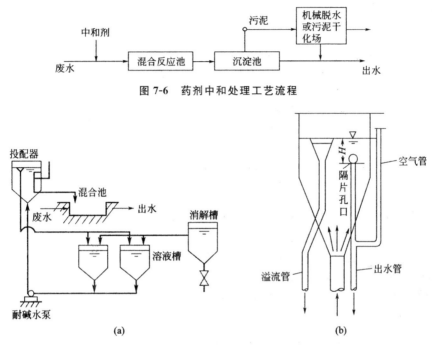

图 7-6　药剂中和处理工艺流程

图 7-7　石灰乳投配系统
(a)投配系统;(b)投配器

　　当废水水量较小时,不设混合反应池也是可行的;反之,水量很大时,一般需设混合反应池。石灰乳在池前投加,混合反应采用机械搅拌或压缩气体搅拌。

　　可通过沉淀的方法去除反应产生的沉渣。一般沉淀时间 1~2 h。当沉渣量较小时,多采用竖流式沉淀池重力排渣;当沉渣量较大时,可采用平流式沉淀池排放沉渣。由于沉渣含水率约在 95% 左右,渣量较大时,沉渣需进行机械脱水处理。反之,可采用干化场干化。

　　大量沉渣会因为石灰或石灰乳等方式的采用而产生,沉渣处理不仅设备投资费用较高,且人工成本较大,存在管理难、有环境风险等隐患。目前,大中城市的很多工业企业往往选用投加苛性碱等强碱物质,使之溶解后通过计量泵或蠕动泵投加,并采用 pH 计探头进行反应条件监控,有力地改善了反应条件,提高了中和处理的效果。

　　对应碱性废水,若含有可回收利用的氨时,可用工业硫酸中和回收硫酸铵。若无回收物质,多采用烟道气(二氧化碳含量可达 24%)中和。烟道气借助湿式除尘器、采用碱性废水喷淋,使气水逆向接触,进行中和反应。此法的特点是以废治废,投资省、费用低。但出水色度往往较高,会含有一定量的硫化物,仍需对其做进一步处理。

(3)过滤中和。

仅可在酸性废水的中和处理中发现过滤中和的身影。酸性废水通过碱性滤料时与滤料进行中和反应的方法叫过滤中和法。过滤中和的碱性滤料主要为石灰石、白云石、大理石等。中和的滤池有普通中和滤池、上流式或升流式膨胀中和滤池、滚筒中和滤池。

普通中和滤池为固定床。滤池可以分为平流式和竖流式两种。目前多采用竖流式如图7-8 所示。普通中和滤池的滤料粒径不宜过大,一般为 30～50 mm,滤池厚度 1～1.5 m,过滤速度 1～1.5 m/h,不大于 5 m/h,接触时间不少于 10 min。

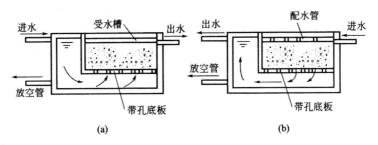

图 7-8　普通中和池

(a)升流式;(b)降流式

升流式膨胀中和滤池分恒滤速和变滤速两种。恒滤速升流式膨胀中和滤池见图7-9。冒滤池高度 3～3.5 m。废水通过布水系统从池底进入,卵石承托层 0.15～0.2 m,粒径 20～40 mm。滤料粒径 0.5～3 mm,滤层高度 1.0～1.2 m。滤速一般采用 60～80 m/h,膨胀率保持在 50% 左右,之所以这么多是为了使滤料处于膨胀状态并相互摩擦。变速膨胀中和滤池见图 7-10。滤池下。要部横截面面积小,上部面积大。流速上部为 40～60 m/h,下部为 130～150 m/h,克服了恒速膨胀滤池下部膨胀不起来,上部带出小颗粒滤料的缺点。

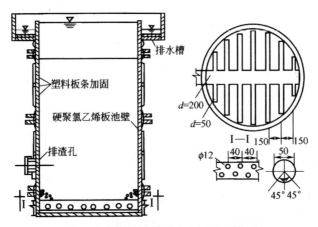

图 7-9　恒滤速升膨胀中和滤池示意图

过滤中和滚筒为卧式,其直径一般 1 m 左右,长度为直接的 6～7 倍。由于其构造较复杂程度较高,动力运行费用高,运行时噪音较大,较少使用。

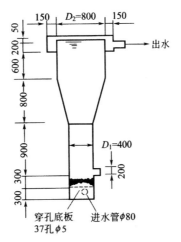

图 7-10　变速膨胀中和滤池

7.4.4　水的生物化学处理

水的生物化学处理是借助生物化学来去除水中污染物,常用的方法有活性污泥法、生物膜法、厌氧生物处理和自然生物处理,下面重点介绍生物膜法。

1. 生物膜的产生

生物膜主要由细菌的菌胶团和大量的真菌菌丝组成,其中还有许多原生动物和较高等动物生长。

在生物滤池表面的滤料中,一些褐色或其他颜色的菌胶团是比较常见的,也有的滤池表层有大量的真菌菌丝存在,因此形成一层灰白色的黏膜。下层滤料生物膜则呈黑色。在春、夏、秋三季,滤池中容易滋生灰蝇,它们的幼虫色白透明,头粗尾细,常分布在滤料表面,成虫后即在滤池及其周围栖翔。

2. 生物膜的工艺流程

生物膜法的基本流程如图 7-11 所示。污水经沉淀池去除悬浮物后进入生物膜反应池,有机物将会被有效去除。生物膜反应池出水入二沉池去除脱落的生物体,澄清液排放。污泥浓缩后运走或进一步处置。

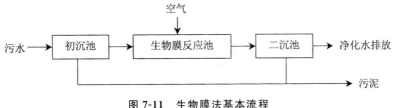

图 7-11　生物膜法基本流程

3. 生物膜法的结构及其净化机理

图 7-12 是生物膜一小块滤料放大了的示意图。生物膜对污水的净化作用可借助于得以

很好地分析。

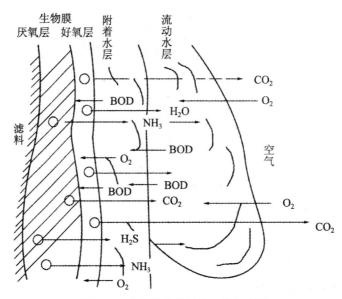

图 7-12　生物膜结构及其工作示意图

从图中可以看出,滤料表面的生物膜可分为厌氧层和好氧层。由于生物膜的吸附作用,在好氧层表面有一层附着水层,在附着水层外部,是流动水层。由于进入生物处理池中的待处理污水,有机物浓度较高。因此,当流动水流经滤料表面时,有机物就会从运动着的污水中通过扩散作用转移到附着水层中去,并进一步被生物膜所吸附。同时空气中的氧也通过流动水、附着水进入生物膜的好氧层中;在氧的参与下,生物膜中的微生物对有机物进行氧化分解和机体新陈代谢,其代谢产物如 CO_2、H_2O 等无机物又沿着相反的方向从生物膜经过附着水排到流动水层及空气中去,一使污水得到净化。同时,微生物得以迅速繁殖,生物膜厚度不断增加,造成厌氧层厚度不断增加。

内部厌氧层的厌氧菌用死亡的好氧菌及部分有机物进行厌氧代谢;代谢产物如有机酸、H_2S、NH_3 等转移到好氧层或流动水层中。当厌氧层还不厚时,好氧层的净化功能仍具有作用;但当厌氧层过厚、代谢产物过多时,二层间将失去平衡,好氧层上的生态系统遭到破坏,生物膜就呈老化状态而脱落(自然脱落),再行开始增长新的生物膜。在生物膜成熟后的初期,微生物好氧代谢旺盛,净化功能最好;在膜内出现厌氧状态时,净化功能下降,而当生物膜脱落时降解效果最差。生物膜就型通过吸附→氧化→增厚→脱落过程而不断地对有机污水进行净化的。但好氧代谢起主导作用,是有机物去除的主要过程。

4.生物膜法的分类及特点

(1)生物膜法的分类。

按生物膜与污水的接触方式的差异,生物膜法可分为充填式和浸没式两类:充填式生物膜法的填料(载体)不被污水淹没,自然通风或强制通风供氧,污水流过填料表面或盘片旋转浸过污水,如生物滤池和生物转盘等;浸没式生物膜法的填料完全浸没于水中,一般采用鼓风曝气供氧,如接触氧化和生物流化床等。

（2）生物膜处理法的特征。

1）微生物相方面的特征。

①参与净化反应的微生物多样化。生物膜中微生物附着生长在滤料表面上，生物固体平均停留时间较长，因此在生物膜上可生长世代期较长的微生物，如硝化菌等。在生物膜中丝状菌很多，有时还起主要作用。由于生物膜是固着生长在载体表面，污泥膨胀问题得以有效避免，因此丝状菌的优势得到了充分的发挥。此外，线虫类、轮虫类以及寡毛类微型动物出现的频率也较高。

②生物的食物链较长。在生物膜上生长繁育的生物中，微型动物存活率较高。在捕食性纤毛虫、轮虫类、线虫类之上栖息着寡毛类和昆虫，因此，生物膜上形成的食物链较长。生物膜处理系统内产生的污泥量和活性污泥处理系统比起来要少一些。

③各段具有优势菌种。由于生物滤池污水是自上而下流动，逐步得以净化，而且上下水质不会固定不变，因此对生物膜上微生物种群发生了不可忽视的作用。在上层大多是以摄取有机物为主的异养微生物，底部则是以摄取无机物为主的自养型微生物。

④硝化菌得以增长繁殖。生物膜处理法的各项处理工艺都具有一定的硝化功能，采取适当的运行方式能够使得污水反硝化脱氮。

2）处理工艺方面的特征。

①运行管理方便、耗能较低。生物处理法中丝状菌起一定的净化作用，但丝状菌的大量繁殖，污泥或生物膜的密度也会因此得以降低。在活性污泥法运行管理中，丝状菌增加能导致污泥膨胀，而丝状菌在生物膜法中无不良作用。相对于活性污泥法，生物膜法处理污水的能耗低。

②抗冲击负荷能力强。污水的水质、水量时刻在变化，当短时间内变化较大时，即产生了冲击负荷，生物膜法处理污水对冲击负荷的适应能力较强，处理效果较为稳定。有毒物质对微生物有伤害作用，一旦进水水质恢复正常后，即可有效恢复生物膜净化污水的功能。

③具有硝化作用。在污水中起硝化作用的细菌属自养型细菌，容易生长在固体介质表面上被固定下来，故用生物膜法进行污水的硝化处理，取得的效果非常理想，且较为经济。

④污泥沉降脱水性能好。生物膜法产生的污泥主要是从介质表面上脱落下来的老化生物膜，为腐殖污泥，其含水率较低、呈块状、沉降及脱水性能良好，在二沉池内其能够得以有效分离，得到较好的出水水质。

7.4.5　水的物理化学处理

下面以膜分离为例来介绍水的物理化学处理。

1. 概述

膜分离技术是近 30 年来发展起来的一种高新技术，在能源、电子、石化、环保等各个领域均可看到其身影。膜分离技术是利用特殊的薄膜对液体中的某些成分进行选择性透过的技术总称。

溶剂透过膜的过程称为渗透，而溶质透过膜的过程称为渗析。电渗析、反渗透、膜滤（微滤、纳滤、超滤）为常用的膜分离方法，其次还有自然渗析和液膜技术。这些分离技术有很多共同的优点:可以在一般的温度下进行分离,因而特别适用于对热敏感的物质,如对果汁、酶、药品等的分离、分级、浓缩与富集过程就可采用膜分离技术;能耗较低,因此又称为节能技术;设备简单;易于操作,便于维修以及适用范围广等。几种主要的膜分离法的特点如表 7-2 所示。

表 7-2　几种主要的膜分离法的特点

过程	推动力	膜孔径/ $\times 10^{-10}$ m	透过物	截留物	用途
渗析	浓度差	10~100	低分子量物质、离子	溶剂、大分子溶解物	分离溶质,酸碱的回收中会用的到
电渗析	电位差	10~100	电解质离子	非电解质大分子物质	分离离子,用于回收酸碱、苦咸水淡化
反渗透	压力差	<100	水溶剂	溶质、盐(悬浮物、大分子、离子)	分离小分子物质,用于海水淡化,去除无机离子或有机物
超滤	压力差	10~400	水、溶剂及小分子	生物制品、胶体大分子	截留分子量大于 500 的大分子

2.电渗析

(1)电渗析原理。

电渗析是在直流电场的作用下,以电位差为推动力,利用离子交换膜的选择透过性,把电解质从溶液中分离出来,使溶液的淡化、浓缩、精制或纯化的目的得以顺利实现。电渗析过程其实是电解和渗析扩散过程的组合。渗析是用膜将浓度不同的溶液隔开,溶质即从浓度高的一侧透过膜扩散到浓度低的一侧,这种现象称为渗析。渗透膜一般具有阴、阳离子选择透过性,阳膜常含有带负电荷的酸性活性基团,能选择性地使溶液中的阳离子透过,而溶液中的阴离子则因受阳膜上所带负电荷基团的同性相斥作用不能透过阳膜。阴膜通常含有带正电荷的碱性活性基团,能选择性地使阴离子透过,而溶液中的阳离子则因阴膜上所带正电荷基团的同性相斥作用不能透过阴膜,即阴膜只能透过阴离子而阳膜只能透过阳离了。电渗析过程就是在外加直流电场作用下,阴、阳离子分别往阳极和阴极移动,它们最终会于离子交换膜。图 7-13 是电渗析法在海水淡化中的应用示意图。

(2)渗析装置。

电渗析器本体及辅助设备两部分共同构成了电渗析装置。其中的主要设备是电渗析器,利用电渗析原理进行脱盐或废水处理的装置就是电渗析器。电渗析器本体的结构包括膜堆、极区和压紧装置三大部分。附属设备是指各种料液槽、水泵、直流电源及进水预处理设备等。

1)膜堆。

由交替排列的阴、阳离子交换膜和交替排列的浓、淡室隔板组成了膜堆。其结构单元包括阳膜、隔板、阴膜,一个结构单元也叫一个膜对。一台电渗析器由许多膜对组成,这些膜对总称为膜堆。隔板常用 1~2 mm 的硬聚氯乙烯板制成,板上开有配水孔、布水槽、流水道、集水槽和集水孔。隔板放在阴、阳膜之间,起着分隔和支撑阴、阳膜的作用,并形成水流通道,构成浓、淡隔室。如图 7-14 所示。离子减少的隔室称为淡室,其出水为淡水;离子增多的隔室称为浓室,其出水为浓水;与电极板接触的隔室称为极室,其出水为极水。这些水需要单独收贮藏,因为他们具有不同的性质。

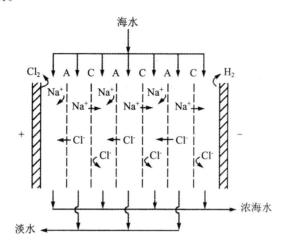

A—阴离子交换膜;C—阳离子交换膜

图 7-13　电渗析法在海水淡化中的应用示例

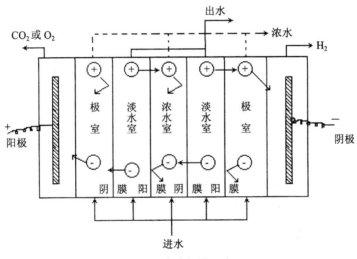

图 7-14　电渗析器示意图

2)极区。

极区的主要作用是给电渗析器供给直流电流,将原水导入膜堆的配水孔,将淡水和浓水排出电渗析器,并通入和排出极水。托板、电极、板框和弹性垫板共同构成极区。

3)压紧装置。

其作用是把极区和膜堆组成不漏水的电渗析器整体。使用压板和螺栓拉紧或者采用液压压紧均可。

在实践中,为了区分各种组装行为可以使用"级"、"段"和"系列"等术语。电渗析器内电极对的数目为"级",凡是设置一对电极的叫做一级,设置两对电极的叫做二级,以此类推。电渗析器内,进水和出水方向一致的膜堆部分称为"一段",水流方向每改变一次,"段"的数目就增加1。

3.反渗透

(1)反渗透原理。

如果将淡水(溶剂)和盐水(溶质和溶剂)用半透膜隔开,如图 7-15 所示,淡水透过半透膜至盐水一侧是自然发生的,这种现象称为渗透。当渗透进行到盐水一侧的液面达到某一高度而产生压力,从而抑制了淡水进一步向盐水一侧渗透,这一压头称为渗透压。如果在盐水一侧加上一大于渗透压的压力,盐水中的水分就会从盐水一侧透至淡水一侧、(盐水一侧浓度增大、浓缩),这现象就称为反渗透。

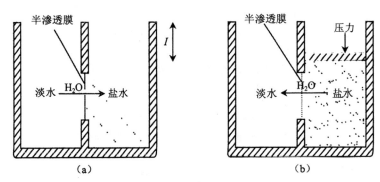

图 7-15 反渗透原理图

因此,以下两个条件是反渗透过程必须具备的:一是必须有一种高选择性和高渗透性(一般指透水性)的选择性半透膜;二是操作压力必须高于溶液的渗透压。

(2)反渗透膜。

反渗透膜种类很多,以膜材料、膜形式或其他方式命名。一般来说以下多种性能是反渗透膜需要具备的:

①单位面积上透水量大,脱盐率高。

②机械强度好,多孔支撑层的压实作用小。

③结构均匀,使用寿命长,性能衰减慢。

④化学稳定性好,耐酸、碱腐蚀和微生物侵蚀。

⑤制膜容易,价格便宜,原料充足。

目前,醋酸纤维素膜(CA 膜)和芳香聚酰胺膜为水处理中使用频率较高的膜。

醋酸纤维素是 CA 膜的主体材料,外观为乳白色或淡黄色的含水凝胶膜,有一定韧性,在厚度方向上密度不均匀,属于非对称性膜。CA 膜对无机和有机的电解质去除率较高,可达 $90\% \sim 99\%$。

芳香聚酰胺为芳香聚酰胺膜的主要成膜材料。芳香聚酰胺膜也是一种非对称结构的膜。这种反渗透膜具有良好的透水性能、较高的脱盐率,而且工作压力低(2.74 MPa 即可),机械强度高,化学稳定性好,耐压实,能在 pH 值为 4～11 时使用,寿命较长。

(3)反渗透装置。

反渗透装置常用的样式有四种,分别为板框式、管式、螺卷式和中空纤维式。

1)板框式反渗透装置。

板框式反渗透装置的结构与压滤机类似如图 7-16 所示。整个装置由若干圆板一块一块地重叠起来组成。圆板外环有密封圈支撑,使内部组成压力容器,高压水串流通过每块板。圆板中间部分是多孔性材料,用以支撑膜并引出被分离的水。会有反渗透膜存在于每块板两面,膜周边用胶黏剂和圆板外环密封。这种装置的优点是结构简单,体积比管式的小,缺点是装卸复杂,单位体积膜表面积小。

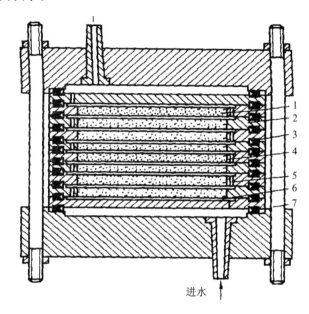

图 7-16　板框式反渗透装置

1—膜;2—水引出孔;3—橡胶密封圈;4—多孔性板;
5—处理水通道;6—膜间流水道;7—双头螺栓

2)管式反渗透装置。

这种装置是把膜装在耐压微孔承压管内侧或外侧,制成管状膜元件,然后再装配成管式反渗透器如图 7-17 所示。

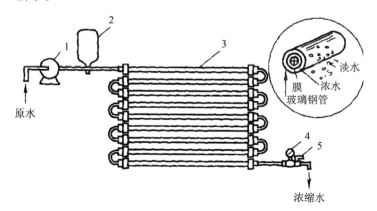

图 7-17　管式反渗透器

1—高压水泵;2—缓冲器;3—管式组件;4—压力表;5—阀门

3)螺旋卷式反渗透装置。

在这种装置中,有一层多孔性支撑材料(柔性网格)存在于两层反渗透膜中间,并将它们的三段密封起来,再在下面铺上一层供废水通过的多孔透水格网,然后将它们的一端粘贴在多孔集水管上,绕管卷成螺旋卷筒便形成一个螺旋卷式反渗透装置具体可见图 7-18 所示。

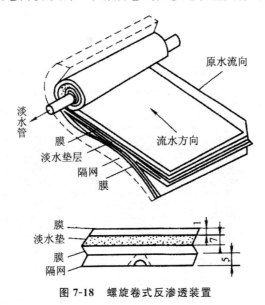

图 7-18 螺旋卷式反渗透装置

4)中空纤维式反渗透装置。

这种装置中装有由制膜液空心纺丝而成的中空纤维管,管的外径为 $50\sim100\mu m$,壁厚 $12\sim25\ \mu m$,管的外径:内径=2:1。将几十万根中空纤维膜弯成 U 字形装在耐压容器中,即可组成反渗透器,具体可见图 7-19 所示。这种装置的优点是单位体积的膜表面积大,装备紧凑;缺点是原液预处理要求严格,难以发现损坏了的膜。

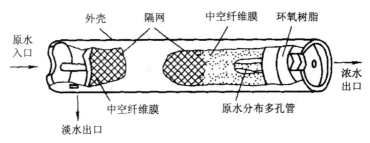

图 7-19 中空纤维式反渗透装置

(4)反渗透工艺。

反渗透处理的工艺流程一级一段连续式工艺、一级一段循环式工艺及多级串联连续式工艺这三种形式。设计时可根据被处理废水的水质特征、处理要求及选用组件的技术特性选择适宜的工艺。具体的工艺设计可查阅有关设计手册,这里只简单介绍废水的预处理及反渗透膜的清洗。

1)预处理工艺。

预处理工艺包括去除水中过量的悬浮物,对进水的 pH 值和水温进行调节和控制,及去除乳化和未乳化的油类与溶解性有机物。

通常可用混凝沉淀和过滤的联合将悬浮物去除。

对于不同反渗透膜的 pH 值适用范围,可采取加酸或加碱的方法调节 pH 值,适宜的 pH 值还可以防止在膜表面形成水垢。如当 pH 值为 5 时,在膜表面磷酸钙和碳酸钙就不容易沉积了。当废水中含钙量过高时,还可用石灰软化或离子交换法加以去除。水温过高时则应采取降温措施。

对于废水中乳化和未乳化的油类及溶解性有机物,为了将这些物质除去可以采用氧化法或活性炭吸附法。

2)反渗透膜的清洗。

膜使用一段时间后总会在表面形成污垢,如果不对其进行定期清洗的话就会影响使用效果。最简单的方法是用低压高速水冲洗膜面,时间为 30 min,也有的用空气与水混合的高速气－液流喷射清洗。

当膜面污垢较密实而且厚度较大时,可采用化学法清洗,加入化学清洗剂清洗对其进行清洗。如用盐酸(pH＝2)或柠檬酸(pH＝4)的水溶液可有效去除金属氧化物或不溶性盐形成的污垢,清洗时水温以 35℃ 为宜,清洗时间为 30 min。清洗液清洗完后,再用清水反复冲洗膜面方可投入正常运行。

【例 7-1】 反渗透的应用实例。

反渗透的应用随处可见,如海水淡化、苦咸水淡化、纯水和超纯水制备、城市给水处理、城市污水处理、工业废水处理及放射性废水处理等。下面我们以照相工业废水处理为例了解反渗透在工业废水处理中的应用。

照相的底片须浸泡在药液中处理,而后用水冲洗,此时排出大量的冲洗水。底片自定影液中取出,用水冲洗产生的废水用反渗透法处理结果为:冲洗水中硫代硫酸钠含量约为 5000 mg/L,渗透液中 24 mg/L,浓缩液中 333200 mg/L,此处用到的就是醋酸纤维素膜,操作压力为 2.8 MPa,水回收率为 90% 时,总盐类去除率为 94%。

4.其他膜分离技术

除了上述介绍的膜分离技术,还有超滤、微孔过滤等其他膜分离技术。超滤又称为超过滤,是利用一定孔径的膜截流溶液中的大分子物质和微粒,而溶液中的溶剂及低分子量物质能透过膜从而达到分离的目的。超滤法在化工废水处理中也得到了很好的应用。例如从含油废水中回收和浓缩油,从合成橡胶废水中回收聚合物,从造纸废水中回收碱及木质素等。由于化工废水中所含溶质涉及各种不同分子量,故常将过滤法与反渗透法及其他方法联用。

微孔过滤(microporous filtration,缩写为 MF,简称微滤)与反渗透、超滤均属压力驱动型膜分离技术,所分离的组分直径为 $0.03 \sim 15 \, \mu m$,能够实现微粒、亚微粒和细粒物质的去除,因此又称为精密过滤,是过滤技术的最新发展。

第8章 大气环境保护技术

8.1 大气的结构与组成

8.1.1 大气的结构

根据大气在垂直方向上温度、化学成分、荷电等物理性质的差异,与此同时,还要讲大气的垂直运动状况考虑在内,大气的层次结构通常有两种划分方法:一是按照化学组成的分布分为均匀层和非均匀层两个层次。均匀层为从地表到 90 km 左右的大气层,其密度随高度的增加而减少,它的成分除个别有变动外一般都相当稳定。高于 90 km 的大气层由于氧分子和氮分子大量解离,使得大气的平均相对分子质量随着高度的增加而降低,所以称为非均匀层。二是按照大气温度、化学组成及其他性质在垂直方向上的变化,大气可以分为对流层、平流层、中间层、热层和散逸层,如图 8-1 所示。

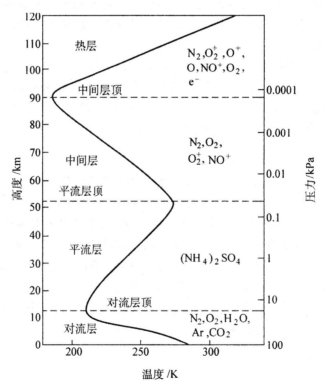

图 8-1 大气中主要化学组成及温度的垂直分布

1. 对流层

大气层接近地面,平均高度为 11 km 的这一部分称为对流层,其厚度随纬度变化,其厚度也会发生相应地变化:赤道上空约 $17\sim18$ km,在两极上空约 $8\sim9$ km,中纬度地区一般为 $10\sim12$ km。这一层大气的质量占整个大气质量的 3/4,90% 以上的水蒸气在对流层。对流层有以下特点:

①对流层空气吸收更多的是由地面发射的红外辐射,而接吸收太阳辐射很少。低层大气受到地面加热,通过空气的对流和湍流运动,将热量输送到上层空气。因此,一般情况下,对流层的气温随高度的增加而下降,温度随高度下降的速率称为气温垂直递减率,约为 $-6.5℃/km$。

②空气的垂直对流运动强烈。由于近地面的空气受地表热辐射的影响向上运动,而上面的冷空气下降,形成强烈的对流运动,是大气中最活跃的一层。在对流层,还发生了污染物的迁移转化过程及大气中主要的天气现象。

③在该层还发生了很多气候现象,如云、雨、雪、冰雹和雷电等。

在对流层与平流层之间,还存在一个厚度为数百米到 $1\sim2$ km 的过渡层,称为对流层顶。在对流层顶内,气温不随高度变化或变化仅仅发生在很小的范围内。

2. 平流层

平流层为自对流层顶向上至 55 km 左右的气层。其中距地面约 $15\sim35$ km 范围的层区即称臭氧层。臭氧层平均温度为 $-20℃$、压力约 1.3 kPa,存在臭氧(O_3)的平均含量约 6.4×10^{-6}(体积分数)。这一薄层的臭氧滤除了来自太阳辐射中的短波紫外光,起到了保护地球上所有生物的作用。平流层的特点是:

①在平流层的下层($12\sim20$ km),随高度的增加,气温不变或变化很小,气温趋于稳定。然后,气温随高度增加而升高,原因是平流层中的臭氧吸收太阳光的紫外线分解为 O 和 O_2,当它们重新反应生成臭氧的过程中会有大量的热气释放出去。

②平流层大气的运动多为平流运动,很少有对流运动,气体状态稳定,所以进入平流层中的大气污染物的停留时间很长。特别是进入平流层的氟氯碳(CFCs)等大气污染物,能与臭氧发生光化学反应,臭氧层的臭氧也会因此得以逐渐减少。

③该层的空气比对流层的空气稀薄得多,水蒸气、尘埃的含量甚微,出现天气现象的频率非常低,大气透明度好。

在平流层上面,离地面约 50 km,有一过渡层,此处是该层气温最高的地方,称为平流层顶。

3. 中间层

从平流层顶(55 km)到 80 km 高度左右的大气层为中间层。以下两点是中间层所具有的特点:

①该层气温随高度的增加而降低,垂直温度分布类似于对流层。在中间层顶部的气温可以低至 $-100℃$,是大气垂直结构内最低温的部分。

②该层的空气更为稀薄。尽管水蒸气含量非常有限,但由于该层中垂直温度梯度很大,空

气对流强度非常大,在某些特定条件下仍能出现夜光云等气象。

在大约 60 km 的高度上,大气组成的分子在白天开始电离。因此,均匀层向非均匀层过渡的过渡层为 60～80 km。

4. 热层

从中间层顶至 800 km 高度左右的大气层称为热层。在 80～90 km 的区域,气温基本上维持不变,随后温度随高度增加而迅速上升。在阳光和各种宇宙射线的作用下,高度电离状态是大多数气体所处的状态,使该层具有较高密度的带电粒子。所以,热层又称为热电离层。热层的特点是:

①热层的气温随高度的增高而迅速上升,这是由于氧原子强烈吸收波长 $\lambda < 175$ nm 的太阳紫外线的缘故。

②热层的空气极为稀薄,该层大气质量仅占大气总质量的 0.5%。由于太阳辐射强度的变化,热层中各种成分的光致离解过程表现出来的特征也各不相同,因此,大气的化学组成也随高度的增加而有很大的变化。这就是前面所提到过的非均匀层的来由。

③电离层具有反射无线电波的作用,在无线电通信上意义重大。

5. 散逸层

800 km 以上的大气层称为散逸层,这个高度可看作地球大气的上界,亦称外层。散逸层具有以下特点:

①该层的温度随高度增加而有一定的升高。

②由电离气体组成的广阔而又极其稀薄的大气层,其密度跟星际密度非常接近。由于远离地面,气体分子受地心引力场的约束极小,一些高速运动的大气质点能向星际空间逸散。

人们对散逸层的高度认识还没有一个统一的标准,实际上地球大气和星际空间具有相当宽的过渡层。

大气环境化学致力于对流层和平流层中的环境行为的研究,偶尔也涉及中间层。对于热电离层(热层)和散逸层,一般不涉及与之有关的内容。

8.1.2 大气的组成

1. 大气的组成

大气(atmosphere)是指包围在地球表面并随地球转动的一层气体,又称为大气层或大气圈,其厚度为从地表到 1000～3000 km 的高度,总质量约为 5.14×10^{18} kg。大气有很多物质组成,大体上可分为三大类,即干洁空气、水蒸气和颗粒物(包括固体颗粒和液体颗粒)。

除去水分和“杂质”外的大气称为干洁空气,在干洁空气可以发现很多组分的身影,可以根据各种组分所占比例的多少分为主要组分、次要组分、微量组分,如表 8-1 所示。其中 N_2 和 O_2 为主要组分,其体积分数分别为 78.08% 和 20.95%,两者之和占了干洁空气的 99.03%;其次是氩(Ar)和 CO_2,其体积分数分别为 0.93% 和 0.032%;其余微量组分总和不到 0.01%。

表 8-1 近海平面干洁空气的组成

气体组分			浓度(体积分数)/10⁻⁶	大气中停留时间
含量特征	变化特性	名称		
主要组分	不可变组分	N_2	780840	$10^6 \sim 2 \times 10^7$ a
		O_2	209460	$5 \times 10^3 \sim 10^4$ a
次要组分	不可变组分	Ar	9300	$>10^7$ a
	可变组分	CO_2	320	$5 \sim 10$ a
微量组分	不可变组分	Ne	18.2	$>10^7$ a
		He	5.24	$>10^7$ a
		Kr	1.14	$>10^7$ a
		Xe	0.09	$>10^7$ a
	可变组分	CH_4	1.7	$4 \sim 7$ a
		H_2	0.5	$4 \sim 8$ a
		N_2O	0.31	$2.5 \sim 4$ a
		CO	0.1	$0.2 \sim 0.5$ a
		O_3	$0.005 \sim 0.05$	$0.3 \sim 2$ a
		H_2S	0.0002	$0.5 \sim 4$ d
		SO_2	0.0002	$2 \sim 4$ d
		NO_2	0.001	$2 \sim 8$ d
		NH_3	0.006	$5 \sim 6$ d
		HCHO	$0 \sim 0.01$	

还有一些数量极为微量,在表 8-1 中并没有列出停留时间较短的组分,如大气发生光化学反应生成的游离基(或称自由基)HO·、HO_2·、RO·、RO_2·等,它们既是大气光化学反应的产物,又在进一步的光化学反应中起着非常重要的作用。

大气中存在的水分有气态水(水蒸气)、液态水(水滴)、固态水(冰晶)这三种状态。大气中水分含量不是一成不变的而是时刻发生变化的,其总量很大,但在大气中停留时间很短,一般约为 10 天。大气中水分含量的多少和温度变化是影响天气变化的关键因素,水的凝结和蒸发对大气过程的热力学和大气的稳定度都有重要影响,降水和云的形成过程是大气中水分的相变过程,水分在大气中的迁移变化对大气的净化起着非常重要的作用,如在雨滴的形成过程中,首先是一些吸湿性的颗粒物作为凝结核,过饱和的水蒸气在其表面凝聚形成云滴,再进一步汇集成雨滴降落至地面,因此,在雨滴的形成过程中能够去除大气中的一些颗粒物,这一过程称为雨除(rainout);雨滴在降落过程中会溶解大气中的一些气体污染物或捕获一些颗粒物,对大气进行净化,这一过程称为冲刷或洗脱(washout)。另外大气中的水分可以直接参与大气中的一些化学反应或形成水溶液进行反应。水蒸气和云在能够吸收来自太空的辐射的同时,也能吸收地表的红外辐射。

天然来源和人为来源是大气中的固体颗粒物(或称悬浮物)的主要来源。天然来源主要有火山喷发、海浪飞溅、沙尘暴、扬尘等;人为来源主要有工业烟尘、工矿企业粉尘、机动车辆尾气等。粒径大于 $10~\mu m$ 的颗粒物在大气中沉降速率快,一般几小时后可降落到地面,称为降尘。而粒径小于 $10~\mu m$ 的颗粒物,飘浮在大气中沉降速率很慢,在大气中停留的时间较长,称为飘尘。

2. 大气组分的停留时间

大气圈是一个开放系统,可以看成是大气各种组分的贮库(reservoir)。大气组分与其他圈层发生的物理、化学、生物过程的物质交换和转换可通过大气圈来进行,有输入和输出。例如,某组分进入贮库的总输入速率为 F_i,从贮库中的总输出速率为 R_i,只有当总输出速率等于总输入速率时,该组分在大气圈中的含量才能保持平衡(总量不变)。假设该组分在贮库中的贮量为 M_i,则该组分在大气中的平均停留时间,简称停留时间(residence time),用 τ 表示,可通过下式计算:

$$\tau_i = \frac{M_i}{R_i} = \frac{M_i}{F_i}$$

组分的停留时间正比于该组分在贮库中的贮量,反比与输入和输出速率。停留时间长,说明该组分的贮量大或输入、输出速率小,或者说贮量相对于输入、输出速率来说是很大的,这种情况下人类的活动对其贮量的影响不明显。相反,如果停留时间很短,则其输入、输出速率的改变对其贮量的影响比较敏感。

大气中的各种组分根据其停留时间长短又可分为不可变组分(恒定组分)和可变组分。表8-1 中,N_2 和 O_2 的贮量很大,其停留时间很长。Ar、He、Ne、Kr、Xe 等的停留时间都很长(>10^7 a),主要是这些物质性质非常稳定,输入、输出或转化的速率非常小,因此它们在大气圈中的停留时间很长,其在大气中的浓度基本不变,称为不可变组分或恒定组分。而在大气中停留时间小于 1 a 的物质如 H_2O、SO_2、NH_3、NO、NO_2 等,它们在大气中的浓度变化比较明显,对人类活动的影响比较敏感,区域性的大气污染主要是人类活动造成这些组分在局部地区浓度明显变化而引起的。

8.2 大气污染及其危害

8.2.1 大气污染

1. 大气污染物与大气污染

在干洁空气的组成中,根据各组分的浓度变化特征(可停留时间)可分为不可变组分(恒定组分)和可变组分两种。当大气中某些可变组分的浓度增加,或出现了原来大气中没有的物质,在一定空间范围内,其数量和持续时间,对人、动物、植物及物品、材料产生不利影响和危害的可能性都是有的,甚至能够影响到整个地球环境、气候,这些造成大气环境质量下降的物质称为大气污染物(atmospheric pollutants)。当大气中污染物质的浓度达到有害程度时,就会危害人体健康,甚至破坏生态系统,影响到人类正常生存和发展的条件,这种对人或物造成危害的现象叫做大气污染。造成大气污染的原因,既有自然因素又有人为因素,尤其是人为因素,如工业废气、燃烧、汽车尾气和核爆炸等。随着人类经济活动和生产的迅速发展,在大量消耗能源的同时,也将大量的废气、烟尘排入大气,使大气环境的质量受到严重影响,特别是在人口稠密的城市和工业区域。

大气污染所波及的范围较广,按其影响范围的大小可以分为如下几种。

(1)局部污染。

局部污染对污染源附近的局部区域才会造成影响,如一个工厂排放的大气污染物对周边环境的影响。水泥厂造成的粉尘污染一般属于局部污染。

(2)地方性污染。

和局部污染影响范围比起来,地方性污染影响范围较局部污染大,但仍然局限在有限的区域内,如一个工业区、一个城镇及附近地区。

(3)广域性污染。

广域性污染影响范围波及较广阔的区域,如大工业城市及附近地区,像珠江三角洲地区的大气污染。对较小国土面积的国家,污染范围可影响到数个国家。在广域性污染中常见的有酸雨等。

(4)全球性污染。

如温室气体的排放引起温室效应、臭氧空洞等属于全球性污染(global pollution)。

2. 大气污染物的分类

(1)按物理状态分类。

大气污染物按照其物理状态可分为气态污染物(约占 90%)和大气颗粒物两类。气态污染物包括常温下以气体或蒸气(gases and vapors)存在的物质;大气颗粒物(又称气溶胶,aerosol,约占 10%),是指液体或固体微粒均匀分散在气体中形成的相对稳定的悬浮体系。

(2)按污染源分类。

大气污染源(pollution source)可分为天然污染源和人工污染源,与此相对应的污染源分别为天然污染物和人为污染物。

1)天然污染源。

由自然界的生命活动或其他自然现象产生的污染物。如植物向大气释放的各种有机化合物,例如萜烯类、芳香类和其他烃类化合物;火山爆发向大气排放大量的颗粒物及含硫气体化合物;森林火灾是大气中 CO 及 CO_2 的自然源;沼泽、森林土壤向大气释放 CH_4、CO 和 N_2O 等;扬尘向大气传输尘埃;海水水花喷洒出含氧化合物及硫酸盐等的细微水滴等。

2)人为污染源。

人类生活及生产活动产生大量污染物,人为污染源为危害严重的大气污染物来源。人为污染源又包括工业污染源、交通运输污染源、生活污染源和农业污染源等。

工业污染源:由各种工矿企业如火力发电厂、钢铁厂、化工厂及农药厂、造纸厂等在生产过程中排放出来的烟气,含有烟尘、硫氧化物(SO_x)、NO_x、CO_2 及炭黑、卤素化合物等有害物质。

工矿企业种类繁多,各种不同类型的企业排放的污染物也存在一定的差异。工业污染源目前仍然是最主要的污染源。表8-2列出了一些工业企业污染物的排放种类。

表8-2 各类工业企业向大气中排放的主要污染物

工业部门	企业名称	排放的主要大气污染物
电力	火力发电厂	烟尘、SO_2、NO_x、CO、C_6H_6
冶金	钢铁厂 有色金属冶炼厂 炼焦厂	烟尘、SO_2、CO、氧化铁尘、氧化钙尘、锰尘粉尘(各种重金属粉尘如 Pb、Zn、Cd、Cu 等)、SO_2 烟尘、SO_2、CO、H_2S、C_6H_6、酚、烃类)
化工	石油化工厂 氮肥厂 磷肥厂 硫酸厂 氯碱厂 化学纤维厂 合成橡胶厂 农药厂 水晶石厂	SO_2、H_2S、氰化物、NO_x、氯化物、烃类 烟尘、NO_x、CO、NH_3、硫酸气溶胶 烟尘、氰化物、硫酸气溶胶 SO_2、NO_x、As、硫酸气溶胶 Cl_2、HCl 烟尘、H_2S、NH_3、CS_2、甲醇、丙酮、二氯甲苯丁二烯、苯乙烯、异戊烯、异戊二烯、丙烯腈、二氯乙醚、乙硫醇、氯甲烷砷、汞、氯、各种农药中间体和产品 HF
机械	机械加工厂	烟尘
轻工	造纸厂 仪表厂 冰晶厂 纺织厂	烟尘、硫醇、硫化氢 汞、氰化物 烟尘、汞 纤维飘尘
材料	水泥厂 石材厂	水泥尘、烟尘 烟尘

交通运输污染源:飞机、汽车、船舶排出的尾气中含 NO、NO_2、SO_2、HC、CO、铅氧化物、苯并(a)芘、多环芳烃等。由于汽车工业的高速发展,汽车尾气的污染将会越来越严重。表8-3列出了汽车尾气中主要污染物的排放情况。

表8-3 汽车尾气的主要污染物排放量

污染物	浓度单位	加速状态	减速状态	恒速状态	空挡状态
HC	体积比(10^{-6})	300~800	3000~12000	250~550	300~1000
NO_x	体积比(10^{-6})	1000~4000	5~50	1000~3000	10~50
CO	体积比(%)	1.8	3.4	1.7	4.9

生活污染源:在生活中,为了取暖和加热食物就会燃烧化石燃料,在此过程中将会排放出大量污染物。煤的主要成分是 C、H、O 及少量 S、N 等元素,此外还含有其他微量组分,如金属硫化物或硫酸盐等。煤中含硫量随产地不同差异较大(0.5%~5%)。其中一部分硫元素与煤

中主要化学成分结合而存在,大部分则以硫铁矿及硫酸盐的形式存在。当煤燃烧时,这些硫元素主要转化成二氧化硫随烟气排入大气,是大气中 SO_x 的主要来源。目前厨房油烟的排放也是一个不可忽视的污染源。

农业污染源:喷洒农药、杀虫剂、杀菌剂形成极细液滴,成为大气中的颗粒物或从土壤表面挥发进入大气。使用化肥,产生的 NO_x 在土壤微生物的反硝化作用下形成 N_2O,进入对流层成为温室气体,进入平流层能破坏臭氧层。据测算,施用化肥的土壤释放出的 N_2O 为未施用化肥的 $2\sim10$ 倍。在工业化国家,牲畜和化肥产生的氨的排放量占总排放量的 $80\%\sim90\%$。焚烧农业垃圾会放出高浓度的 CO、CO_2 和 NO_x 及其他一些气体,而释放 CH_4 最多的要数水稻田和牲畜。

3)按形成过程分类。

大气污染物按照形成过程可以分为一次污染物(primary pollutant)和二次污染物或次生污染物、继发性污染物(secondary pollutant)。一次污染物是指由污染源直接排放进入环境的、污染物。二次污染物是由排入环境中的一次污染物在大气环境中经物理、化学或生物因素作用发生变化或与环境中其他物质发生反应,转化而形成的与一次污染物理、化学性状不同的新污染物,二次污染物的形成机制往往比较复杂,其危害一般也比一次污染物严重。大气中的主要一次污染物和二次污染物见表8-4。

表8-4　常见大气污染物

污染物	一次污染物	二次污染物
含硫无机物	SO_2、H_2S	SO_3、H_2SO_4、硫酸盐、硫酸酸雾
含氮无机物	NO、NH_3	N_2O、NO_2、硝酸盐、硝酸酸雾
含碳无机物	CO、CO_2	—
碳氢化合物	$C_1\sim C_5$ 化合物	醛、酮、过氧乙酸硝酸酯
卤素及其化合物	F_2、HF、Cl_2、HCl、$CFCl_3$、CF_2Cl_2	—
氧化剂	—	O、自由基、过氧化物
颗粒物	煤尘、粉尘、重金属微粒、石棉气溶胶、酸雾、纤维、多环芳烃	—
放射性物质	铀、钍、镭等	—

4)按污染物的化学性质分类。

大气污染物按照污染物的化学性质可以分为以下几类。

①含硫化合物:包括 H_2S、SO_x(如 SO_2、SO_3、硫酸雾、硫酸盐)等。化石燃料(煤、石油)的燃烧是 SO_x 的主要来源。

②含氮化合物:包括 NH_3、NO_x(N_2O、NO、NO_2、N_2O_3)、HNO_2 和 HNO_3 及其盐类。

③碳氢化合物及其衍生物:烃类化合物(烷烃、烯烃、芳香烃、多环芳烃)、卤代烃类(卤代烷烃(包括氯氟烃类)、有机氯农药、卤代芳烃、多氯联苯、二噁英类)、醛、酮、羧酸、酯等。

④无机碳化合物:主要包括 CO_2 和 CO。

⑤卤素及其化合物：主要有 Cl_2、HCl、F_2、HF、F^- 等。

⑥氧化剂：如臭氧、过氧化氢、过氧乙酰硝酸酯、各种自由基等。

⑦颗粒物：指大气中液体、固体状物质。

⑧放射性物质：主要在氡气、铀、钋、镭、钍等。

8.2.2 大气污染的危害

大气污染能够对多方面造成危害，具体包括下面几个。

1.大气污染对人体健康的伤害

在污染物对大气造成污染后，由于其来源、性质、浓度以及所能够影响的时间的差异，且鉴于污染地区的气象因素和地理环境的多个方面所造成的影响，另外还考虑到人与人之前年龄的不同、身体素质、身体健康程度之间的差异，故对人体健康造成的危害也有一定的差异。

急性中毒、慢性中毒和致癌是大气污染对人所能够造成的危害。

（1）急性中毒。

急性中毒是因存在于大气中的污染物浓度急剧上升而导致的。通常情况下，大气中的污染物浓度很少出现急剧上升的情况，但凡发生急性中毒可以说都是因为有特殊事故发生在工厂正在进行生产过程中，安全事故的爆发会导致之前防范比较严密的有害气体会大量泄露外排，与此同时，再处于不利于污染物扩散的气象条件的话，便会引起人群的急性中毒。急性中毒出现的频率比较低，但凡出现一次危害程度难以想象。

（2）慢性中毒。

在污染物对大气造成污染之后，其就会在较长时间内、低浓度地持续地作用于人体，人体就会因此而慢性中毒，慢性中毒会导致人体患病率升高。近些年来，大气污染使人越来越多地遭遇到慢性中毒，其中最明显的就是我国城市居民肺癌发病率在持续走高，其中，最严重的要数上海市，城市居民呼吸系统疾病率和郊区居民相比明显高一些。

（3）致癌。

存在于大气中的污染物由于其能够长时间地对人体造成影响，且很多都是具有一定的致癌性，从而导致人体基因组发生突变，最终导致正常细胞发生癌变。在致癌方面常见的有致畸作用、突变作用和致癌作用。

①有突变发生在生殖细胞的话，就会有各种异常出现在后代机体中，称致畸作用。

②所谓的突变作用是指引起生物体细胞遗传物质和遗传信息发生突然改变，称致突变作用。

③不难理解，致癌作用就是能够使机体产生肿瘤的作用。

根据污染物的性质不同，环境中的致癌物还可以从化学性、物理性、生物性的层面上进行分类。致癌作用有引发阶段、促长阶段共同组成，其作用机理非常繁琐。所谓的致癌因素就是能够诱发肿瘤的因素。

2.大气污染对工农业生产的危害

类似于大气污染对人体健康造成的危害，大气污染也会危害到工农业的正常生产，且危害程度也不容小觑，这些危害进一步使经济的发展受到一定阻力，使大量人力、物力和财力得以浪费。

工业受到大气污染的影响主要体现在以下两个方面:一作为大气污染物的重要组成部分酸性污染物和二氧化硫、二氧化氮等,从而会腐蚀到工业材料、设备和建筑设施;二是精密仪器、设备的正常生产、安装调试和正常使用会因飘尘的存在而受到一定程度的影响。从以上两个方面来看,大气污染对工业生产的危害,是想要使工业的正常生产想要得到保证的话,就需要比之前投入更多才可以,这是因为相比于大气未受污染,产品的使用寿命有了明显地下降。

农业的正常生产也无法幸免于难,也会因大气污染而受到影响。农作物的正常生长会因酸雨而受到影响,酸雨还可以通过渗透作用渗透到地下水体,这就导致水体和土壤的酸化,土壤中的有毒成分就会溶出,这样的话,就会对农作物、家禽、家畜已经水生生物的正常生长造成恶劣影响。森林的衰亡和鱼类的绝迹是严重的酸雨能够造成的最恶劣的影响。

3.大气污染危害生物的整个生命周期

生物的整个生命周期均无法逃脱大气污染的影响。例如在植物萌发期会由于大气污染物对植物的覆盖而影响植物正常的种子萌出;在植物生长期降低了植物的光合作用,伤害植物结构甚至死亡;大气污染还可以通过降水的方式影响土壤环境,降低土壤肥力。

4.大气污染对物体的腐蚀

材料或物体在大气环境下会发生腐蚀作用。处于大气环境中的金属,会有一层极薄的不容易辨别出来的湿气膜(水膜)存在于其表面。如果这层水膜的厚度不发生变化还好,若随着时间的积累,这层水膜达到 20～30 个分子厚度的话,它就会成为一层电解液膜,该膜是电化学腐蚀所不可缺少的。这种电解液膜的形成是需要具备一定的条件的凭空是无法自己形成的,要么是水分(雨、雪)的直接沉淀导致的,要么就是大气的湿度或温度变化以及其他种种原因引起的凝聚作用而形成。湿度、大气腐蚀性成分等为影响腐蚀的关键因素。

5.大气污染对天气和气候的影响

以下三个方面体现了大气污染物对天气和气候的影响:

(1)到达地面的太阳辐射量会有一定程度的减少。

由于生产、家庭所需、交通工具导致向大气中排放了大量烟尘微粒,空气也就因此而变厚且变得更加浑浊,阳光的正常照射也受到了影响,使得到达地面的太阳辐射量也大打折扣。相关统计数据显示,和没有大量烟尘存在于大气中相比,当城市处于烟雾不散的时间内,太阳光直接照射到地面的量仅仅是之前的 60%,这一数字相信随着大气污染程度的比较加深会更低,这就意味着到达地面的太阳辐射量将更低。同时,太阳辐射又是人体的正常发育和动植物的正常生长所不可或缺的。

(2)大气降水量会有所增加。

作为大气污染物的组成部分之一——微粒,大多数都具有水汽凝结的作用。这样的话,当大气具备其他一些降水条件的话,出现降水天气也就没有什么意外的了。需要说明的是,降水量会因处于大工业城市的下风区域更多。

(3)大气温度的增高。

在大工业城市,和郊区相比,市区的近地面空气温度要高,这是因为在生产过程中有大量废热排放到空中。从气象学的角度来看,这种现象被成为"热岛效应"。

6.大气污染对全球大气环境的影响

由于气象因素,大气污染不再局限于一个地区一个国家,有的甚至能够危害到全球。例如,臭氧空洞使地球表面的 UVB 类紫外线辐射量增加,人体皮肤癌、白内障等疾病的患病率会因此而有所提高,作物的品质和产量也会受到一定影响,造成鱼虾等海生动物繁殖力下降和幼体发育不全。湖泊会因酸雨的降落导致其 pH 值降低,湖泊也就从原有的变成了酸性的,水生生物由于无法适应新的 pH 值而出现死亡的情况,水生的整个生态系统也会因此而受到影响,一方面鱼类会因湖水的酸化而无法正常生长就会死亡,另一方面存在于水体中的铝元素和重金属元素会因酸性湖水的冲击而沿着基岩裂缝流入附近水体,存在于附近水体中的水生生物正常生长也会受到影响最终导致其死亡。与此同时,存在于水体的水生生物的初级生产力会有一定程度的降低,之所以会出现这种情况是因为,水体的酸化会导致浮游植物和其他水生植物起营养作用的磷酸盐,由于附着在铝上,在被生物吸收起来难度异常增大,其营养价值就会降低。全球变暖将使沿海地区的海岸线变化,使海平面上升,使沿海地区受到威胁,沿海低地有被淹没的危险,还包括一些气候带移动等全球性不利因素。

8.3　影响大气污染的因素

进入大气中的污染物,受大气水平运动、湍流扩散运动及大气的各种不同尺度的扰动运动而被输送、混合和稀释,称为大气污染物的迁移扩散。污染物从污染源到大气的转移,并不是一项活动的终结,而仅仅是一系列复杂过程的开始,污染物借助于大气的各种气象因素在迁移、扩散的重要方面,大气污染物在迁移、扩散过程中对人类自身以及生态环境都会产生影响和危害,因此,如果想要是大气环境得到很好地保护的话,就需尽可能地深入地了解大气污染物的迁移规律及能够对大气污染物迁移造成影响的关键因素。影响污染物迁移扩散的因素主要有气象和地理等。

8.3.1　气象因素

1.风和湍流

(1)风。

风是空气的水平运动。气压分布不均匀为空气产生运动的关键因素。风是矢量,有风向和风速两个要素。风向表示风的来向,以罗盘方位表示(8 个或 16 个方位)。在一定时间内自某个方位(东、西、南、北等)所吹来的风的重复次数和该时间内各个不同方向吹来的全部风的次数相比的百分数称为风向频率,一定时间内出现的不同方位的风向频率,可按罗盘方位绘制风向频率图,又称风玫瑰图。风速指单位时间内空气在水平方向移动的距离,单位为 m/s。风向和风速不是一成不变的而是处于持续变化中。

风对污染物的迁移扩散具体体现在以下两个方面整体的输送和污染物的冲淡稀释。其中,污染物迁移运动的方向是由风向所决定的,瞬间污染以排污当时的下风侧地区受影响最大,而全年污染以全年内主导风向的下风侧地区受影响最大,也就是说,风向频率是和大气污染程度呈正比关系的。污染物的稀释程度和扩散的范围跟风速有很大关系,通常情况下,一定空间内单位时间与污染物混合的清洁空气量跟风速是成正比的,风速越大冲淡稀释的作用也就更加地理想,扩散的区域也就越大。

(2)湍流。

所谓的大气湍流是指大气无规则的、三维的小尺度运动。大气湍流是大气中一种不规则的随机运动,即除在水平方向运动外,上、下、左、右方向的乱运动也是同时存在的,湍流每一点上的压强、速度、温度等物理特性随机涨落。风速的脉动和方向的摆动就是大气湍流作用的结果。

大气中的一种重要运动形式就是大气湍流,大气总是处于不停息的湍流运动之中,具体可从气流的速度和方向会因时间和空间位置的变化而会存在一定的差异中看出端倪,基于此也就出现了温度、湿度以及污染物浓度等气象属性的随机涨落。更多时候,离地面 1～2 km 厚的一个薄层内就是所谓的大气湍流集中的地方,在该范围内大气湍流表现最为突出。除大气边界层内存在明显湍流外,在自由大气的积云中或强风速切变的晴空区,湍流也是存在的。存在于大气中各组分会因湍流运动而导致强烈混合,当污染物实现从污染源到大气的排放时,由于湍流的作用会导致高浓度部分污染物不断被清洁空气所渗入,此外,再借助于其他气象因素而被分散到其他方向去,大气污染也就因此而得以恢复。

按照具体形成的原因,大气湍流还可以进一步分为以下两种形式:机械湍流和热力湍流。机械湍流是指风因地面摩擦力的作用在垂直方向产生速度梯度,或者是风向与风速的会因地面障碍物(如山丘、树木与建筑物等)的存在而突然改变,其大小决定于风速分布和地面粗糙度,当空气流过粗糙的地表时,会随地面的起伏而抬升或下沉,从而产生垂直方向湍流,风速越大机械湍流强度越大。热力湍流主要是由于地表受热不均匀,或大气垂直方向上的温度变化而引起的。实际湍流是上述两种湍流的叠加。因此,湍流主要是由大气动力状态和热力状态的不均匀作用而引起的,是否能够发生湍流及湍流强度的大小是由风速大小、地面起伏状况和近地面大气的热状况这三个因素最终决定的。

大气污染源(如工厂、汽车、沙尘等)绝大部分都集中在大气边界层内,因此污染物是否能够得以很好地扩散是由湍流所决定的,尤其是在小风等不利气象条件下,而污染物在稳定条件下(如夜间)的弱湍流场中的扩散问题长期以来也一直是个难点问题。

2.逆温现象

对流层内大气的热量主要来源于地面的长波辐射,所以,一般情况下,随着高度增加而温度会有所下降,也就是说,低层大气温度高、密度小,易于上浮,而高层大气温度低、密度大,比底层大气重,自然条件下,易于下降,大气会很容易就发动“对流”运动,近地面层的污染物也会借助于该运动向高空乃至远方输散,这样的话就会在一定程度上使地面的污染程度得以减轻。通常情况下,还存在随着气温会随着高度的增加而递增的情况,这往往仅发生在对流层的某一特殊高度有,这种气温逆转的现象就是逆温现象。

逆温现象根据逆温的生成过程的不同还可以进一步分为辐射逆温、地形逆温、下沉逆温、锋面逆温和平流逆温。

无论是哪一种逆温现象均会对空气质量造成。由于逆温层的存在,造成对流层大气局部上热下冷,大气层结稳定,空气的垂直对流运动也会变得不再那么剧烈,从而使地面风力不再那么强烈,最终会使烟尘、污染物、水汽凝结物的正常扩散无法顺利进行,导致空气中的悬浮粒子因而聚积而使加剧空气污染的程度。这种情况在城市及工业区上空更加常见,在逆温条件下,对浓雾天气的生成有一定的促进作用,严重大气污染事件也会因此而导致,如20世纪"世界八大公害"之一的比利时马斯河谷事件等。

(1)辐射逆温。

辐射逆温(图8-2)多发生在夜间,和上层空气比起来,因地面、雪面或冰面、云层顶部等的强烈辐射冷却使紧贴其上的气层有了比较大的降温,这就形成了辐射逆温。晴朗、少云,无风或风速小于3 m/s(二级)的夜间,贴近地面的大气层的迅速降温是因为地面在强烈的有效辐射作用的基础上而迅速冷却而导致的。由于空气受地面影响的程度正比于其靠近地面的程度,故该过程形成的自地面向上发展的逆温层,就是所谓的辐射逆温。在黎明时刻辐射逆温的效果最为强烈,因为逆温会伴随着地面辐射冷却速度的加快而逐渐向上扩展。日出后,逆温现象会因自下而上消失,这是因为太阳辐射的增强使地面能够迅速增温所导致的。另外,不同季节逆温出现的长短也各不相同,这跟该季节所受日照长短有关,夏季由于日照时间长而夜间比较短,夜间所形成的逆温层较薄,逆温就会在日出后迅速消失;冬季由于日照时间短而夜间比较长,夜间所形成的逆温层较厚,逆温就算是在日出后也会需要较长时间才能够得以消失。

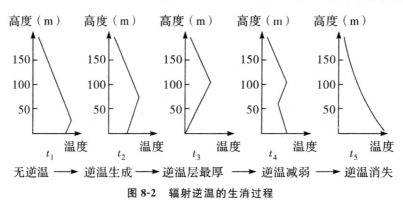

图 8-2 辐射逆温的生消过程

在陆地上的冬季往往是辐射逆温比较容易发生的。在中纬度地区,冬季的辐射逆温层厚度可达200～300 m,有时可达400 m左右,其上下界温度差一般只有几度,很少能够达到10℃～15℃,有时可持续若干天不消失。由于其经常出现,故与大气污染的关系最为密切。

(2)地形逆温。

地形是造成此类逆温的主要原因。地形逆温主要集中在山地、盆地和谷地等低洼地区。在这些低洼区域,鉴于山坡散热快这一独特之处,晚上山坡上密度较大的冷空气沿着山坡流向山谷并聚集在山谷中,山谷中原来较暖的空气,由于湍流作用和辐射较弱温度下降较慢,从而被山坡上流下的冷空气挤压、抬升,从而出现上温下冷温度倒置的逆温现象。如美国的洛杉矶因周围三面环山,每年逆温现象能够出现的天数多达两百多天。

这种地形逆温有时能持续一整天而不消失,除非太阳光直射到山坡或热风劲吹。因此,建设在山谷或盆地的工业城市,由于排出的污染物量较大、扩散效果不好,空气污染的现象也会因此变得更加严重。

（3）下沉逆温。

下沉逆温是由整层空气下沉压缩增温所导致的逆温，还可以称之为压缩逆温。在极地冷高压或副热带高压控制区，晴好天气，在高压中心附近会有持久而强大的下沉运动，在这种条件下，高空存在的大规模的上层空气下沉落入高压气团内因受压而变热，使气温高于底层的空气而出现随高度的增加气温也增加的现象。这种逆温的形成受气压影响较大而与昼夜没有关系，因此没有明显的日变化，并且影响范围大、厚度大。

如图 8-3 所示，假若在某高压控制区，有一层空气 $ABCD$ 存在于某一高度，厚度为 h。当它下沉运动时，它受到来自于周围大气的压力会逐渐增大，且在于气层向水平扩散的作用下，使气层厚度变小，形成图示中的 $A'B'C'D'$，厚度减少为 $h'(h'<h)$。在此，假设气层下沉过程是绝热的，且气层内各部分空气的相对位置相对稳定的话，由于比底部 AB 下沉到 $A'B'$ 要比顶部 CD 下沉到 $C'D'$ 的距离小，就会导致气层底部绝热增温的幅度要小于顶部。因此，当气层下沉到某一高度时，达到足够的下沉距离，气层顶部气温高于底部气温现象的发生是极有可能的，这样的话就会形成逆温层。

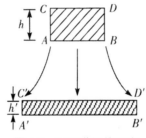

图 8-3　下沉逆温的形成

（4）平流逆温。

暖空气极有可能平流到冷的地面、水面或气层之上，这样就会导致低层空气层受冷地面、水面或气层的冷却作用，不断进行热量交换而迅速降温，而上层空气所受影响较少，降温缓慢，致使暖空气上层较下层降温少，从而形成逆温，这种逆温就所谓的平流逆温。平流逆温的强度正比于暖空气与地面、睡眠或者是水层之间的温差。

冬季，尤其是中纬度沿海地区，由于此处海陆的温差非常明显，当海上的暖空气流由于气象因素而到达大陆上或低地、山谷、盆地内积聚的冷空气上面时，就会形成比较强烈的平流逆温，在该过程中，还会产生平流雾。

平流雾的形成可以是在大气中有较多云层时，且风速即使很大也没关系，这跟辐射逆温的形成有很大差别。还有一种逆温也是比较常见的，这就是"雪面逆温"。所谓的"雪面逆温"就是，融冰、融雪现象会因暖空气流经冰、雪表面时而得以形成，在该过程中会吸收一部分热量，从而加强了平流逆温。

在自然界中，往往会同时存在多种逆温现在，若想要对其进行分析的话，就需要投入较多精力，因为往往逆温的复杂程度较高。且不论逆温的形成路径，有哪些逆温现象，但凡有逆温现象，都会影响到天气和大气污染物的迁移扩散。

（5）锋面逆温。

所谓的锋面逆温是指由锋面上下冷暖空气的温度差异而形成的逆温。在对流层中，当冷暖空气相遇时,由于暖空气密度小,冷空气密度大,暖空气就会爬升到冷空气的上面,就会有一个倾斜的过渡区在二者之间形成,称为锋面。在锋面上,如果冷暖空气的温度差比较显著,就会出现自下而上温度升高的现象,这种逆温称为锋面逆温。

8.3.2 地理因素

地理因素也会影响大气污染物的扩散,危害的程度也因此存在一定差异。如高层建筑,风速会在体形大的建筑物背风区迅速下降,涡流就会产生于局部区域,如图 8-4 所示。当污染物处于这种地理环境下的话其扩散就会有一定阻力,最终会停滞在该区域,污染情况也就因此得以加深。

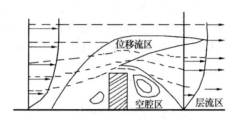

图 8-4 建筑物对气流的影响

地表热力性质会因地形和地貌的差异而出现不匀性的情况。局部空气环流往往会因近地层大气的增热和冷却速度的差异而形成,通常情况下,其水平范围在 10～12 km。局部环流对当地的大气污染起显著作用,海陆风、山谷风、城市热岛效应等为典型的局部空气环流。

(1)海陆风。

海陆风是一种比较长的现象,通常发生于海洋或湖泊沿岸附近。由于白天太阳照到地表后,和海面升温比起来,陆地增温比较快,在海面上的气温比陆地上的气温低的基础上,就会出现由陆地指向海面的水平温度梯度,热力环流的情况也就因此而形成。在热力环流中,下层风由海面吹向陆地,称为海风,会有相反气流存在于上层中,由大陆流向海洋。日落之后,陆地冷却会因地表散热冷却块出现比海面快使陆地上气温低于海面的情况,这样和白天相反的热力环流就得以形成,下层风由陆地吹向海面,称为陆风如图 8-5 所示。海陆风是一种大气局部环流,其周期为 24 h。

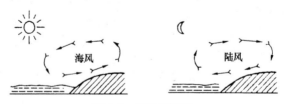

图 8-5 海陆风环流

当海风吹到陆上时,就会形成逆温,逆温的具体组成是冷的海洋空气在下、暖的陆地空气在上,这时,短时向的污染会因沿海排放污染物向下游冲去得以形成。此外,大气污染遇到海陆风时还会出现循环污染这一常见现象。在海陆风环流中,重复污染的情况也时有发生,这是由被陆风带走的污染物在海风的作用下就返回到原地所导致的,也就是说发生在海风和陆风的转变时。

(2)山谷风。

相比于系统性大气变化比较剧烈的沿海区域,在大气演变比较缓和的山区,由于热力作用,白天和山谷比起来,山坡吸收太阳辐射速度更快,故风的形成是沿着谷地到山坡方向进行的,叫谷风;晚上和谷底比起来山坡地的冷却速度更快,故风的形成是沿着山顶到谷地进行的,故叫山风如图8-6所示。若不对大气影响作任何考虑的话,在一定的时间内就会出现山风和谷风转换的情况,导致由闭合的环流形成于山谷之间,污染物的扩散就会非常不利,污染物的浓度就会非常高,对人体、动植物等造成严重伤害。

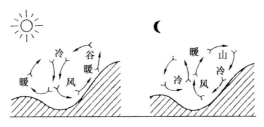

图8-6　山谷风环流

山谷风的污染根据地形条件及时间会形成多种情况的污染,在山风迎风面和背风面所受的污染也不相同如图8-7所示。污染源在山前上风侧时,对迎风坡会造成高浓度的污染,与此同时还会在山后形成多种污染情况。盆地谷风环流如图8-8所示,处于四周高,中间低的地区,如果明显的出口不存在于周围的话,则在静风而有逆温时,就会有高浓度的污染产生。

图8-7　过山风气流的影响

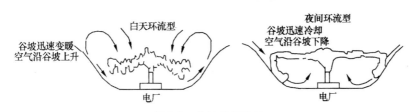

图8-8　盆地谷风环流

(3)城市热岛效应。

工业的发展,人口的集中,使城市热源和地面覆盖物与郊区形成显著的差异,从而导致城市比周围地区热的现象,称为城市热岛效应,因此而形成的城市风如图8-9所示。

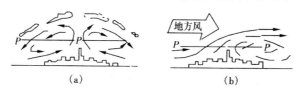

图8-9　"热岛效应"引起的城乡空气环流

(a)静风时;(b)有地方风时

8.4 大气污染的控制

截止到目前,人为因素是导致大气污染的主要原因,因此要防止大气污染必须从控制污染源排放入手,尽量减少污染物的排放。本节主要从技术手段方面简要介绍大气污染源的控制方法、原理和技术。大气污染源排放的大气污染物包括气溶胶状态污染物(颗粒物)和气体状态污染物,大气污染控制技术相应分为除尘技术和气体污染物控制技术。

8.4.1 颗粒污染物控制技术

实现除尘过程的设备称为除尘装置。旋风除尘器、湿式除尘器、袋式除尘器、静电除尘器等为常见的除尘装置。

1.旋风除尘器

旋风除尘器是使含尘气体作旋转运动,在尘粒上离心力的基础上将尘粒从气体中分离出来的装置。如图 8-10 所示,进气管、筒体、锥体和排气管共同构成了旋风除尘器。排气管插入外圆筒形成内圆筒,进气管与筒体相切,筒体下部是锥体,锥体下部是集尘室。旋转气流绝大部分沿外壁由上向下运动,这股向下旋转的气流称为外旋流。含尘气体在旋转过程中产生离心力,将密度大于气体的尘粒甩向器壁。尘粒一旦与器壁接触,便失去惯性力而靠入口速率的动量和向下的重力沿壁面下落,进入排灰管而被去除。同时旋转下降的外旋流因受锥体收缩的影响渐渐向中心汇集,且其切向速率不断提高。到达锥体底部后,转而向上旋转,形成一股自下而上的旋转气流,这股旋转向上的气流称为内旋流。向下的外旋流和向上的内旋流的旋转方向是相同的。最后净化气经排气管排出除尘器外,一部分未被捕集的尘粒也随之排出。旋风除尘器有以下优点:①结构简单、造价和运行费用较低;②压力损失中等,除尘效率较高;③可用各种材料制造,无运动部件,运行管理简便等。旋风除尘器的除尘效率可达 80% 左右。然而该设备不是说能够去除所有颗粒,例如其对细微粒子的去除效率就比较低。

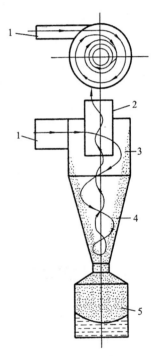

图 8-10 旋风除尘器

1—进气管;2—排气管;3—筒体;

4—锥体;5—集尘室

2.湿式除尘器

喷淋塔、文丘里洗涤器、立式(卧式)水膜除尘器等为常用的湿式除尘器。其中文丘里洗涤器具有效率高、投资少等优点,应用广泛。

一般情况下,文丘里洗涤器可见图 8-11 所示是由文丘里管(简称文氏管)和脱水器两部分组成的。文丘里洗涤器的除尘是由雾化、凝聚和脱水三个过程共同组成的,前两个过程在文氏管内进行,后一个过程在脱水器内进行。文氏管由收缩管、喉管和扩散管三部分组成。含尘气体进入收缩管,气速逐渐增加。气流的压力逐渐变成动能,进入喉管时,流速达到最大值。水通过喉管周边均匀分布的若干小孔进入,然后在高速气流冲击下被高度雾化。喉管处的高速低压使气流达到饱和状态。同一尘粒表面附着的气膜被冲破,使尘粒被水润湿。因此,在尘粒与水滴或尘粒之间发生激烈的碰撞和凝聚。进入扩散管后,气流速率降低,静压回升,以尘粒为凝结核的凝聚作用加快。凝结有水分的颗粒继续凝聚碰撞,小颗粒凝结成大颗粒,并很容易被脱水器捕集分离,气体也会因此得以净化。

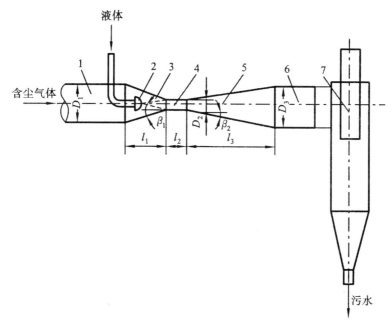

图 8-11　文丘里洗涤器结构图

1—进风管;2—喷水装置;3—收缩管;4—喉管;

5—扩散管;6—连接风管;7—除雾器

文丘里洗涤器对细粉尘有很高的除尘效率,而且对高温气体有良好的降温效果,因此,在高温烟气的降温和除尘中使用的比较多,如在炼铁高炉、炼钢电炉烟气以及有色冶炼和化工生产中的各种炉窑烟气的净化方面都常使用。文丘里洗涤器结构简单,体积小,布置灵活,投资费用低,缺点是压力损失大。

3.袋式除尘器

袋式除尘器是将棉、毛或人造纤维等织物作为滤料制成滤袋对含尘气体进行过滤的除尘装置。袋式除尘器在各种工业生产的除尘过程中得到广泛应用,属于高效除尘器的范畴。袋式除尘器的缺点主要是过滤速率较低,设备体积庞大,滤袋损耗大,压力损失大,运行费用较高等。图 8-12 所示为袋式除尘器除尘原理。

袋式除尘器根据袋式除尘器清灰方式的差异可以分为以下几类。

(1)机械振动清灰袋式除尘器。

在周期性的机械振动的基础上,这种除尘器能够使得滤袋产生振动,从而使沉积在滤袋上的灰尘落入灰斗的一种除尘器,如图 8-13 所示。

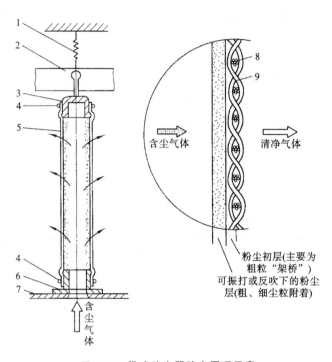

图 8-12　袋式除尘器除尘原理示意

1—弹簧；2—吊架；3—滤袋上帽；4—滤袋卡子；5—滤袋（滤料）；

6—套环；7—花板；8—纬线；9—经线

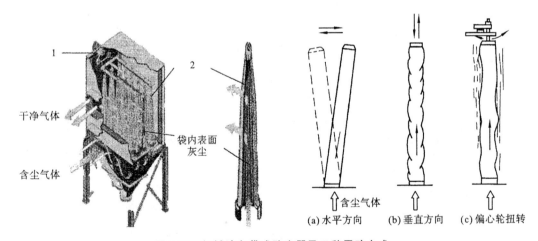

图 8-13　机械清灰袋式除尘器及三种震动方式

1—振动装置；2—过滤袋

（2）回转反吹清灰袋式除尘器。

回转反吹扁袋除尘器结构如图 8-14 所示。

（3）脉冲喷吹袋式除尘器。

这类除尘器有如中心喷吹、环隙喷吹、顺吹、对吹等等多种结构形式。它是目前中国生产量最大、使用最广的一种袋式除尘器，如图 8-15 所示。

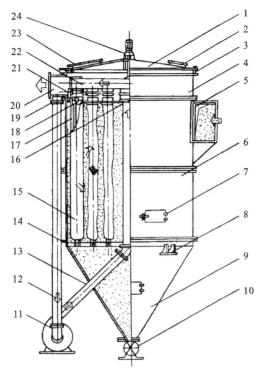

图 8-14　回转反吹扁袋除尘器

1—除尘器盖；2—观察孔；3—旋转揭盖装置；4—清洁室；5—进气口；6—过滤室；7—入孔门；8—支座；9—灰斗；
10—星形排灰阀；11—反吹风机；12—循环气管；13—反吹气管；14—定位支架；15—滤袋；16—花板；17—滤袋框架；
18—滤袋导器；19—喷吹口；20—出气口；21—分圈反吹机构；22—旋臂；23—换袋入孔；24—旋臂减速机构

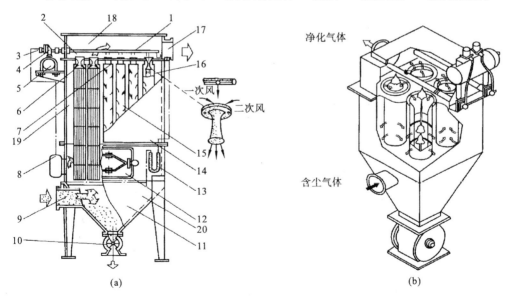

(a)　　　　　　　　　　　　　　　　　(b)

图 8-15　脉冲喷吹袋式除尘器的结构

1—喷吹管；2—喷吹孔；3—控制阀；4—脉冲阀；5—压缩空气包；6—文丘里管；7—多孔板；
8—脉冲控制仪；9—含尘空气进口；10—排灰装置；11—灰斗；12—检查门；13—U 形压力计；
14—外壳；15—滤袋；16—滤袋框架；17—废气排放口；18—上箱体；19—中箱体；20—下箱体

4.静电除尘器

静电除尘是在高压电场的作用下,通过电晕放电使含尘气流中的尘粒带电,利用电场力使粉尘从气流中分离出来并沉积在电极上的过程。利用静电除尘的设备称为静电除尘器(electrostatic precipitator),简称电除尘器(ESP),该设备广泛应用于冶金、水泥、火力发电厂以及化工等行业。

板式电除尘器是在一系列平行金属板间(作为集尘极)的通道中设置电晕电极。极板间距一般为200~400 mm,极板高度为2~15 m,可根据对除尘效率高低的要求来决定极板总长度。通道数视气量而定,少则几十,多则几百。板式电除尘器由于几何尺寸灵活而在工业除尘中广泛应用。

静电除尘器主要有以下优点:①除尘性能好(可捕集微细粉尘及雾状液滴);②除尘效率高(粉尘粒径大于1 μm时,除尘效率可达99%);③气体处理量大(单台设备每小时可处理10^5~10^6 m^3的烟气);④适用范围广(可在350~400℃的高温下工作);⑤能耗低,所需投入低。

8.4.2 气态污染物控制技术

静电除尘器的缺点是:①设备造价偏高;②对制造、安装和运行要求比较严格;③除尘效率受粉尘物理性质影响很大,不适宜直接净化高浓度含尘气体;④占地面积较大。

吸收法、吸附法、催化转化法、燃烧法等为常用的气体污染物的控制技术。

1.吸收法

吸收法是用溶液或溶剂吸收工业废气中的有害气体成分,使它与废气分离的净化过程。吸收法几乎可以处理各种有害气体,适用范围广,并可回收有价值产品,其工艺成熟,一次性投资低,吸收效率高,即使是含尘、含湿、含黏污物的废气也能够得到同时处理,因而应用广泛。缺点是工艺比较复杂,吸收效率有时不是特别理想,且有害成分会保存在液体中,有回收价值的须处理,否则会造成浪费或造成二次污染。SO_2、HCl、HF等气体可以使用该方法来进行处理。

填料吸收器、鼓泡式吸收器(筛板塔)和喷洒式吸收器为常用的吸收设备。

图8-16为填料吸收器——填料塔的结构示意图。

填料塔一般是圆形,塔内填装不同类型的填料,吸收液由液体分布器在填料层上方均匀喷淋,自上而下从填料间隙流过,并在填料表面形成液膜,混合气体由下而上穿透填料层,气液两相在填料表面接触,污染物气体完成由气相向液相的传质过程,从而使废气中的有害气体得以有效去除。

板式鼓泡吸收器一般是圆形塔,塔内有水平的塔板,两相在每块塔板上接触一次,气液两相在塔内可逐级多次接触。气体从塔底进入,从上方排出,液体则由上而下地进、出,各级为逆流联结。该吸收器的塔板上开有直径为2~8 mm的小孔,气体流经这些小孔,鼓泡穿过塔板上的液层具体可见图8-17所示。

如图8-18所示为空心喷洒吸收器的三种空心柱式喷洒吸收器,这些吸收器中,气体通常是自下而上运动,液体由喷洒器竖直向下或倾斜向下喷出。喷洒器的安装也可通过几层来进行。

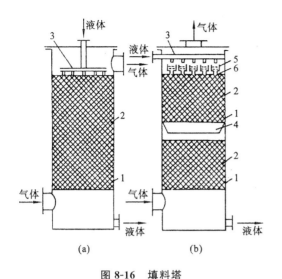

图 8-16　填料塔

1—填料支撑板;2—填料;3、5—液体分布器;

4—液体再分布器;6—填料压网

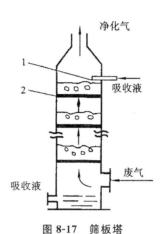

图 8-17　筛板塔

1—吸收液进口;2—筛板

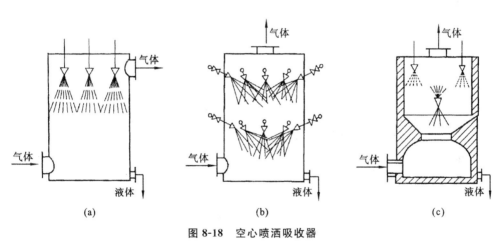

图 8-18　空心喷洒吸收器

SO_2 气体的净化工艺中最常用的石灰/石灰石-石膏法即是吸收法。石灰/石灰石-石膏法是采用石灰/石灰石浆液脱除烟气中的 SO_2 并副产石膏的方法,采用的吸收剂价格低廉、易得为本方法的优点;易发生设备堵塞或磨损为本方法的缺点。

用石灰石或石灰浆液吸收烟气中的 SO_2,可由两个工序组成,它们分别为吸收和氧化。先吸收生成亚硫酸钙($CaSO_3$),然后再氧化为硫酸钙($CaSO_4$)。

吸收过程在吸收塔内进行,主要反应如下:

$$Ca(OH)_2 + SO_2 \rightarrow CaSO_3 \cdot \frac{1}{2}H_2O + \frac{1}{2}H_2O$$

$$CaCO_3 + SO_2 + \frac{1}{2}H_2O \rightarrow CaSO_3 \cdot \frac{1}{2}H_2O + CO_2$$

$$CaSO_3 \cdot \frac{1}{2}H_2O + SO_2 + \frac{1}{2}H_2O \rightarrow Ca(HSO_3)_2$$

由于烟气中含有氧,在吸收塔内如下反应也是存在的:

$$2CaSO_3 \cdot \frac{1}{2}H_2O + O_2 + 3H_2O \rightarrow 2CaSO_4 \cdot 2H_2O$$

氧化过程在氧化塔内进行,将生成的 $CaSO_3$,用空气氧化为石膏。

$$2CaSO_3 \cdot \frac{1}{2}H_2O + O_2 + 3H_2O \rightarrow 2CaSO_4 \cdot 2H_2O$$

$$Ca(HSO_3)_2 + \frac{1}{2}O_2 + H_2O \rightarrow CaSO_4 \cdot 2H_2O + SO_2$$

工业上实际应用的石灰-石膏法烟气脱硫工艺及其流程,多以开发厂家命名。其中,三菱重工业石灰-石膏法工艺流程据具体如图 8-19 所示。

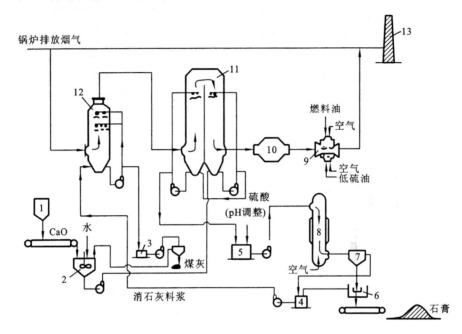

图 8-19　三菱重工业石灰-石膏法工艺流程

1—生石灰贮斗;2—消石灰料浆调整槽;3—中和槽;4—分离液槽;5—母液槽;
6—离心分离机;7—增稠器;8—氧化塔;9—再加热器;10—雾沫分离器;
11—吸收塔;12—冷却塔;13—烟囱

2.吸附法

吸附法是用多孔性固体吸附剂吸附废气中的有害气体,使它与废气分离的净化过程。

由于有未平衡或未饱和的分子力或化学键力存在于固体物质表面,当气体与它接触时,它就能吸引气体分子,把气体分子浓集在固体表面上。吸附过程一般是可逆的,可对吸附剂进行脱附处理,使吸附剂再生利用。由于吸附剂吸附容量有限,当污染物浓度较高时,一般可采用冷凝、吸收等方法先行净化,再用吸附法净化。吸附法也可用于预先氧化污染物,以便进行其他净化处理。气流的预先干燥脱水可使用吸附剂。

吸附法净化效率高,对低浓度气体的净化能力非常强,适用于排放标准要求严格或有害成分浓度低,用其他方法达不到净化要求的气体净化。吸附剂可再生利用,使治理费用得以有效降低。通过再生处理,可回收有用物质。但再生需专门的设备和再生介质,使设备繁杂,能耗增加,这是限制吸附法广泛使用的原因之一。高浓度气体净化不宜采用吸附法。

用吸附法净化气体污染物,吸附设备为其吸附流程的核心组成部分。吸附设备可分为固定床吸附器、移动床吸附器、流化床吸附器等。如图 8-20 所示为 BTP 环式吸附器。

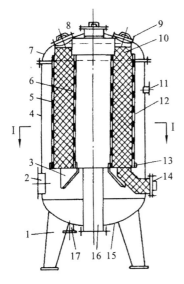
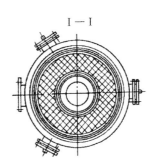

图 8-20　BTP 环式吸附器

1—支脚;2—蒸气空气混合物及用于干燥和冷却的空气入口接管;3—吸附剂筒底支座;

4—壳体;5、6—多孔外筒和内筒;7—顶盖;8—视孔;9—装料孔;10—补偿料斗;

11—安全阀接管;12—活性炭层;13—吸附剂筒底座;14—卸料孔;15—底;

16—净化气和废空气的出口及水蒸气的入口接管;17—脱附时排出蒸气和冷凝液及供水用接管

3. 催化转化法

催化转化法是利用催化剂的催化作用,使废气中的有害组分发生化学反应转化为无害或易于去除的物质的净化过程。

催化剂不是对所有的化学反应都有作用,而是专门对某一化学反应起加速作用。反应温度的变化对催化剂的使用寿命有明显影响,各种催化剂有各自的活性温度范围。催化毒物会使催化剂的活性和选择性下降或丧失,造成催化剂中毒。催化剂必须在适宜的操作条件下使用。还应正确地选择催化剂,要考虑污染气体组成和化学反应类型,活性要高,选择性要好,使用寿命要长,以保证催化剂的催化作用和经济性。

催化转化法净化效率高,其净化效率受废气中污染物浓度影响小,净化过程中不需要分离气流,可直接在混合气流中转化为无害物质,二次污染因此得以有效避免。但催化剂一般价格较高,需专门制备。催化剂易被污染,对进气质量要求高。催化转化法不能回收废气中的有用成分,不适于对间歇排气的治理。

催化净化工艺流程中的主体设备为催化反应器。目前所采用的气固催化反应器有两大类,即固定床反应器和流化床反应器。流化床反应器具有很高的传热效率,温度分布均匀,气固相之间有很大的接触表面,因而大大强化了操作,简化了流程。实际操作中以固定床反应器为最多。

在固体催化剂床层中使气体发生反应的装置,称为气固相固定床催化反应器。在固定床反应器中催化剂不易磨损,可使用的时间比较长;反应气体与催化剂接触紧密,转化率高;床层内的气流轴向流动,这是理想的置换流动,因而反应速率较快,催化剂用量较少,反应器体积小。缺点是床层轴向温度不均匀,不宜使用细粒催化剂。固定床反应器可按传热方式分为绝热式和非绝热式,如图 8-21 所示为单段绝热反应器,按结构分为管式、径向式、搁板式等。

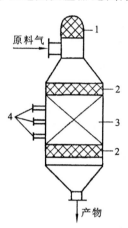

图 8-21 单段绝热反应器
1—矿渣棉;2—瓷环;3—催化剂;4—测温口

在很多应用中均可发现催化转化法的身影。NO_2 的治理技术中经常采用选择性催化还原法,其反应原理如下。

在温度较低时,在反应器中 NH_3 与废气中的 NO_2 和 NO 在催化剂的作用下发生反应,反应式为

$$4NH_3 + 6NO \rightarrow 5N_2 + 6H_2O$$
$$8NH_3 + 6NO_2 \rightarrow 7N_2 + 12H_2O$$

副反应的速率会因催化剂的合理选择而得以降低:

$$4NH_3 + 3O_2 \rightarrow 2N_2 + 6H_2O$$

在一般的选择性催化还原工艺中,反应温度常控制在 300℃ 以下,因为温度超过 350℃ 会发生下列副反应:

$$2NH_3 \rightarrow N_2 + 3H_2$$
$$4NH_3 + 5O_2 \rightarrow 4NO + 6H_2O$$

4. 燃烧法

燃烧法是通过热氧化过程把废气中的烃类等有机成分有效地转化为 CO_2、H_2O 的净化过程,处理废气中浓度较高、发热量较大的可燃性有害气体可以使用该方法,主要用于 HC、CO、恶臭气体、沥青烟、黑烟等的净化治理。

在有氧存在的条件下,混合气体的可燃组分在燃烧极限浓度范围内时,一经明火点燃,可燃组分即发生激烈的化学反应——燃烧。

燃烧法简便易行,效率较高,而且有机废气浓度越高越有利,可回收热能,但不能回收有害

气体,可能会造成二次污染。采用此法时,燃烧温度和燃烧时间需要得到严格地控制才可以,否则,有机物会碳化成颗粒,以粉尘形式随烟气排放,形成尘粒污染。

燃烧净化的法工艺简单,操作方便,可回收热能。但在处理可燃物含量低的废气时,需预热而耗能。废气燃烧设备可分为直接燃烧、热力燃烧、催化燃烧三类。催化燃烧工艺流程具体如图 8-22 所示。

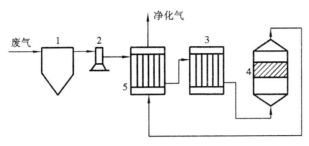

图 8-22　催化燃烧工艺流程

1—除尘器;2—风机;3—热交换器;4—催化反应床;5—热交换器

8.4.3　其他防止大气污染的措施

1.燃煤脱硫技术

根据燃烧过程所处的时段,燃煤脱硫技术可以分为燃烧前脱硫、燃烧中脱硫和燃烧后脱硫。

(1)燃烧前脱硫技术。

燃烧前脱硫技术主要指选煤技术,选煤是通过物理或物理化学的方法将煤中的含硫矿物质和矸石等杂质去除以提高煤的品质,并加工成商品煤的过程。选煤方法根据选煤的原理可以进一步分为物理方法、化学方法和微生物脱硫方法。常规的物理选煤方法可去除原煤中 $50\%\sim80\%$ 的灰分和 $30\%\sim50\%$ 的硫分,成本较低,可以有效减少污染物的排放。化学方法包括氧化脱硫法、选择性絮凝法及化学破碎法;生物法脱硫有堆积浸滤法、空气搅拌式浸出法、表面氧化法等。化学法虽然脱硫效率较高但工艺复杂且对煤后续燃烧有不利影响,需要进一步开发更好的脱硫技术;生物法反应时间长且有废液产生,目前还不实用。

(2)燃烧中脱硫技术。

可以通过两个途径实现燃烧中的固硫,一是洁净型煤或洁净配煤技术,一般可以减少 SO_2 的排放 $40\%\sim60\%$;二是采用循环流化床燃烧脱硫技术,脱硫率可达 $80\%\sim90\%$。

型煤是指用机械方法将粉煤、低品位煤制成具有一定强度且块度均匀的固体型块。同时在制作型煤的过程中可以在粉煤中添加石灰石等廉价的钙系固硫剂,在燃烧过程中,煤中的硫与固硫剂中的钙发生化学反应,煤中的硫也因此得以固化。目前,新型的固硫剂在 1140℃ 时仍能保证 50% 以上的固硫效率。型煤固硫技术是控制 SO_2 污染经济有效的途径。

循环流化床燃烧技术是利用高温除尘器使飞出的物料又返回炉膛内循环利用的流化燃烧方式。同时在炉膛内加入石灰石,因为燃料、石灰石在流化床内的反应时间长,使用少量的石灰石即可使脱硫效率达到 90%。一般将石灰石与煤粉碎成同样的细度与煤在炉中同时燃烧,在 800～900℃时,石灰石受热分解出 CO_2,形成多孔的 CaO 与 SO_2 作用生成硫酸盐,固硫的目的也就因此得以顺利实现。

2.汽车尾气治理技术

有许多有害成分存在于汽车排放的尾气中,主要是 CO、NO_x 和 HC。他们长期存在于大气中,会进一步通过光化学反应生成毒害性更强的光化学烟雾。

汽车尾气污染物控制,一般通过燃料改进与替代、发动机燃烧控制等措施来实现,为汽车尾气控制的主要方法。但仅靠发动机内想要使尾气污染问题得到根本彻底地解决是不现实的,发动机外尾气净化技术是控制汽车尾气污染的重要手段。

机外净化是在催化剂存在的条件下,利用排气自身的温度和组成将有害物质转化为无害的水、CO_2 和 N_2。该过程的实现需要借助于催化氧化反应或催化还原反应。

催化氧化法的反应原理是

$$2HC + \frac{5}{2}O_2 \rightarrow 2CO_2 + H_2O$$

$$2CO + O_2 \rightarrow 2CO_2$$

由于反应中去除的有害物质有两种,因此称为二元净化,该反应中的催化剂称为二元催化剂。由于反应中同时净化了三种有害物质,因此称为三元净化,该反应中使用的催化剂称为三元催化剂。

第9章 土壤环境保护技术

9.1 土壤的组成与性质

9.1.1 土壤的组成

土壤是由固、液、气三相物质构成的多相分散的复杂体系,如果按照溶剂百分比计算,比较理想的土壤中各种组成分别为:固相物质约占总容积的 50%,其中矿物质占 38%~45%,有机质占 5%~12%。土壤气、液相存在于固相物质的孔隙中,各占 20%~30%。而按照质量百分比计算,矿物质占固相部分的 90% 以上,有机质占 1%~10%。

土壤矿物质、土壤有机质和活的土壤生物均包含在土壤固相物质中。液相部分为土壤溶液,其为土壤水及其所含溶质的总和。土壤气相部分为土壤空气,是指未被水分占据的土壤空隙中的气体。

1. 土壤矿物质

土壤矿物质是土壤中化学成分和内部结构比较均一,具有一定形态特征和理化性质的天然物体。其元素主要以硅、铝、铁、钙、钠、钾、镁等元素为主,按其成因进行划分的话,可以分为两类:原生矿物和次生矿物。原生矿物是直接来自岩浆岩或变质岩的残留矿物,是地壳中各种岩石经物理风化作用后形成的碎屑矿物,是在风化过程中未改变化学组成的原始成岩矿物,主要是长石类、角闪石类、云母类等,组成土壤中较粗的砂粒(2~0.05 mm)与粉砂粒(0.05~0.002 mm)。原生矿物受水分、空气或近地面等风化因素的影响,转化成次生矿物,次生矿物是风化过程中化学风化(硅酸盐和铝硅酸盐主要发生水解作用;硫化物和含铁、锰的矿物主要发生氧化作用)的产物,在常温常压下又重新合成矿物,包括各种简单盐类、次生氧化物和铝硅酸盐类矿物。

土壤的最主要部分是由次生物矿构成的,它的颗粒是土壤矿物质中最细小的部分,其中粒径小于 0.001 mm 的称为次生黏土矿物或土壤矿物胶体,是土壤矿物质中较为活跃的组分。细分的话,次生矿物还可以分为晶态和非晶态,晶态次生矿物主要是高岭石、蒙脱石、伊利石和蛭石等铝硅酸盐类,是由硅氧四面体和铝氧八面体的层片组成,按组成结晶时这两种层片的比例不同,黏粒矿物通常分为 1:2:1 型和 2:2:1 型两种,高岭石是 1:2:1 型矿物,蒙脱石、伊利石和蛭石都是 2:2:1 型矿物,后者由于不等价离子的同晶替代而带有永久型负电荷,有膨胀性,有较大的比表面积,较高的阳离子代换量,其吸附作用较 1:2:1 型矿物大,氧化铝、铁、锰和硅胶等亦是土壤中常见的次生矿物,每一类中还包括其不同水化程度和羧基化程度,从无定形到不同程度的晶质态并存的各种形态。非晶态次生矿物主要呈胶膜状态,包裹于土粒表面,如水合氧化铁、铝及硅等;也有呈粒状凝胶成为极细的土粒,如水铝类石等,后者是一种无固定组成的硅铝氧化物,并有较高的阳离子和阴离子代换量。特别是无定形氧化物具有巨大的比表面和较高的化学活性,在重金属专性吸附中能够起非常关键的作用,土壤矿物质所含主要元素有 O、Si、Al、Fe、C、Ca、K、Na、Mg、Ti、N、S、P 等。

不同大小的矿物颗粒在化学成分、物理化学性质上差别非常明显,其构成情况对于土壤环境中的物质与能量交换、迁移与转化的影响密切相关。

2.土壤有机质

土壤有机质是土壤中含碳有机化合物的总称,包括土壤中的各种动植物残体、微生物体及其分解、合成的产物,是土壤形成的主要标志。土壤的重要组成部分之一就是土壤有机质,一般仅占土壤总质量的百分之几,虽然含量很少,但因其具有的多种官能团,对土壤理化性质和土壤中若干化学反应有较大的影响,是土壤中最活跃的组分,在土壤肥力、环境保护以及作物生长等方面都起着极其重要的作用。土壤有机质是土壤肥力的重要物质基础,含有植物生长所需要的各种营养元素,为土壤微生物生命活动提供能源,对土壤物理、化学和生物学性质均有着深刻的影响。同时土壤有机质对重金属、农药、化肥等有机、无机污染物起着明显的抑制和减轻毒害的作用。土壤有机碳被认为是影响全球"温室效应"的主要因素,对全球碳素平衡有着重要意义。

土壤有机质通常可以分为两大类,一类是组成生物残体的各种有机化合物,称为非腐殖物质,占土壤有机质总量的 30%～50%;另一类是称为腐殖质的特殊有机化合物,包括腐殖酸、富里酸和胡敏素等,在土壤、腐熟的有机肥料、各种地表水体的底泥和煤炭中均可以寻找到其身影。土壤腐殖质占有机质总量的 60%～70%,对环境影响意义重大,腐殖质的组分为大分子化合物能螯合金属或吸附其他有机分子,进而避免环境污染。

3.土壤生物

土壤区别于岩石矿物颗粒的显著特点是土壤中生活着一个生物群体,它们积极参与岩石的风化作用,是土壤形成的主要因素。此外,土壤生物还参与土壤养分的转化、促进土壤中物质和能量转化,净化土壤有机污染物、保持土壤肥力。生物群体与其生活的土壤环境间构成了生态系统,土壤生物体系包括微植物区系、微动物区系和动物区系,其中土壤微生物是最重要的土壤生物。土壤生物具有净化土壤的功能,对进入土壤中的污染物(特别是有机化学物)的转化和降解起着重要作用。

在土壤中,最活跃的生物体为土壤微生物,其个体微小,个体直径一般在 0.5～2 μm 之间。土壤中含有包括细菌、真菌、放线菌和各种原生动物以及低等植物(如藻类等)等多种微生物。这些微生物的生长活动对于自然界的生态平衡以及物质能量循环起着重要的作用。土壤细菌占土壤微生物的总量最多,达 70%～90%,其中杆菌最多,其次是球菌、弧菌和螺旋菌,还有少量的鞘细菌和黏细菌。土壤放线菌的数量仅次于土壤细菌,多发育于有机质含量较高的耕层土壤。土壤真菌数量位居第三,由于其在生长发育中可以积累大量菌丝体,因此土壤的物理结构可由此得到有效改善。土壤藻类的数量随阳光和水分等环境条件变化,数量差异较大,每克土壤中有几千至几十万个细胞。土壤原生动物的数量因土壤类型而有较大差异,砂质土壤少,而黏土且高有机质土壤多。

4.土壤空气

土壤空气存在于未被水分占据的土壤孔隙中,其成分与大气基本相似,主要成分有 N_2、

O_2、CO_2 和微量气体等,还有一些厌氧微生物产生的少量还原性气体(H_2S、NH_3、H_2、CH_4)和污染物等。土壤空气由于存在于土粒间隙之间,故其分布是不连续的。土壤中由于有机质腐烂分解使得土壤空气中氧比大气中的少,二氧化碳比大气中的多,水汽经常处于近饱和状态,在一定条件下,有害气体含量高于大气。土壤空气是土壤重要的组成之一,土壤肥力的要素之一,土壤空气的状况能够直接左右到土壤中潜在养分的释放,同时也影响着土壤性质及污染物在土壤中的迁移转化。一般在疏松的天然土壤中,土壤空气含量有时可达 50%。

5. 土壤溶液

土壤溶液是土壤水分和所含溶质的总称。土壤溶质包括无机胶体、有机胶体、无机盐类、有机化合物、配合物、溶解气体(O_2、N_2、CO_2、NO_2、CO、H_2S、NH_3、H_2、CH_4 等)。土壤的水分根据其赋存状态可分为固态水、气态水、束缚水、自由水。土壤溶液的组成非常复杂,其溶液浓度和成分随土壤种类、利用状况和环境条件的不同而差别特别明显,并参与环境中的水循环。土壤除盐碱土和刚施过化肥的土壤外,土壤溶液浓度一般在 0.1%~0.4%。

土壤中各种生物的营养来源就是土壤溶液,土壤中的水分能将土壤和大气中的生物所需养分溶解成营养溶液,提供给生物体,是生物吸收养料的主要媒介,同时也是土壤各种反应(物理、化学和生物反应)的介质,吸附解析与离子交换、溶解和沉淀、化合和分解均受土壤溶液的影响,是影响土壤性质及污染物迁移转化的重要因素。

9.1.2 土壤的性质

土壤是一个复杂的三相体系,在这个体系中,不仅土壤与大气、水和生物圈之间进行着物质和能量的交换,物质和能量的交换也存在于土壤三相之间。

1. 土壤胶体的性质

土壤胶体是指土壤中粒径介于 $1\sim2~\mu m$ 的颗粒,是土壤中最小,但最活跃的部分。土壤胶体可分为三类:一种是无机胶体,主要为成分简单的晶质和非晶质的硅、铁、铝的含水氧化物,成分复杂的各种层状硅酸盐矿物,其中含水氧化物包括水化程度不等的铁和铝的氧化物及硅的水化氧化物,无机胶体很稳定,不易被分解。第二种为有机胶体,主要为腐殖质,除此之外还含有少量的木质素、蛋白质、纤维素等。腐殖质胶体由于含有很多官能团,一般带负电,对土壤中阳离子的吸附性能影响较大,但有机胶体较易被微生物分解。第三种是有机-无机复合体,土壤中的有机胶体以薄膜状紧密覆盖于黏粒矿物的表面或晶层之间与无机胶体结合,形成有机-无机复合体,其中主要是二、三价阳离子(如钙、镁、铁、铝等)或官能团(如羟基、醇羟基等)与带负电荷的黏粒矿物和腐殖质的连接。

土壤胶体的比表面积和表面能非常大。比表面是单位质量物质的表面积,表面能是由处于表面的分子受到的引力不平衡而具有的剩余能量,物质的比表面越大,表面能也越大。且其半径越小,比表面越大。土壤胶体有较大的表面能,这使得其能吸持各种重金属等污染元素,并有很大的缓冲能力,这对土壤中的元素的保持和耐受酸碱变化以及减轻某些毒性物质的危害有重要意义。

土壤胶体的电性。土壤胶体微粒具有双电层,微粒的内部称作微粒核,大部分带负电荷,形成一个负离子层(即决定电位离子层),其外部由于电性吸引,而形成一个正离子层(又称反离子层,包括非活动性离子层和扩散层),合称为双电层。在一般情况下,自然界的大部分土壤胶体(黏粒体、有机胶体等)带负电荷,只有如氧化铁、氧化铝等少数胶体在酸性条件下带正电荷。

土壤胶体所带的电荷分为永久电荷和可变电荷两种,电荷来自于黏土矿物中晶层低价金属离子置换高价阳离子的同晶置换作用,使得土壤胶体带有永久负电荷。一些矿物的晶层表面由羟基原子团组成,当土壤溶液的 pH 值升高时,羟基基团中的氢离子解离出来,使土壤胶体带负电荷,因为这种负电荷的产生与周围介质的条件密切相关,因此为可变负电荷。土壤胶体由于带有电荷,能与土壤溶液中的离子、质子、电子发生互相作用,这种作用表现为各种吸附。土壤的吸附性是土壤的重要的化学特性,按照产生机理不同可分为交换性吸附、专性吸附和负吸附及化学沉淀等类型。

土壤胶体的凝聚性和分散性。一方面,由于土壤胶体微粒带负电荷,胶体粒子相互排斥,具有分散性,负电荷越多,负的电动电位越高,分散性越强。另一方面土壤溶液中含有阳离子,可中和负电荷使胶体凝聚,同时由于胶体比表面能很大,为减少表面能,胶体也具有相互吸引、凝聚的趋势。土壤胶体的凝聚性主要是由其电动电位的大小和扩散层的厚度所决定的,此外,土壤溶液中的电解质和 pH 值对其也有影响,阳离子改变土壤凝聚作用的能力与其种类和浓度有关,一般常见阳离子凝聚力的强弱顺序为:$Na^+ < K^+ < NH_4^+ < H^+ < Mg^{2+} < Ca^{2+} < Al^{3+} < Fe^{3+}$。

2. 土壤的酸碱性

土壤的酸碱性是土壤的重要化学性质之一,是土壤在形成过程中受生物、气候、地质、水文等因素的综合作用所产生的重要性质。

(1)土壤酸度。

根据土壤中 H^+ 存在的形式,土壤酸度可分为活性酸度和潜在酸度两大类。

①活性酸度又称为有效酸度。土壤溶液中游离氢离子浓度直接反映出来的酸度,通常用 pH 值(酸碱度)来表示。pH 值越小,也就意味着土壤活性酸度越强。

土壤溶液中的氢离子主要来源于土壤空气的 CO_2 溶于水形成的碳酸和有机质分解生成的有机酸,上壤矿物质氧化作用产生的多种无机酸,以及施肥时残留的无机酸(如硝酸、硫酸、磷酸等)。此外,大气污染产生的酸雨也会使土壤酸化。

②潜性酸度由土壤胶体吸附的可代换性 H^+、Al^{3+} 离子造成的。H^+、Al^{3+} 致酸离子只有通过离子交换作用产生 H^+ 离子才显示酸性,因此称潜性酸度。具有潜酸性的仅盐基不饱和土壤,其大小与土壤盐基交换量和盐基饱和度有关。

根据测定潜性酸度所用提取液的不同,可把潜性酸度分为交换性酸度和水解性酸度。

a.交换性酸度。用过量中性盐溶液(如 KCl 或 NaCl)淋洗土壤,溶液中的金属离子(如 K^+、Na^+)与土壤中的 H^+ 和 Al^{3+} 发生离子交换作用呈现的酸度,为交换性酸度。H^+ 在溶液中与 Cl^- 结合成 HCl,Al^{3+} 在溶液中生成 $AlCl_3$,$AlCl_3$ 再水解产生 $Al(OH)_3$ 和 HCl[$Al(OH)_3$ 是弱碱,解离度很小,故溶液中的 OH^- 很少]。

上述交换反应是可逆反应,土壤胶体上的 H^+ 和 Al^{3+} 也就无法全部交换出来,所测得的交换性酸度只是潜性酸度的大部分,而不是它的全部。有研究表明,交换性酸是矿质土壤中潜性酸度的主要来源。例如,红壤的潜在酸度95％以上是由交换性酸产生的。

b.水解性酸度。用弱酸强碱盐溶液(如醋酸钠)淋洗土壤,可将绝大部分土壤胶体吸附的 H^+、Al^{3+} 可被溶液中的金属离子(如 Na^+)淋出来,同时生成弱酸(如醋酸)。此时所测得的该弱酸的酸度称为水解性酸度。以醋酸钠为例,它首先发生水解,水解生成解离度很小的醋酸;而同时生成的 NaOH 可完全离解,得到高浓度的 Na^+,能交换出绝大部分吸附性 H^+ 和 Al^{3+}。代换性酸度只是水解性酸度的一部分,因此水解性酸度高于代换性酸度。

③活性酸度和潜性酸度两者的关系。活性酸度与潜性酸度是存在于同一平衡体系的两种酸度,两者可以相互转换,一定条件下可处于暂时平衡状态,活性酸度是土壤酸度的现实表现。土壤胶体是 H^+、Al^{3+} 的储存库,因此潜性酸度是活性酸度的储备。一般情况下,活性酸度要远比潜性酸度小得多。

(2)土壤碱度。

土壤溶液中的 OH^- 离子,主要来源于碱金属和碱土金属的碳酸盐类,即碳酸盐碱度和重碳酸盐碱度的总量称为总碱度,对其的测定可借助于滴定法来实现。总碱度是土壤碱性的容量指标,而不是强度指标(pH 值)。溶解度小的碳酸盐和重碳酸盐对土壤碱性的贡献也小,如碳酸钙和碳酸镁,在正常的 CO_2 分压下,它们在土壤溶液中溶解的浓度很低,故含 $CaCO_3$ 和 $MgCO_3$ 的石灰性土壤呈弱碱性($pH = 7.5 \sim 8.5$);而溶解度大的 Na_2CO_3、$NaHCO_3$、$Ca(HCO_3)_2$ 在土壤溶液中浓度较高,故使土壤溶液的总碱度很高,如含 Na_2CO_3 的土壤,其 pH 值可达 10 以上。此外,当土壤胶体上吸附的 Na^+、K^+、Mg^{2+}(主要是 Na^+)等离子的饱和度增加到一定程度时,会引起交换阳离子的水解作用,使土壤溶液中产生了 NaOH 而呈碱性。土壤的酸碱性直接或间接影响污染物在土壤中的迁移转化,因此,pH 值是土壤的重要指标之一。

(3)土壤的缓冲性。

由于土壤复杂的特性,其不同成分具有对外界变化引起 pH 值变化的缓冲作用。土壤缓冲性能是指土壤具有缓解土壤溶液 H^+ 或 OH^- 浓度变化的能力。如果施入生理酸性、碱性肥料时或当土壤在发生发展过程中产生碱性或酸性物质时,它可缓冲土壤 pH 值,从而使土壤的 pH 值保持在一定范围内。

①土壤溶液的缓冲作用(土壤溶液 pH 值为 6.2~7.8)。

HCO_3^-、CO_3^{2-}、蛋白质、氨基酸、胡敏酸等两性物质均包含在缓冲体系内。

②土壤胶体的缓冲作用(代换性阳离子存在于土壤胶体中)。

〔土壤胶体—M^+〕＋HCl→〔土壤胶体—H^+〕＋MCl(缓冲酸)

〔土壤胶体—H^+〕＋HCl→〔土壤胶体—M^+〕＋MCl(缓冲碱)

土壤胶体的数量和盐基代换量越大,土壤溶液的缓冲能力越强;代换量相当时,盐基饱和度越高,土壤对酸的缓冲能力越大;反之,盐基饱和度减小,土壤对碱的缓冲能力增加。

③铝离子对碱的缓冲作用。有些学者认为酸性土壤中单独存在的 Al^{3+} 也能在一定程度上起到缓冲作用,酸性土壤($pH<5$)中 $Al(H_2O)_6^{3+}$ 与碱作用:

$$2Al(H_2O)_6^{3+} + 4OH^- = [2Al(OH)_2 \cdot (H_2O)_8^+] + 2H_2O$$

当 OH^- 继续增加时,Al^{3+} 周围水分子继续离解 H^+,将 OH^- 中和,土壤的 pH 值也就可以仅维持在一定范围内。而且带有 OH^- 基的铝离子容易聚合,聚合体越大,中和的碱越多。

当 $pH>5.5$,Al^{3+} 失去缓冲作用。

3.土壤的氧化还原性

多种多样的有机和无机的氧化还原性物质存在于土壤中,这些物质的氧化态和还原态在溶液中形成一系列的平衡体系,从而使土壤既具有氧化性,又具有还原性。氧化还原反应是土壤中一种基本的化学和生物化学过程,它可以改变离子的价态,如 Fe^{3+}-Fe^{2+} 体系、SO_4^{2-}-H_2S 体系、NO_3^--NH_4^+ 体系等,这些体系的存在,对土壤的氧化性、还原性有极大的影响,进而影响到土壤中各种物质的存在形态、迁移转化。

(1)土壤的氧化还原电位。

可用土壤的氧化还原电位值(E_h)来衡量土壤环境氧化或还原某种元素的能力。由于土壤中氧化态物质和还原态物质的组成十分复杂,因此计算土壤的氧化还原电位很困难,主要是以实际测量的土壤氧化还原电位来衡量土壤的氧化还原性。土壤的氧化还原电位是以氧化态物质和还原态物质的浓度比为依据的。当土壤 $E_h > 700$ mV,氧化态,土壤中有机物迅速分解;当土壤 $E_h < 400$ mV,还原态,土壤中有机物反硝化。旱地土壤的 E_h 值为 $+400 \sim +700$ mV,而水田土壤大致为 $+300 \sim +200$ mV。但是在土壤中的不同位置,E_h 值是不同的,表层土壤 E_h 值较高,而底层土壤的 E_h 值较低。根据土壤的 E_h 值可以确定土壤中有机物和无机物处于何种价态。

(2)影响因素。

①土壤含水量。土壤的 E_h 值随着土壤含水量的变化而变化。这与土壤含水量影响土壤通气状况有很大关系,同时,土壤水分影响土壤生物的活性,对土壤空气亦发生改变。土壤水分状况会影响离子的赋存状态,在干旱季明显的地区,土壤中的铁易氧化脱水而沉积,因此,土壤表层和中层富有铁。而在渍水土壤中,E_h 值降低到 -100 mV,土壤中的铁主要以 $Fe(Ⅱ)$ 的形态存在,当 E_h 值进一步降低到 -200 mV 以下时,H_2S 大量产生,就会生成 FeS 沉淀,其迁移能力就会有一定程度的下降。

②土壤通气状况。一般而言,通气良好,E_h 值高;反之,通气不好,E_h 值低。土壤的 E_h 值是由土壤空气状况直接决定的。土壤通气良好,土壤空气含氧量高,和它相平衡的土壤溶液中氧的浓度也相应提高,土壤的 E_h 值显著增大;通气不良时,土壤 E_h 值明显下降,土壤呈还原状态。同时,土壤中的微生物活动也会通过调节空气的含氧量而影响土壤 E_h 值,微生物活动越强烈,耗氧增多,土壤溶液中的氧压降低,或使还原物质的浓度相应增加,土壤的 E_h 值会明显降低。

③土壤 pH 值。土壤 pH 值对 E_h 值具有重要影响。由于土壤的氧化还原总有氢离子参加,即

$$氧化剂 + ne + 2yH^+ \Longleftrightarrow 还原剂 + yH_2O$$

在 25℃ 时,其关系式为

$$E = E^\circ + \frac{0.059}{n} \lg \left[\frac{氧化剂}{还原剂} \right] - 0.059pH$$

即 E_h 值随 pH 值的增大而降低,pH 值每增大一个单位,E_h 值约下降 0.06 mV。

④土壤有机质状况。土壤中还原性有机物质会影响土壤的 E_h 值,一般含量增大,土壤 E_h 值下降。这与有机质的分解主要是耗氧过程有关,当易分解有机物含量增加,耗氧增加,土壤 E_h 值相应降低。通过植物根系分泌产生的有机酸等有机物质,土壤的 E_h 值会受到很大影响,并且分泌物本身也有一部分直接参与根际土壤的氧化还原反应。因此,一般旱作物的根际土

壤 E_h 值要低于根际外土壤 $50 \sim 100$ mV;而水生作物如水稻,根系具有分泌氧的能力,因此,根际土壤的 E_h 值反高于根际外土壤。

氧化还原状况也会影响有机物在土壤中的转化过程,含碳有机物经微生物分解时,一般转化为丙酮酸,视氧化还原条件而发生不同的变化。氧化条件下,可继续氧化成为 CO_2 和 H_2O;在无氧条件下进行酸性发酵,简单的有机酸、醇和二氧化碳得以顺利形成;而在绝对无氧的条件下进行甲烷发酵,生成 CH_4。

对含氮有机物,当土壤 E_h 值在 $400 \sim 700$ mV 时,土壤中氮素主要以 NO_3^- 形式存在;当 E_h 值小于 400 mV 时,反硝化开始发生;当 E_h 值小于 200 mV 时,NO_3^- 开始消失,出现大量的 NH_4^+,这也就意味着土壤从氧化体系转变为还原体系。

⑤土壤无机物状况。一般易氧化的无机物多,则因耗氧多,多形成还原条件,E_h 值下降;反之,易还原的无机物多,则易形成氧化环境,E_h 值升高。同时,土壤中无机物的氧化还原的能力也存在一定差异。例如,锰与铁在土壤中发生的氧化还原过程类似,锰的标准电位为 1.5 V,铁的标准电位 0.73 V。依据氧化还原原理,电位越大,本身的还原也就更加容易。故相对而言,锰易被还原,而铁易被氧化。在排水良好的土壤中,当 pH 值为 7.0 时,由于标准电位的差异,和同条件下 Fe^{2+} 浓度相比,Mn^{2+} 浓度要高 100 倍。

9.2　土壤污染及其危害

环境中的物质和能量不断地输入土壤体系,并在土壤中转化、迁移和积累,土壤的组成、结构、性质和功能都会受到一定影响。同时,土壤也向环境输出物质和能量,不断影响环境的状态、性质和功能,在正常情况下,两者处于一定的动态平衡状态。在这种平衡状态下,土壤环境是不会发生污染的。但是,如果人类的各种活动产生的污染物质,通过各种途径输入土壤(包括施入土壤的肥料、农药),其数量和速度超过了土壤环境的自净作用的速度,污染物在土壤环境中的自然动态平衡也就无法维持原状,使污染物的积累过程占据优势,即可导致土壤环境正常功能的失调和土壤质量的下降;或者土壤生态发生明显变异,导致土壤微生物区系(种类、数量和活性)的变化,土壤酶活性减小;同时,由于土壤处于陆地生态系统中的无机界和生物界的中心,不仅在本系统内进行着能量和物质的循环,而且与水域、大气和生物之间也不断进行物质交换,一旦发生污染,三者之间就会有污染物质的相互传递,并通过食物链,最终影响到人类的健康。因此,可以说,当土壤环境中所含的污染物的数量超过土壤自净能力或当污染物在土壤环境中的积累量超过土壤环境基准或土壤环境标准时,即为土壤环境污染。

9.2.1　土壤污染源

土壤污染源可分为人为污染源和自然污染源。由于人类活动使污染物进入土壤造成的,为人为污染源,即污染物主要来自工业和城市的废水和固体废物、农药和化肥、牲畜排泄物、生物残体和大气沉降物等。在自然界中某些矿床或物质的富集中心周围,经常形成自然扩散晕,而使附近土壤中某些物质的含量超出土壤正常含量范围,造成土壤的污染,这种污染源称为自

然污染源。污染物质可以通过多种途径进入土壤,以下四种为主要发生类型:

(1)大气污染型。

污染物质来源于被污染的大气,其污染特点是以大气污染源为中心呈环状或带状分布,长轴沿主风向伸长。污染的面积、程度和扩散的距离,是由污染物质的种类、性质、排放量、排放形式及风力大小等多种因素所决定的。大气污染型的土壤污染特征是:污染物质主要集中在土壤表层,其主要污染物是大气中二氧化硫、氮氧化物和飘浮颗粒物等,它们通过沉降和降水而降落地面。大气中的二氧化硫等酸性氧化物使雨水酸度增加形成酸雨,从而引起土壤酸化,破坏土壤的结构、肥力及生态系统的平衡。大气的各种飘尘中含有重金属、非金属等有毒有害物质及放射性散落物等多种物质,它们会造成土壤的多种污染。例如,冶金工业烟囱排放的金属氧化物粉尘,在重力作用下以降尘形式进入土壤,形成以排污工厂为中心、半径为 $2\sim3$ km 范围的点状污染;汽油中添加的防爆剂四乙基铅随废气排出污染土壤,行车频率高的公路两侧常形成明显的铅污染带。

(2)水污染型。

城乡工矿企业废水和生活污水,未经处理,不实行清污分流,就直接排放,使水系和农田(土壤)遭到污染。特别是在水源不足的地区,引用污水灌溉,常使土壤受到重金属、无机盐、有机物和病原体的污染。尽管污灌使生物生长获得了水分和部分营养物质,但也使大量污染物质进入土壤,使作物、蔬菜的质量受到一定的影响。污灌土壤的污灌物质一般集中于土壤表层,但随着污灌时间的延长,污染物质也可由上部土体向下部土体扩散和迁移,以至达到地下水深度。沿河流或干支渠呈枝形片状分布为水污染型的污染特点。

(3)农业污染型。

来自施入土壤的化肥和农药为农业污染型主要污染源,其污染程度与化肥、农药的数量、种类、利用方式及耕作制度等有关。有些农药如有机氯杀虫剂在土壤中长期残留,并可在生物体内富集。氮、磷等化学肥料,凡未被植物吸收利用和未被根层土壤吸附固定的养分都在根层以下积累或转入地下水,成为潜在的环境污染物。残留在土壤中的农药和氮、磷等化合物在地面径流或土壤风蚀时,就会向其他地方转移,扩大土壤的污染范围。

(4)固体废弃物污染型。

主要是工厂的尾矿废渣、污泥和城市垃圾等直接或间接影响土壤。在堆积场所,土壤直接受到污染,自然条件下的二次扩散又会形成更大范围的污染,导致粮食、蔬菜、水体的污染,人畜的安全和健康也会因此而受到影响。

(5)生物污染型。

是指一个或几个有害的生物种群从外界环境侵入土壤并大量繁殖,引起土壤质量下降,不仅使原来的生态平衡无法维持下去,还会对动植物和人体健康以及生态系统造成不良影响。生物污染分布最广的是由肠道致病性原虫和蠕虫类所造成的污染,全世界有一半以上人口受到一种或几种寄生蠕虫的感染,尤其是热带地区最严重。欧洲和北美较温暖地区的寄生虫发病率也很高。

上述土壤污染类型之间不是没有任何关联的,它们在一定的条件下可以相互转化。固体废弃物污染型可以转化为水污染型和大气污染型,农业污染型则是包含了固体废弃物污染型、大气污染型及水污染型的综合污染。

9.2.2　土壤污染的特点

1. 隐蔽性或潜伏性

水体和大气的污染比较直观,明显区别于土壤污染。土壤污染往往要通过粮食、蔬菜、水果或牧草等农作物的生长状况的改变以及摄食这些作物的人或动物的健康状况变化才能反映出来。特别是土壤重金属污染,往往要通过对土壤样品进行分析化验和农作物重金属的残留检测,甚至通过研究对人畜健康状况的影响才能确定。

2. 不可逆性和长期性

土壤一旦遭到污染恢复起来难度非常大有时候甚至是无法恢复的,特别是重金属元素对土壤的污染几乎是一个不可逆过程,而许多有机化学物质的污染也需要一个比较长的降解时间。重金属污染一旦发生,仅仅依靠切断污染源的方法往往很难恢复。土壤中重金属污染物大部分残留于土壤耕层,很少向下层移动的比较少见。这是由于土壤中存在着有机胶体、无机胶体和有机-无机复合胶体,它们对重金属有较强的吸附和螯合能力,限制了重金属在土壤中的迁移。有时需要借助于换土、淋洗等特殊方法来解决重金属污染土壤的问题。

3. 间接危害性

土壤污染的后果是进入土壤的污染物危害植物,也可以通过食物链危害动物和人体健康。土壤中的污染物随水分渗漏在土壤内发生移动,从而污染到地下水,或通过地表径流进入江河、湖泊等,对地表水造成污染。土壤遭风蚀后其中的污染物可附着在土粒上被扬起,土壤中有些污染物也以气态的形式进入大气。因此,污染的土壤往往又是造成大气和水体污染的二次污染源。

4. 土壤污染的难治理性

如果大气和水体受到污染,切断污染源之后通过稀释作用和自净化作用,大气和水体的污染状况也有可能会不断逆转,但是积累在污染土壤中的难降解污染物则很难靠稀释作用和自净化作用来消除。土壤污染一旦发生,紧紧依靠切断污染源的方法恢复起来难度非常大,有时要靠换土、淋洗土壤等方法问题才能得到根本解决,其他治理技术则可能见效较慢。因此,治理污染土壤通常成本较高、治理周期很长。

9.2.3　土壤污染的类型

工业和城市的废水和固体废物、农药和化肥、牲畜排泄物、生物残体及大气沉降物等土壤污染物的主要来源。土壤污染可从污染物的属性出发可以分为以下几类。

1. 有机物污染

天然有机物污染和人工合成有机物污染共同构成了有机物污染。其中,人工合成有机物污染物主要来源于有机废弃物和化学农药,在工业生产、农业生产或者是生活过程中产生的废弃物中,涉及的无论是生物易降解还是难降解的有机毒物都是有机废弃物;化学农药即为常见的杀虫剂、杀菌剂与除莠剂等。在农业生产过程中,农药使农作物的产量相比之前有了很大的提高,帮助农民完成了增产增收的目的,然而却因其残留物而使土壤和食物链遭遇污染。截止到目前,有多达50余种农业在全球范围内大量使用。有机污染物进入土壤后,可危及农作物的生长与土壤生物的生存。

2.无机物污染

无机污染物主要是汞、镉、铅、砷、铜、锌、钴、镍、硒等重金属,过量的氮、磷、硫、硼等植物营养物质以及氟、酸、碱、盐等其他物质。它们随着天然过程或者是人类活动而进入土壤,其中,常见的天然过程包括地壳变迁、火山爆发、岩石风化等。在人类活动过程中,在进行生产中,往往会有很多部门会伴随着大量无机污染物的排放,很多生产部门,会因采矿、冶炼、机械制造、建筑材料、化工等生产部门,每天都排放大量的无机污染物,其中不乏有害的元素氧化物、酸、碱与盐类等。煤渣也是土壤污染的常见无机物,同时其也可以称得上是土壤无机物的重要组成部分。

3.生物污染

土壤生物污染是来自于外界的一个或几个有害生物种群侵入土壤大量繁殖,从而破坏到了原来的动态平衡,进而影响到人类的健康与土壤的生态系统。在我国,土壤生物污染分布广泛,危害严重。据相关统计显示,未经处理的粪便、垃圾、城市生活污水、饲养场与屠宰场的污物等是造成土壤生物污染的关键因素,其中,未列出的传染病医院未经消毒处理的污水与污物是能够对土壤造成最严重的生物污染物。由肠道致病性原虫和蠕虫类所造成的污染是在土壤生物污染中影响最为广泛的。生物污染会对人、畜、家禽的机体健康造成不良影响,还会影响到植物的正常生长,最终导致造成农业减产。

4.放射性污染

土壤放射性污染是指和天然本底值相比,人类在进行生产和生活过程中会排放出的放射性污染物使土壤的放射性水平要高一些。放射性污染主要存在于核原料开采和大气层核爆炸地区,以90Sr、317Cs等在土壤中生存期长的放射性元素为主。放射性污染物是指各种放射性核素,与其化学状态没有任何关系,可通过多种途径污染土壤。当土壤遭遇到放射性物质污染后,伴随着放射性衰变,α、β、γ射线的产生在所难免。这些射线能穿透人体组织,细胞会因此而受到伤害或造成人体外照射损伤;这些射线还可以进入人体,具体是通过呼吸系统或食物链来实现的,从而对人们造成内照射损伤。

通过前面的介绍,可以总结出土壤中主要污染物的类型及来源具体如表9-1所示。

表9-1 土壤中主要污染物的类型及来源

污染物类型		来源
有机污染物	有机农药	农药的生产和使用
	酚类	炼焦、炼油、石油化工、化肥、农药等工业
	氰化物	电镀、冶金、印染等工业
	石油	油田、炼油、输油管道漏油
	3,4-苯并芘	炼焦、炼油等工业
	有机性洗涤剂	机械工业、城市污水
	一般有机物	城市污水,食品、屠宰工业

污染物类型			来源
无机污染物	重金属	汞(Hg)	氯碱工业、含汞农药、汞化物生产、仪器仪表工业
		镉(Cd)	冶炼、电镀、染料等工业
		铜(Cu)	冶炼、铜制品生产、含铜农药
		锌(Zn)	冶炼、镀锌、人造纤维、纺织工业、含锌农药、磷肥
		铬(Cr)	冶炼、电镀、制革、印染等工业
		铅(Pb)	颜料、冶炼等工业,农药,汽车排气
		镍(Ni)	冶炼、电镀、炼油、染料等工业
	非金属	砷(As)	硫酸、化肥、农药、医药、玻璃等工业
		硒(Se)	电子、电器、油漆、墨水等工业
	其他	氟(F)	冶炼、磷酸和磷肥、氟硅酸钠等工业
		酸、碱、盐	化工、机械、电镀、造纸、纤维等工业,酸雨
生物污染物			城市污水、医院污水、厩肥
放射性污染物			原子能、核工业,同位素生产,核爆炸

土壤污染物的污染类型和性质,与存在的环境条件等密切相关。这方面的研究对更好地阐明污染物在环境中的迁移转化规律非常有帮助,了解自然界对污染物的自然净化能力,预测土壤环境质量的变化趋势。

9.2.4　土壤自净作用

土壤是复杂物质体系且其稳定性仅有一半,能够有效地缓冲来自于外界环境的变化和外来的物质。土壤自净作用是指进入土壤的物质,其含量可以通过稀释和扩散而降低,或者被转化为不溶性化合物而沉淀,或者被胶体较牢固地吸附,这样的话就跟生物小循环及食物链脱离了关系;其甚至能够转化为毒性小的物质或者是无毒的,甚至有时候还可以成为营养物质,这些均是在生物和化学的降解作用的基础上实现的;还可以实现从土体中迁移至大气和水体,这是借助于挥发和淋溶实现的。以上这些现象都可以囊括为土壤的自净过程。土壤的自净过程十分复杂,主要有以下几个方面。

1.物理作用

主要是日光、土壤温度、风力等因素的作用。日光可使土壤表层温度升高,再加上风的作用,可使某些污染物挥发,其在土壤中的含量得以有效减少。例如,氯苯灵等除草剂在高温条件下挥发起来非常容易,可迅速失去其活性。

2.化学作用

土壤中某些金属离子能够和土壤中的污染物发生中和、氧化、还原、水解等反应,改变污染物的化学性质而降低其毒性。例如,酸、碱可被中和,铜在碱性土壤中可生成难溶性的氢氧化铜而使铜的生物活性下降。

3. 土壤的过滤作用和吸附作用

污染物通过土壤时,比孔隙大的固体颗粒被阻留。土壤颗粒表面还具有很大的吸附作用,能吸附溶于水中的气体、胶体微粒及其他物质,并将它们聚积或浓缩在土壤颗粒表面,逐渐形成一层胶质薄膜(生物膜),土壤的吸附作用也因此得以增强。

4. 生物化学作用

有机污染物在各种土壤微生物(包括细菌、真菌、放线菌)的作用下,将复杂的有机物逐步无机化或腐殖质化而达到自净。

(1)有机物的无机化。

在微生物的作用下,含氮有机物(如蛋白质、氨基酸、硫氨、尿素等)能够被分解成氨或铵盐,称为氨化阶段。在氧气充足条件下,氨(铵盐)在亚硝酸菌作用下,被氧化成亚硝酸盐,并进一步在硝酸菌作用下氧化成硝酸盐,称为硝化阶段。硝酸盐是蛋白质无机化的最终产物,表示土壤已达自净。

在土壤微生物作用下,蛋白质中的硫和磷也转化成硫醇、硫化氢及磷化氢,最终形成硫酸盐及磷酸盐供植物吸收利用。在氧气充足的条件下,含硫和磷有机物能够被彻底而有效地分解,最终转化为硫酸盐或磷酸盐而达到无机化。但在厌氧条件下,产生硫醇、硫化氢或磷化氢等。脂肪在水解能力很强的细菌、真菌及放线菌作用下分解为甘油和脂肪酸,再分解为水和二氧化碳。

无论是在需氧还是厌氧条件下,有机物的无机化均可顺利进行。在需氧条件下自净过程迅速,氧化完全,不产生恶臭物质。在厌氧条件下的腐败发酵过程时间长,并产生许多还原性产物,如各种有机酸、氨、硫化氢、沼气等,它们大都有恶臭。有机酸在土壤中积聚过多,常抑制土壤微生物的生长,减弱土壤的自净能力。

(2)有机物的腐殖质化。

有机物的腐殖质化过程是有机物在土壤微生物作用下,不断分解又不断合成的过程。腐殖质为腐殖质化的最终产物,含有多种有机化合物,主要是腐殖酸,此外还有木质素、纤维素、蛋白质、脂肪酸等多种物质。腐殖质的性质较稳定,不再继续腐败和产生臭气,也不招引苍蝇。随着有机物的腐殖化,病原菌(芽孢菌除外)及寄生虫卵逐渐死灭,因此在卫生上也是安全的。

土壤中的有机物达到腐殖质阶段便达到了无害化要求,腐殖质还具有持续提供植物的养料、促进植物生长发育、改善土壤的物理性质、提高土壤的蓄水和缓冲能力以及促进土壤微生物活动的作用。

(3)病原体在土壤中的死灭。

促使病原微生物和蠕虫卵死亡的重要条件为有机物的无机化过程和腐殖质化过程。日光的照射、土壤中温度的改变、微生物生长繁殖条件的不适宜、土壤微生物的拮抗作用和噬菌作用、一些植物根系所分泌的植物杀菌素对某些真菌类的杀灭作用等,都影响病原微生物和蠕虫卵的生存。例如,日光中的紫外线能杀灭土壤中的蛔虫卵,未成熟的蛔虫卵更为敏感,而对于干燥的土壤日光作用更强。在通常情况下,土壤中的蛔虫卵要 1 年左右才死亡,但在 50℃ 以上数天后可被杀灭。土壤中的蚯蚓、昆虫及其幼虫也能吞食蠕虫卵,也能够在一定程度上影响到土壤中蠕虫卵的死灭。

上述自净作用使进入土壤中的各种污染物质包括一些有机物、化学毒物的有害作用降低或消失。

土壤自净能力的强弱是由土壤性质及组成的综合作用所决定的,也与化学物质本身的组成和特性有关,同时还受气候及其他环境条件的影响。对于不同的污染物,土壤植物系统的净化机理、能力和过程是不同的。

然而,土壤的自净作用有一定限度,超过了限度就会造成危害。某些重金属和农药等污染物质,在土壤中尽管也可以发生一定的迁移、转化,但最终并不能完全降解、消失而仍蓄积在土壤中。对这些污染物质就更应加强预防措施,以减少污染和危害健康。

9.2.5　土壤污染的危害

土壤污染的危害性非常大。在土壤遭遇到污染之后,就会破坏植物根系的正常生长和代谢,从而使植物的光合作用大打折扣,农作物和牧草的产品会因此而受到很大影响,且在植物体内还会残留一些污染物,这些污染物严重的话改变植物的基因组是其基因发生突变,人体和动物也无法幸免于难,最终会通过食物链而深受其害。土壤遭遇到污染后,会通过雨淋渗透而使地下水体遭遇污染,从而威胁到人们的身体健康。土壤中固有的微生物生态平衡会因土壤污染而遭到破坏,使病菌大量繁殖和传播,造成疫病蔓延。

1. 农药与土壤污染

(1)农药的分类。

农药在广义上指农业上使用的药剂。根据防治对象的不同,农药根据其防治对象的不同可以分为杀虫剂、杀螨剂、杀菌剂、杀线虫剂、除莠剂、植物生长调节剂和其他药剂等。农药还可以被分为有机氯农药、有机磷农药、有机汞农药、有机砷农药、氨基甲酸酯农药以及苯酰胺农药和苯氧羧酸类农药等,这是从农药的化学组成成分为出发点进行分类的。

(2)农药对环境的危害。

通过前面的介绍可以知道,化学农药虽然能够提高农作物的产量,但由于长期、广泛和大量地使用化学农药,难免会有农药残留与污染存在土壤中,进而会通过食物链的作用对植物的生长和人类的健康造成不良影响。借助于各种气象因素、自然因素,农药对环境的污染是多方面的,其中就涉及大气、水体、土壤和作物。进入环境的农药在环境各要素间迁移、转化并通过食物链富集,具体可见图 9-1 所示。

1)农药对大气的污染。

农药对大气的污染主要是因为在喷洒农药过程中所产生的药剂漂浮物和来自农作物表面、土壤表面及水中残留农药的蒸发、挥发、扩散和农药厂排出的废气。大气中的农药借助于风这一常见的气象现象能够到达世界各个角落。据报道,在地球的南、北极圈内和喜马拉雅山最高峰上可以发现到有机氯农药的身影。

2)农药对土壤的污染。

直接施用农药就导致了土壤污染;还可以通过浸种、拌种等施药方式进入土壤;随着降雨和降尘作用,飘浮在大气中的农药也会进入到土壤中。

此外,垃圾焚烧、秸秆的田间燃烧等会产生二噁英类物质;不合理使用化肥除污染土壤外,还会使地下水 NOF、亚硝酸铵超标。

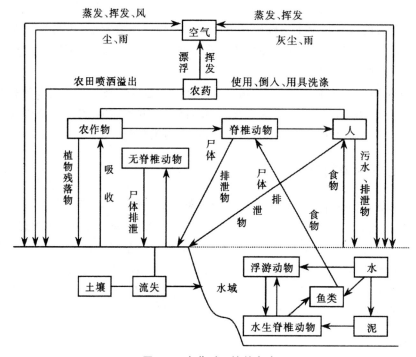

图 9-1 农药对环境的危害

3)农药对水体的污染。

农药对水体的污染主要是通过以下两个途径:农田施药和土壤中的农药被水流冲刷及农药厂废水的排放。

(3)对生态的破坏和对人体健康的危害。

土壤农药残留及污染会对动植物的生长和人类的健康造成不良影响,有些化学农药本身或与其他物质反应后的产物有致癌、致畸、致突变作用。

据报道,全世界每年因农药中毒致死者达 1 万人,致病者达 40 万人。发展中国家受农药污染的程度更加严重,平均每年发生 37 万起农药中毒事件。截止到目前,农药对人体健康的危害主要体现在以下几个方面:

1)对神经的影响。

有机氯农药具有神经毒性,DDT 会危害中枢神经,目前,被认为还能够损伤神经系统的还有有机磷农药,且人类对此毒性敏感性极高。

2)致癌作用。

动物实验证明,DDT 等农药的致癌性非常明显。尽管实验是在动物身上开展的,但其对人类的危害性也在一定程度上得以反映出来。

3)诱发突变。

DDT 和除莠剂 2,4,5-T 等是诱变物质,具有遗传毒性,能导致畸胎,会影响到人和动物的正常繁殖。

4)对肝脏的影响。

和原因体内生化过程的改变相比,有机氯农药能诱发肝脏酶的改变作用要大得多,使肝脏肿大以至死亡。

5)慢性中毒。

农药慢性中毒时,会引起倦乏、头痛、食欲不振、肝脏损害等病症。

此外,水生生物、飞禽、动物和植物也会因农药等造成污染和危害。施用化学农药还给生态系统造成了危害。例如,使用六六六、1605 防治稻螟,在消灭稻螟的同时,也杀死了黑尾叶蝉的天敌——蜘蛛和牧场利椿象;再如,草原地区使用剧毒杀鼠剂灭鼠时,也造成鼠类的天敌猫头鹰、黄鼠狼及蛇的大量死亡。土壤农药污染也是大气和水体环境次生农药污染的主要污染源。

2.重金属与土壤污染

(1)土壤重金属污染。

重金属的采掘、冶炼、矿物燃烧、化肥的生产和施用是土壤重金属污染的主要污染源具体可见表 9-2 所示。

表 9-2　土壤重金属的主要来源

元素	主要来源
Hg	制碱、汞化物生产等工业废水和污泥;含汞农药;金属汞蒸气
Cd	冶炼、电镀、染料工业废水;污泥和废气;肥料杂质
Cu	冶炼、钢制品生产等工业废水;污泥和废渣;含铜农药
Zn	冶炼、镀锌、纺织等工业废水;污泥和废渣;含锌农药和磷肥
Cr	冶炼、镀锌、制革、印染等工业废水和污泥
Pb	颜料、冶炼等工业废水;防爆汽油燃烧废气;农药
Ni	冶炼、电镀、炼油、染料等工业废水和污泥
As	硫酸、化肥、农药、医药、玻璃等工业废水和废气;含砷农药
Se	电子、电器、油漆、墨水等工业的排放物

存在于土壤中的重金属元素,往往会不断地累积,因为其随水移动的难度非常大,微生物对此也无能为力没办法得到有效分解,其甚至还存在转化成毒性更强的化合物(如甲基化合物)的可能性,借助于植物的吸收作用而在其体内富集,这样的话,通过食物链人体的身体健康也会遭遇威胁。在初期阶段,人们很难察觉到重金属在土壤中的累积,重金属的危害可以划归到潜在危害中,一旦毒害作用比较明显地表现出来,其就无法被彻底消除。通过各种途径进入土壤中的重金属种类很多,Hg、Cd、As、Pb、Cu、Zn 等为目前影响最大、研究最多的重金属元素。

(2)土壤重金属污染的生物效应。

植物对各种重金属的需求差别非常大,其中,被植物所需的重金属种类和量都很少。有些重金属是植物生长发育中并不需要的元素,而且对人体健康的直接危害十分明显,如 Hg、Cd、Pd 等就是在植物的正常生长发育过程中并不需要的重金属元素,且人体健康受其危害非常大;而有些元素则是植物正常生长发育所必需的微量元素,包括 Fe、Mn、Zn、Cu、Mo、Co 等是在事务的正常生长发育过程中所必须的微量元素,如果缺少的话,植物的正常生长会受到影响,然而若含量比较高的话,发生污染危害也是在所难免的。当土壤遭遇重金属污染后,不同重金属对作物的生长产生危害也存在一定差异。例如 Cu、Zn 主要是妨碍植物正常生长发育;土壤受 Cu 污染,水稻就会出现生长不良的情况,稳定的络合物会因过量 Cu 被植物根系吸收而得以形成,植物根系的正常代谢功能也会因此而遭到破坏,引起水稻的减产;而受 Cd、Hg、Pb 等元素污染,一般不引起植物生长发育障碍,但在植物体内蓄积,如 Cd、Hg、Pb 可在水稻体内累积形成"镉米"、"汞米"、"铅米",在我国局部地区已有发现。

土壤重金属污染对植物的影响或对植物的生物效应,受到多种因素的控制。如重金属形态是决定重金属有效性程度的基础。一般来说,植物吸收重金属的量随土壤溶液中可溶态重金属浓度的增高而增加,同时还受重金属从土壤固相形态向液相形态转移数量的影响。

除上述影响因素外,重金属污染的生物效应跟重金属之间及其他常量元素之间的交互作用也有很大关系。

9.3 土壤污染的防治措施与修复技术

9.3.1 土壤污染的防治措施

污染物可以通过多种途径进入土壤,使土壤正常功能不再维持原状,从而影响植物的正常生长和发育。然而,土壤对污染物也能起净化作用,特别是进入土壤的有机污染物可经过扩散、稀释、挥发、化学降解及生物化学降解等作用而得到净化。若进入土壤中的污染物无论是在数量上还是速度上均超过土壤的净化能力,即超过土壤的环境容量,最终将导致土壤正常功能失调,阻碍作物正常生长。

土壤与植物的生命活动密切相关,污染物可通过土壤-植物系统及食物链,最终影响人体健康,因而土壤污染的防治意义重大。首先要控制和消除污染源,对已经污染的土壤,要采取一切有效措施,消除土壤中的污染物,或控制土壤污染物的迁移转化,使其不能进入食物链。

控制和消除土壤污染源是防止污染的根本措施。控制土壤污染源,使其在土体中缓慢自然降解,以免产生土壤污染。加强污染土壤的防治措施可从以下几个方面入手:

(1)控制和消除工业"三废"的排放。

在工业方面,应认真研究和大力推广闭路循环和清洁工艺,以减少或消除污染源,对工业"三废"及城市废物不能任意堆放,必须处理与回收,即进行废物资源化。对排放的"三废"要净化处理,从而使污染物的排放数量和浓度得到有效控制。

我国水资源短缺,分布又不均匀,近几年来水体污染日益严重,以致农业用水也甚为紧张。因此,我国许多地方已发展了污水灌溉。这一方面解决了部分农田用水,另一方面,污水中虽含有相当多的肥料成分,但也可以导致土壤污染。因此利用污水灌溉和施用污泥时,首先要根据土壤的环境容量,制定区域性农田灌溉水质标准和农用污泥施用标准,要充分掌握污水中污染物质的组分、含量及其动态。污灌水量及污泥施用量必须被严加控制,避免盲目滥用污水灌溉引起土壤污染。

(2)合理施用化肥和农药。

为防止化学氮肥和磷肥的污染,化肥、农药的使用也需要被严加控制,研究制定出适宜用量和最佳施用方法,使其在土壤中的累积量得以尽可能地减少,防止流入地下水体和江河湖泊进一步污染环境。探索和推广生物防治病虫害的途径,开展生物上的天敌防治法,如应用昆虫、细菌、霉、病毒等微生物作为病虫害的天敌。还应开展害虫不孕化防治法。

(3)建立土壤污染监测、预测和评价系统。

在土壤环境标准或基准和土壤环境容量的基础上,加强土壤环境质量的调查、监测和预控,建立系统的档案材料。分析影响土壤中污染物的累积因素和污染趋势,建立土壤污染物累积模型和土壤容量模型,预测控制土壤污染或减缓土壤污染的对策和措施。

(4)提高土壤环境容量、增强土壤净化能力。

砂土掺黏土或改良砂性土壤等方法是不错的选择,能够增加土壤有机质含量,能够在一定程度上增加或改善土壤胶体的性质,土壤对有毒物质的吸附能力和吸收能力能够有一定程度的加强,最终达到提高土壤环境容量、提高土壤净化能力的目的。在致力于提高土壤净化能力的环节中,为了使微生物对有机污染物的降解作用得到有效加强,新微生物品种的分析、分离或培养可以说非常关键。

(5)其他措施。

施用如抑制剂和强吸附剂等化学改良剂以阻碍重金属向作物体内转移。采取生物改良措施,通过植物的富集而排除部分污染物,包括种植对重金属吸收能力极强的作物,如黄颔蛇草对重金属的吸收量比水稻高 10 倍,种植这些非食用性作物,在一定程度上可排除土壤中的重金属。控制氧化还原条件以减轻重金属污染的危害。改变耕作制,如对已被有机氯农药污染的土壤,可通过旱作改水田或水旱轮作的方式加快土壤中有机氯农药的分解与去除。

9.3.2　污染土壤的修复技术

1. 污染土壤的物理和化学修复

为了恢复已被污染的土壤,使污染物的进一步迁移得以有效制止,可对污染土壤进行修复,物理和化学的方法以及生物的方法为常用的修复方法。其中物理和化学的修复方法有如下几种:

(1)施用化学改良剂。

化学改良剂包括抑制剂和强吸附剂。一般石灰、磷酸盐和碳酸盐等为常用的抑制剂,这些改良剂能够与重金属发生化学反应,最终会生成难溶化合物,这样以来,重金属就无法再向作物体内转移。将石灰用于在酸性污染土壤的话,土壤中的酸就会得到有效减弱或者是直接变为碱性土壤,一些常见的重金属如散铜、锌、汞等就会形成氢氧化物沉淀。据试验,施用石灰后,稻米的含铜量可降低 30%。施用钙、铁、磷肥也能有效地抑制 Cd、Hg、Pb、Cu、Zn 等重金属的活性。

如加入 0.4% 的活性炭，豌豆从土壤中吸收的艾氏剂量可降低 96%。有机质、绿肥、蒙脱土等都具有类似的缓解效果。

（2）改变耕作制。

某些污染物的毒害也可通过改变土壤环境条件来实现。如对已被有机氯农药污染的土壤，可通过旱作改水田或水旱轮作的方式予以改良，使土壤中有机氯农药很快地分解排除。若将棉田改水田，可大大加速 DDT 的降解，一年可使 DDT 基本消失。稻、棉水旱轮作是消除或减轻农药污染的有效措施。

（3）控制氧化还原条件。

重金属污染危害的减轻还可以通过控制土壤的氧化还原条件来实现。据研究，在水稻抽穗到成熟期，无机成分大量向穗部转移。淹水可明显地抑制水稻对镉的吸收，落子则能促进镉的吸收，糙米中镉的含量随之增加。

（4）物理工程修复措施。

物理工程修复措施是借助于先进的物理（机械）、物理化学原理，能够有效治理污染较严重的土壤，一类工程量比较大的方法，其中常用的方法有客土、翻土、换土及去表土法，电化学法，淋洗法，热处理法，固化法，玻璃化法。

①客土、翻土、换土及去表土法。客土是将未被污染的上壤添加到污染土壤中；翻土是将污染土壤翻至下层；换土是换上未被污染的新土，移去受到污染的土壤；去表土也就是移去受污染的土壤表层。在这些方法中，土壤中原有的重金属含量并没有减少，而是通过添加未被污染的土壤或者是移去受污染的土壤而对土壤进行"稀释"，从而使土壤中的重金属浓度降低到背景值以下，其中翻土法在修复土壤时，采取的分割重金属污染物与植物根系的接触。

②电化学法。在该方法中，将低强度直流电（1～5 mA）施加到待处理的被污染的土壤中，电流的施加能够使土壤升温，在此基础上使土壤的电阻（采用的电极最好是石墨，电极的多少、间距及深度可根据需要而定）得到有效降低，金属离子流在外加直流电场的作用下会受到电解、电迁移、电渗、电泳等的作用，进而金属离子流就会下移向阳（阴）极处，对于这些聚集起来的重金属可以在相关技术的帮助下取出来。

③淋洗法。在该方法中，是借助于清水或者是实现调制的能够溶解污染物的溶剂来对污染土壤进行淋洗，如此一来，存在于土壤颗粒中间的污染物要么会被溶解掉要么会形成污染物—试剂配合物，最后，在对所收集得到的所有液体进行处理，有的甚至还能够实现溶剂的循环使用。该方法不是说对任何土壤污染都有效，其效果比较好的是烃、硝酸盐及重金属的重复污染。

④固化法。在该方法中，需要按照一定的比例，将固化剂与重金属污染的土壤有效混合在一起，经过一段时间后，渗透性极其有限的固体混合物就得以形成。波特兰水泥、硅酸盐、高炉渣、石灰、窑灰、飘尘、沥青等为常见的固化剂。

⑤热处理法。在该方法中，常用蒸汽、微波、红外辐射和射频来对污染土壤进行加热，使土壤温度升高，使溶解于其中的挥发性污染物得以挥发出来，之后再对其进行回收或者是其他处理。热处理法还可以用于处理被重金属 Hg 污染的土壤。

⑥玻璃化法。在玻璃化法中，被污染的土壤会熔化，具体是采用电极加热的方法实现的，

在冷却之后就会形成稳定度较高的玻璃态物质。

2. 污染土壤的生物修复

近年来,污染土壤生物修复已成为研究热点,也取得了一定的成果。在污染物的土壤修复中,土壤中的有机污染物会在微生物的作用下被降解为无害的无机物(CO_2 和 H_2O),从而达到修复的目的。为了使微生物降解污染物的效率得以有效提高,除了借助于特殊驯化与构建的工程微生物外,还可以通过调节 pH 值、温湿度、通氧情况及额外添加物质来具体实现。

和前两种土壤修复手段比起来,污染土壤生物修复具有以下五个特点:

①工程量相对较小,易实现,所需投入少。

②植物生长所需要的土壤环境得以维持下来。

③污染物的处理比较彻底,二次污染的情况得到有效避免。

④处理效果比较理想,有的相对分子质量较小的污染物的去除率甚至能够达到 99%以上。

⑤可原地处理。

目前,原位处理法、生物反应器法和就地处理法为国外采用的土壤污染生物修复技术。下面重点介绍原位处理法和就地处理法。

①原位处理法是指无需搅动污染土壤,具体处理在原位和易残留部位之间进行即可。使用频率最高的原位处理方式为生物降解土壤饱和污染物。若想要进一步使土壤的生物降解能力得到有效提高的话,还可以采取以下措施:添加营养物、供氧(加 H_2O_2)和接种特异工程菌等,这些都是不错的选择;因地下水所处环境比较特殊,处理起来较有难度,故可以将其抽到地表处,来对其进行生物处理,再将处理后的地下水重新注入到土壤中,使土壤能够以循环的方式得以改良。渗透性好的不饱和土壤的生物修复可以考虑使用该方法。

②就地处理法是将废物作为一种泥浆用于土壤和经灌溉、施肥及加石灰处理过的场地,从而有效保证了营养、水分和最佳 pH 值。土著土壤微生物群系往往作为实现降解的微生物。为了提高降解能力,使土壤生物修复的效率得到有效提高,可以将特效微生物添加进去。截止到目前,土壤耕作法是使用频率最高的就地处理法,且在炼油厂含油污泥的处理过程中取得了理想的效果。

总之,应按照"预防为主"的环保方针,针对特定区域内土壤环境本底值展开调查,从而对评价因子进行定点监测,选取评价标准和相应模式得出评价结论,在此基础上提出土壤保护措施。

3. 污染土壤的植物修复

广义的植物修复(phytoremediation)就是利用植物提取、吸收、分解、转化或固定土壤、沉积物、污泥或地表、地下水中有毒有害污染物的技术总称,具体又包括植物萃取、根际过滤、植物固定、植物挥发等技术。相对于物理、化学方法修复污染土壤的方式,利用生物修复污染土壤的效益最高,潜力也最大。植物修复可用于石油污染、炸药废物、燃料泄漏、氯代溶剂、填埋渗滤液及农药有机物污染土壤的治理。各种污染土壤修复技术成本对比如表 9-3 所示。

表 9-3　各种污染土壤修复技术成本对比（转引自 Berti 和 Cunningham,2000,有修改）

修复技术	简单描述	净运作成本（美元/hm²）
挖掘与填充	场地除污类型；将土壤挖掘 30 cm,用水泥固化,放置在一个工业场地填埋	1600000
通过粒级分离的土壤冲洗法	将土壤挖掘 30 cm,用土壤处理设施处理,除去细粒部分（通常占整个土壤的 20%）,细粒部分用水泥固化,放置在一个有害物质堆放场地填埋	790000
沥青覆盖	用沥青覆盖住污染物；整个覆盖层由三部分组成:20 cm 厚的沥青基底、25cm 厚的亚层和 4 cm 厚的顶层。需留出相应的排水渠道和过道	160000
土壤覆盖	将异地未污染土壤挖掘出来,覆盖在污染土壤上,厚度达 60 cm。然后在覆盖层上建植植被	130000
植物萃取	加入各种土壤添加剂诱导植物产生超积累	279000
植物固化	场地固化类型；加入石灰和氮钾肥改良土壤肥力；三元过磷酸钙肥的施用量为 90 吨/公顷；Iron Rich 施用量为 400 吨/公顷；种草,每年收割 4 次,持续管理 30 年	60000

1）植物萃取(phytoextraction)：是指利用超积累将土壤中的金属提取出来,富集并搬运到植物根部可收割部位和地上茎叶部位(Kumar 等,1995)的过程。适用植物萃取技术的污染物包括:各种金属,如银、镉、钴、铬、铜、汞、锰、钼、镍、铅、锌；类金属,如砷、硒；放射性核素,如 90Sr、137Cs、239Pu、238U、234U 等；非金属,如硼等；各种有机物质。

根际过滤(rhizofiltration)：是指利用植物根系吸收、沉淀和富集污水中有害金属及其他污染物的过程(Dushenkov 等,1995)。根际过滤技术可以用来处理抽出的污染地下水、污染地表水及废水。在浓度较低、水量较大时适用。陆生植物利用一个支撑或悬浮平台,在温室或苗床中培育后,可以和水生植物一样用于根际过滤系统。

2）植物固定(phytostabilization)：也称为原地惰性化技术。该技术首先利用土壤添加剂诱导土壤介质中的污染物形成难溶性化合物,使其迁移活化性能降低,然后通过种植耐重金属的植物在土壤表面形成绿色覆盖层,以减少污染物在土壤剖面的淋滤,使表层土壤避免因地表径流的侵蚀作用引起污染物扩散。

3）植物挥发(phytovolatilization)：是一种通过植物蒸腾作用将挥发性化合物或其代谢产物释放到大气的过程。适合植物挥发技术处理的污染有两大类,一类是有机污染物,包括 TCE、TCA、四氯化碳等氯化溶剂；另一类是无机污染物,如 Hg、Se 等。由于植物挥发涉及污染物释放到大气的过程,因此污染物的归趋及其对生态系统和人类健康的影响是必须注意的问题之一。

综上所述,可以看出,修复土壤污染最好的技术还是植物萃取技术。所以"植物萃取技术"通常也被称为"植物修复技术"。其本质是通过植物的光合作用,将分散在土壤中的污染物泵吸出来,转移到植物地上茎叶部位,最后通过收获植物地上器官并处理这些器官达到环境治理、变废为宝的目的。

　　植物降解环境中有机污染物的机制较为复杂,归纳起来大致有以下机制:①植物对有机物的直接吸收和新陈代谢;②植物根部释放降解土壤有机污染物的特殊酶;③植物根际微生物群落的降解作用。

　　植物对有机物的直接吸收和新陈代谢。据报道,水稻幼苗可通过根系吸收 14C 标记的甲烷,而玉米幼苗可通过根和叶吸收同位素标记的甲烷、乙烷、丙烷、戊烷。研究还表明,苯、甲苯、二甲苯均可随灌溉水进入植物体内,并加入到植物的新陈代谢过程中。早在 20 世纪 70 年代初期,人们就已经发现植物具有新陈代谢多氯联苯的功能,并鉴定出植物的新陈代谢产物,羟基氯联苯等等。

　　植物根部释放降解土壤有机污染物的特殊酶。如腈水解酶、消化酶和漆酶、去卤代酶,它们分别降解 4-氯苯腈、三硝基甲苯(TNT)、氯代溶剂(如三氯乙烯)。细胞色素 P450、过加氧酶(peroxygenases)和过氧化物酶等也能降解异型生物质。氧合作用(oxygenation)是杀虫剂和除草剂新陈代谢降解污染物的常见过程,也是有机污染物降解的初始环节。

第10章 固体废物环境保护技术

10.1 固体废物的来源与分类

10.1.1 固体废物的概念

伴随着人们在生产建设、日常生活、消费和其他活动中产生的,在一定时间和地点无法利用而被丢弃的固体、半固体废弃物即为固体废物。

城市固体废物是指在市政建设与维护、居民生活、城市商业、餐饮旅馆业、交通运输业、娱乐旅游服务业、医疗文教卫生业的各项活动中产生的固体废物,工业企业单位的非生产固体废物,以及各种污泥(污水处理、给水处理、水体污泥)、粪便等。

在日常生活中或者为日常生活提供服务的活动中产生的固体废物,以及法律、行政法规规定视为生活垃圾的固体废物即为生活垃圾。

建筑垃圾是指建设、施工单位或个人在各类建筑物、构筑物、管网等建设、铺设或拆除、修缮过程中所产生的渣土、弃土、弃料、淤泥及其他废弃物。建筑垃圾的处理要单独进行,不得与生活垃圾混杂处理。

危险废物若遇到不适当的处理、处置、运输时,人体健康或地球环境会受到明显威胁,可能引起人类以及相关生物的疾病或死亡。危险废物包括了医疗废物,但不等同于医疗废物。

联合国环境规划署(UNEP)也给危险废物下了定义:危险废物是会对人、动植物和环境有危害的废物,这些危害是除放射性以外的具有化学性或毒性、爆炸性及其他危害,其中,还包括产生、处置或运输在相关规定中做特别论述的废物。

医疗废物是指医疗卫生机构在医疗、预防、保健以及其他相关活动中产生的具有直接或者间接感染性、毒性以及其他危害性的废物。常见的如医院门诊处置废物、临床处置废物、重患者病房生活垃圾及废药剂等均可以划归到医疗废物的范畴内,在这些物质中有大量的病毒、细菌以及化学药剂,它们进入环境中会造成很大的危害。

10.1.2 固体废物的来源

在当今的科学技术条件下,随着经济的不断发展,城市化进程的不断加快,工业规模的不断扩大,固体废物的排放量也就有一定程度地增加。以城市生活垃圾年平均增长率为例,美国为5%,欧盟国家为2%~5%,韩国为11%,中国为5%~6%;英国城市垃圾量15年增加了一倍,日本最近10年平均每日垃圾抛弃量增加了一倍。表10-1列出了一般废物的产生源及其组成。

表 10-1　一般废物类组成及产生源

分类	来源	主要组成物
矿山废物	矿山选冶厂	废石、尾矿、砖瓦、金属、灰石、水泥、废木、沙石等
工业废物	冶金、交通、机械、金属结构等工业	金属、矿渣、沙石、模型、芯、陶瓷边角料、涂料、管道、绝热和绝缘材料、粘结剂、废木、橡胶、烟尘、各种废旧建筑材料等
	煤炭	矿石、木料、金属、煤矸石等
	食品加工	肉类、谷物、果类、蔬菜、烟草
	橡胶、皮革、塑料等工业	橡胶、皮革、塑料、布、线、纤维、染料、金属等
	造纸、木材、印刷等工业	刨花、锯木、碎木、化学药剂、金属填料、塑料填料、塑料等
	石油化工	化学药剂、金属、塑料、橡胶、陶瓷、沥青、油毡、石棉、涂料等
	电器、仪器仪表等工业	金属、玻璃、木材、橡胶、塑料、化学药剂、研磨料、陶瓷、绝缘材料
	纺织服装业	布头、纤维、橡胶、塑料、金属等
	建筑材料	金属、水泥、粘土、陶瓷、石棉、石膏、砂石、纸、纤维等
	电力工业	炉渣、粉煤灰、烟灰
城市垃圾	居民生活	食物垃圾、纸屑、布料、庭院植物修剪物、金属、玻璃、塑料、陶瓷、燃料、灰渣、碎砖瓦、废器具、粪便、杂品
	商业、机关	管道、碎砌体、沥青及其他建筑材料、废汽车、废电器、废器具、含有易燃易爆、腐蚀性、放射性的废物,其中,类似居民生活栏内的各种废物也包括在内
	市政维护、管理部门	碎砖瓦、树叶、死禽畜、金属锅炉灰渣、污泥、脏土等
农业废物	农林	稻草、糠秕、秸秆、蔬菜、水果、果树枝条、落叶、废塑料、农药、人畜粪便、禽粪
	水产	腥臭死禽畜、腐烂鱼、虾、贝壳、水产加工污水、污泥等
有害废物	核工业、核电站、放射性医疗单位、科研单位	金属、含放射性废渣、粉尘、污泥、器具、劳保用品、建筑材料
	其他有关单位	含有易燃、易爆和有毒性、腐蚀性、反应性、传染性的固体废物

10.1.3　固体废物的分类

细分的话,固体废物可以分为以下几类:

(1)工业固体废物。

工业固体废物是指在开展工业生产过程以及在进行工业加工时所产生的废渣、粉尘、废屑、污泥等。按行业进行划分的话,可以分为:

①冶金工业固体废物,是指产生于各种金属冶炼或加工过程中的各种废渣,常见的包括炼铁的炉渣,炼钢的钢渣等。

②能源工业固体废物,指燃煤电厂产生的粉煤灰、炉渣、烟道灰,采煤及洗煤产生的煤矸

石,石油工业产生的油泥、焦油、页岩渣、废催化剂等。

③矿业固体废物,主要包括采矿石和尾矿。采矿石废物量大,其大多被集中堆放在采矿现场;尾矿则是指各种选矿、洗矿过程中产生的剩余尾砂。

④化学工业固体废物,指化学工业中产生的硫铁矿渣、酸碱渣、盐泥等。

⑤轻工业固体废物,指食品、造纸印刷、纺织印染、皮革等工业加工过程中产生的废物。

⑥其他固体废物,指机械加工过程中产生的金属碎屑、建筑废料以及其他工业加工过程中产生的废渣等。

(2)城市固体废物。

城市固体废物又称城市垃圾,指居民生活、商业活动、市政建设与维护、机关办公等产生的生活废物。城市固体废物常见的有以下几种:

①生活垃圾,包括炊厨废物、废纸、织物、家用杂具、玻璃陶瓷碎物、电器制品、废旧塑料制品、废弃交通工具、煤灰渣等。

②商业固体废物,包括废纸、各种废旧的包装材料,丢弃的主、副食品等。

③建筑垃圾,包括废砖瓦、碎石、渣土、混凝土碎块等。

④粪便,工业先进国家城市居民产生的粪便大都通过下水道输入污水处理厂处理。而我国许多地方尤其是市政基础设施较薄弱的城市,仍需要收集、清运粪便。这部分粪便也是目前城市固体废物的重要组成部分。

(3)农业固体废物。

农业固体废物指农、林、牧、渔各业生产、科研及农民日常生活过程中的植物秸秆、牲畜粪便、生活废物等。

(4)放射性固体废物。

放射性固体废物指燃料生产加工、同位素应用、核电站、科研单位、医疗单位以及放射性废物处理设施的放射性废物,如尾矿,被污染的废旧设备、仪器、防护用品,废树脂,水处理污泥及残液等。许多国家将这部分废物单独列出加以管理,这么做是出于环境保护的需要。

10.1.4 固体废物的特点

(1)资源和废物的相对性。

固体废物只有在一定的时间段和空间时才可以称之为固体废物,因为也可能该固体废物在其他地点、其他时间段上就是可以被有效利用的资源了。从时间的层面来看,局限于当下科学技术的发展以及经济条件的局限性,固体废物才无法得到利用,然而随着时间的推移,极有可能今天的废物会随着科学技术的不断发展以及人们的要求会发生的变化,今天的固体废物可能在未来就会变成可以能加以利用的资源。从空间的层面来看,固体废物的使用价值极有可能仅是在相对于某过程或某方面中没有得到体现,如果换个环境的话,极有可能在其他工程或其他方面可以被有效利用,这样的话,固体废物也就成为了有利用价值的资源。例如,高炉矿渣、煤矸石等过去都是作为冶金废物,现在却成为重要的建筑材料,用来制砖;人畜粪便,从古到今一直作为肥料的主要来源。

(2)危害具有潜在性、长期性和灾难性。

和其他类型污染物以下,固体废物也是通过水、气和土壤才对环境造成影响的,其中,如浸出液在土壤中的迁移等污染成分的迁移转化,通常会需要多年,这就导致在数年甚至是数十年后才能发现固体废物的危害。从一定的程度上来看,固体废物相比于水、气造成的危害程度更加严重。

(3)富集终态和污染源头的双重作用。

更进一步来说,许多污染成分的终极状态可以说就是固体废物。例如,通过采取相关治理措施后一些有害气体或飘尘最后会富集成固体废物;通过采取相关技术后一些有害溶质和悬浮物会被有效分离出来成为污泥或残渣,通过前面的介绍可以知道,这些也属于固体废物的范畴;通过焚烧实现对一些含重金属的可燃固体废物的处理,在灰烬中会富集有害金属。然而在长期自然因素作用下,若管理不善的话,这些"终态"物质中的有害成分仍然有可能再次转入大气、水体和土壤中,从而成为污染源,再造成二次或者是多次污染。

10.2　固体废物的污染途径及危害

10.2.1　固体废物的污染途径

工业固体废物的运输会给沿途环境带来一定量的废渣散落,若防护措施在其储存场所没有得到严格执行的话,长期堆放将使其中的重金属等污染物渗透入储存地的土壤,其二次扬尘将污染周边大气环境,堆积的工业固废经过雨水浸泡会污染当地的地下水、地表水。同时,工矿业固体废物所含化学成分能形成化学物质型污染。具体废物的具体污染途径详见图 10-1所示。

农业固体废物若地处管理薄弱的地区,经常会处于松散的弃置状态,对大气、土壤、水体的威胁更加严重,尤其是对农村的地表水、地下水造成的污染比较显著。

危险废物的回收管理若流于松散,则其回收途径往往成为其污染的途径。例如,医疗废物中的输液管等医疗器具,其非法回收途径是非常危险的污染传播途径。危险废物的运输环节若发生倾翻事故,途中的环境就会受到污染,如意外倾倒入河流、水库、沟渠等位置,危害严重。而危险废物到达其集中处置厂后,仍面临着更大的考验。若此集中处置厂发生事故,如放射性废物处置厂发生泄漏,或者医疗废物焚烧厂的二噁英治理不达标,则成为新的集中污染源,会对人体健康或地球环境造成显著威胁,可能引起人类以及相关生物的疾病或死亡。

城市生活垃圾若散乱堆弃于人类生活区附近,其中的有害成分还会再次危害到人体健康的,具体是通过大气、土壤、地表或地下水等环境介质来实现的。人畜粪便和生活垃圾之所以能够造成病原型污染,是因为有各种病原微生物存于其中。若被倾倒于环境敏感区域,将导致严重的污染事故。若没有采取相关措施使生活垃圾填埋场得到严格、缜密的管理的话,那么在长期的自然因素的作用下,存在于填埋场中的有害物质结汇借助于各种环境介质,成为巨大的污染源。其附近的地下水就会因垃圾渗滤液而受到污染;周围空气也会因为其厌氧发酵产生的沼气而受到污染,我们知道沼气是极容易发生爆炸的;且滑坡、倒塌的隐患也会因庞大的垃圾堆体而成为可能。

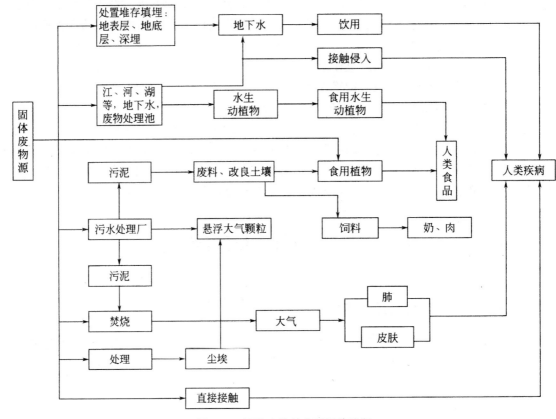

图 10-1　固体废物的主要污染途径

总之,固体废物若集中堆放至某个场地上,但却欠缺严格的科学防护,其危害在某些场合将比散乱堆弃更大。例如,电池若被集中收集后,堆放于某一场地上,却没有采取防护措施,将对所堆放的地点造成更明显的污染。

10.2.2　固体废物的危害

(1)对大气环境的影响。

工业企业(尤其是煤矿、水泥厂)堆放的固体废物中的细微颗粒、粉尘等易于随气流重新飞起,大气环境也会因此而受到严重污染。因此,采用洒水降尘、植树防护、建设储存桶仓、架设遮盖都非常必要。另外,长期堆积的工业废物(如煤矸石)会发生氧化分解、自燃等现象,产生毒气或恶臭,造成空气污染;生活垃圾填埋场未加收集的沼气会对周边村庄大气环境造成负面影响;在运输和处理固体废物的过程中,也会出现粉尘的、严重的还会有有毒气体的散播。

目前,采用焚烧法处理固体废物,已成为有些国家大气污染的主要污染源之一。据报道,美国固体废物焚烧炉,约有 2/3 由于缺乏空气净化装置而污染大气,有的露天焚烧炉排出的粉尘在接近地面处的质量浓度达到 $0.56~\text{g/m}^3$。我国的部分企业,采用焚烧法处理塑料排出和大量粉尘,也造成严重的大气污染。

（2）对土壤环境的影响。

固体废物的堆放将占用大量的土地、沟谷,破坏原有地貌植被生态环境。其中所含的有害物质通过淋溶作用会改变土壤的性质和结构,在土壤中会发生累积,土壤中的微生物、植物根系会受到严重威胁,使土壤丧失腐解能力。这些有害成分的存在,还会在植物有机体内积蓄,通过食物链危及人体健康。这就要求人类在堆存固体废物时,一方面要增加所占用土地的堆高系数,另一方面做好地质防护,还要积极做好固体废物填埋封场后的土地复用、造地计划。

（3）对水环境的影响。

若直接将固体废物倾倒于河流、湖泊或海洋,将后者当成处置固体废物的场所之一,是有违国际公约的。即使是无害的固体废物排入水体,也会淤塞河道,造成潜在的防洪威胁。

固体废物中的有毒有害成分随降水或地表径流汇入河流、湖泊,甚至是进入地下水,造成的损失往往是不可逆的。在我国,固体废物污染水的事件已屡见不鲜。如锦州某铁合金厂堆存的铬渣,使近 20 km^2 范围内的水质遭受六价铬污染,致使七个自然村屯 1800 眼水井的水不能饮用。湖南某矿务局的含砷废渣由于长期露天堆存,其浸出液污染了民用水井,造成 308 人急性中毒、6 人死亡的严重事故。刘长礼等人对北京某垃圾场的污染监测结果表明,该垃圾场对地下水的污染极其严重:综合污染指数可达到 59,单项污染组分如 NO_2^-、NH_4^+、COD 等普遍比参照值高出几十倍。全国各地对旧有垃圾填埋场的检测都显示地下水环境受到了不同程度的干扰或污染。对于建设比较规范、严格的填埋场,其渗滤液的污染范围、程度有限。主要是浅层地下水局部污染,氨氮、挥发酚等为主要超标污染物。

（4）对人体的危害。

生活在环境中的人,以大气、水、土壤为媒介,可以将环境中的有害废物直接由呼吸道、消化道或皮肤摄入人体,人们会因此而生病。一个典型例子就是美国的腊芙运河(LoveCanal)污染事件。20 世纪 40 年代,美国一家化学公司利用腊芙运河停挖废弃的河谷,来填埋生产有机氯农药、塑料等残余有害废物 2×10^4 t。掩埋 10 余年后在该地区陆续发生了一些如井水变臭、婴儿畸形、人患怪病等现象。经化验分析研究当地空气、用作水源的地下水和土壤中都含有六六六、三氯苯、三氯乙烯、二氯苯酚等 82 种有毒化学物质,其中列在美国环保局优先污染清单上的就有 27 种,被怀疑是人类致癌物质的多达 11 种。许多住宅的地下室和周围庭院里渗进了有毒化学浸出液,于是迫使政府在 1978 年 8 月宣布该地区处于"卫生紧急状态",先后两次近千户被迫搬迁,造成了极大的社会问题和经济损失。随着经济的迅速发展,特别是众多的新化学产品不断地投入市场,无疑还会给环境带来更加严重的负担,也将给固体废物污染控制提出更多的课题。

10.3　固体废物的处理、处置

10.3.1　固体废物的预处理

固体废物种类多种多样,其形状、大小、结构及性质各异。为了方便处理、利用和处置,就有必要对其做预处理。通过预处理可使固体废物转变为便于运输、贮存、回收利用和处置的形态。预处理的方法很多,有收运、压实、破碎、分选和脱水等。

(1)收运。

将分散的固体废物收集运输到处理场所是固体废物处理的第一道工序,该工作的复杂程度和困难程度也比较高。对于工业固体废物的收运,按照"谁污染,谁治理"的原则,产生较多废物的企业自建有堆场,收集运输工作由企业自己负责。零星、分散的固体废物(如工业下脚料及居民废弃的日常生活用品)由相关废旧物资系统负责收集。收集的品种有黑色金属、有色金属、橡胶、塑料、纸张、破布、玻璃、机电五金、化工下脚料、废油脂等 15 大类、1000 多个品种。

通常情况下,城市固体废物的收运是有三个阶段组成的:第一阶段是城市固体废物的收集、搬运和贮存,即由垃圾产生者或环卫系统从城市垃圾产生源头将其送至贮存容器或集装点的过程,是城市垃圾由产生源到垃圾桶的过程。第二阶段是城市固体废物的收集和清运,指用清运车按照一定路线收集清除贮存器(垃圾桶)中的垃圾并运转至堆场或中转站的过程,一般运输路线较短,也称为近距离运输。第三阶段是城市固体废物的运转过程,也称远途运输,指垃圾大型运输车自中转站运输至最终的处置场(填埋场)过程。这三个阶段构成城市固体废物的收运系统。该系统是城市固体废物处理的第一环节,耗资大、操作复杂。

(2)压实。

为了减少固体废物的运输和处置体积,使相应费用的产生得到有效控制,必须对固体废物进行压实处理。压实又称压缩,是用机械方法增加固体废物聚集程度、增大容重和减少固体表观修积,提高运输和管理效率的一种操作技术。压实一般采用压实器进行,压缩比控制为3～5。

适于压实减少体积处理的固体废物有垃圾、松散废物、纸袋、纸箱及某些纤维制品等。对于那些可能使压实设备损坏的废物不宜采用压实处理。某些可能引起操作问题的废物,如焦油、污泥或液体物料是无需对其做压实处理的。

(3)破碎。

破碎是指利用外力把大块固体废物分裂成小块的过程。破碎的目的在于使固体废物颗粒尺寸尽可能地缩小,减少固体废物的容积,便于运输;增加固体废物的比表面积,提高焚烧、热分解等作业的稳定性和热效率;防止粗大、锋利的固体废物对处理设备的破坏等。经过破碎后的固体废物直接进行填埋处理时,压实密度高而均匀,加快填埋处置场的早期稳定化。

物理和机械方法为固体废物破碎的常用方法。物理方法有低温冷冻破碎和超声波粉碎法两种。前者已用于废塑料及其制品、废橡胶及其制品、废电线等的破碎,后者目前还处在实验室或半工业性试验阶段。机械方法有挤压、劈裂、弯曲、冲击、磨剥和剪切破碎等。

(4)分选。

利用人工或机械的方法把固体废物中各种有用资源或不利于后续处理工艺要求的废物组分分离出来的预处理方法就是所谓的分选。固体废物的分选可提高回收物质的纯度和价值,是实现固体废物资源化、减量化的重要手段。

固体废物分选可简单分为手工拣选法和机械分选法。手工拣选法是最早采用的方法,适用于废物产源地、收集站、处理中心、转运站或处置场。特别对危险性或有毒有害物品,必须通过手工分选。机械分选大多在废物分选前进行预处理,如破碎处理等,一般根据废物组成中各物质的性质差别,如粒度、密度、磁性、电性、光电性、摩擦性和表面湿润性的差异而进行。例如,利用磁性可把工业固体废物和城市垃圾中的铁等金属类分离出来。

（5）脱水。

含水率超过 90％的固体废物,必须先脱水减容,这样的话,包装、运输与资源化利用起来也就比较方便。固体废物的脱水方法很多,主要有浓缩脱水、机械脱水和干燥。不同的脱水方法、脱水装置,脱水效果均有所不同,表 10-2 所示是固体废物常用的脱水方法及效果。

表 10-2　固体废物常用的脱水方法及效果

脱水方法		脱水装置	脱水后含水率/%	脱水后状态
浓缩脱水		重力浓缩、气浮浓缩、离心浓缩	95～97	近似糊状
自然干化法		自然干化场、晒沙场	70～80	泥饼状
过滤	真空过滤	真空转鼓、真空转盘	60～80	泥饼状
	压力过滤	板框压滤机	45～80	泥饼状
	滚压过滤	滚压带式压滤机	78～86	泥饼状
	离心过滤	离心机	80～85	泥饼状
干燥法		各种干燥设备	10～40	粉状、粒状

10.3.2　固体废物的热处理

热处理是指将固体废物放在一定的介质内加热、保温、冷却,通过使其表面或内部的组织结构发生变化而有效控制固体废物性能的一种综合方法。热处理方法主要包括焚烧处理、热解处理等。

（1）焚烧处理。

焚烧处理是将固体废物进行高温分解和深度氧化的综合处理过程,即在 900℃～1100℃焚烧炉膛内,固体废物中的有机或部分无机成分被充分氧化,留下无机灰分等组分成为炉渣排出,从而使固体废物减容并稳定。

焚烧处理的优点非常明显具体体现在以下三个方面。

①这种固体废物的处理方式占地面积少、全天候操作、废物稳定效果好,成为当前固体废物处理的主要方法之一。

②焚烧处理产生的热量,可供热、发电或热电联供。

③焚烧处理适用性广,几乎适用于所有的有机固体废物,对于可燃性的无机固体废物（如煤矸石）也可采用,对于无机-有机混合性固体废物,如果有机物是有毒有害的物质,焚烧处理是最好的方式。某些特定的有机性固体废物也只适合于用焚烧处理,如医院带菌废物、石油工厂和塑料厂的含毒性中间副产物和焦状废渣等。

焚烧处理也有需要完善的环节。只有固体废物的热值大于 3350 kJ/kg 时,焚烧处理才无需添加辅助燃料,否则必须添加助燃剂,使该处理方式运行费用提高。在焚烧过程中,由于焚烧炉的操作条件、温度、停留时间等因素影响,焚烧处理产生的烟气和残渣会造成二次污染,尤其容易产生二噁英等致癌物质。另外,焚烧处理容易导致设备锈蚀严重。

【例 10-1】 浦东新区生活垃圾焚烧厂。

浦东新区城市生活垃圾主要来自城市化地区居民、企业、集市、商业网点、学校、清道六大类。其中生活垃圾的水分、热值数据如表 10-3 所示。

表 10-3 1996—1997 年浦东新区生活垃圾水分、热值实测平均值统计汇总

垃圾测定项目	居民	工商企事业	中转站	混合组分样
平均水分(%)	59.57	50.86	50.52	56.76
平均低位热值(kJ/kg)	4813.46	6509.93	5668.76	5396.80

浦东新区生活垃圾焚烧厂的建筑主要包括:主车间(布置有垃圾卸料区、垃圾储存区、焚烧区、烟气净化区、汽轮发电区、灰渣储存区等),综合管理楼,磅站,燃料油罐区,上网变电站,污水处理站以及配套的公用工程,是我国第一个处理能力达 1000 t/d 的大型生活垃圾焚烧厂,建于 2002 年,已实现并网发电。一条垃圾处理生产线的设计处理能力约为 15.2 t/h,在该垃圾焚烧厂这样的垃圾处理生产线有 3 条。

浦东新区生活垃圾焚烧厂采用 SITY—2000 倾斜往复阶梯式机械炉排,焚烧炉年连续工作时间为 8000 h,垃圾设计热值为 6060 kJ/kg,适应波动范围为 4600~7500 kJ/kg。低热值、高水分垃圾的焚烧时可以考虑使用此炉型,垃圾在不添加辅助燃料的前提下也燃烧充分,排出炉渣的可燃物含量小于 3%。可确保烟气在炉内 850℃ 以上高温区停留时间不少于 2 s,以充分分解烟气中的有机物。焚烧炉配有辅助燃油系统。共设有 3 条余热锅炉生产线,余热锅炉过热蒸汽蒸发量为 29.3 t/(h·台),蒸汽压力 4.0 MPa(g),蒸汽温度 400℃。

为了使焚烧生活垃圾产生的余热得到充分利用,该厂设有 2 条汽轮发电机组生产线,发电能力为 1.72×10^4 kW,全年发电 1.37×10^8 kW·h。

此外,该厂没有 3 条烟气净化线。烟气处理方式采用半干式洗涤塔+滤袋式集尘器工艺。烟气处理量(标准状态下)66167~72785 m³/h(锅炉出口处),锅炉出口烟气温度为 200℃~240℃。滤袋式集尘器对重金属可提供较佳的去除效果。良好的冷却效果是由半干式洗涤塔所提供的。

(2)热解处理。

热解处理是在有机物的热不稳定性的基础上进行的,在无氧或缺氧条件下,使有机物受热裂解,产生可燃混合气体、液态燃料油,最后余下固定碳和灰分的处理方法。热解处理产生的燃料气体有氢、甲烷、一氧化碳等,液体燃料油有焦油、乙酸、丙酮和甲醇等。热解处理的主要优点是将有机物转化为便于贮存和运输的有用燃料,且尾气排放和残渣量较少,是低污染、具有较好应用前景的固体废物处理方法。城市垃圾、污泥、塑料、树脂、橡胶、废油及油泥、农业废料等含有机物较多的固体废料的处理过程中可以考虑使用该方法。

10.3.3　固体废物的生物处理

自然界的许多微生物具有氧化、分解有机固体废物的能力。利用微生物的这种能力,处理可降解的有机废物,达到无害化和资源化,这是有机固体废物处理利用的一条重要途径。往往含有大量的生物组分的大分子有机物及其中间代谢产物如碳水化合物、蛋白质、脂肪、氨基酸、脂肪酸等等存在于许多环境污染物中,这些物质一般都较容易为微生物降解。

根据处理过程中起作用的微生物对氧气要求的不同,生物处理可分为好氧微生物处理和厌氧微生物处理两类。

1. 好氧微生物处理技术

好氧微生物处理是指有机废物在好氧条件下通过微生物的作用达到稳定化,转变为有利于土壤性状改良并对作物生长有益和容易吸收利用的有机物的过程。所谓稳定化,是指病原性微生物的失活、有机物的分解以及腐殖质的生成过程。因此,好氧生物处理又称好氧发酵或堆肥化。堆肥化是处理有机废物尤其是生活垃圾的主要方法,通过该方法环境和资源化均可得到有效保护。

好氧法堆肥是以好氧菌为主对废物进行吸收、氧化、分解。微生物通过自身的生命活动,把一部分被吸收的有机物氧化成简单的无机物,并放出生物生长活动所需要的能量,把另一部分有机物转化合成为新的细胞物质,使微生物生长繁殖,更多的生物体得以顺利产生。可用以下反应式表示:

①有机物的分解反应:

$$不含氮有机物(C_xH_yO_z)+O_2 \xrightarrow{好氧微生物} 简单无机物(CO_2+H_2O)+能量$$

$$含氮有机物(C_sH_tN_uO_v \cdot aH_2O)+O_2 \xrightarrow{好氧微生物} C_wH_xN_yO_{z(堆肥)} \cdot cH_2O$$
$$+CO_2+H_2O+NH_3+能量$$

②微生物细胞质的合成反应(包括有机物的氧化分解,并以 NH_3 作为氮源):

$$n(C_xH_yO_f)+NH_3+O_2 \rightarrow C_5H_7NO_2(细胞质)+CO_2+H_2O+能量$$

③微生物细胞质的氧化分解:

$$C_5H_7NO_2(细胞质)+5O_2 \rightarrow 5CO_2+2H_2O+NH_3+能量$$

以下几个因素均会对好氧发酵过程造成一定影响:

(1)有机物的含量。

堆肥物料适宜的有机物含量为 $20\%\sim80\%$,有机物含量过低,就无法保证足够的热能,影响嗜热菌增殖,难以维持高温发酵过程。

(2)含水率。

水分是微生物生长繁殖不可或缺的,是影响发酵的主要因素之一。从理论上讲,堆肥原料水分含量在 $50\%\sim60\%$ 时,微生物分解速度最快。在用生活垃圾堆肥时,一般以含水率 55% 为最佳。

(3)碳氮比(C/N)。

有机物被微生物分解速度随 C/N 比而变。微生物自身的 C/N 比约 $4\sim30$,用作其营养的有机物 C/N 比最好也在此范围内,有机物被微生物分解速度在 C/N 比在 10 左右能都达到最高。由于初始原料的 C/N 比(如秸秆粪的 C/N 比 70～100,垃圾的 C/N 比 50～80)一般都高于上述值,故应加入氮肥水溶液、粪便、污泥等调节剂,使 C/N 比调整到 30 以下。

(4)供氧量。

在较好的通风条件下,提供充足的氧气是好氧堆肥过程正常运行的基本保证,也是有机物降解和微生物生长不可欠缺的物质。堆肥理论需氧量可根据生产能力,通过有机物分解反应式估算得到,实际供氧量通常为理论量的 2～10 倍。过量供氧易使温度下降。

(5)温度。

在堆肥过程中,有机质生化降解会产生热量,如果这部分热量大于堆肥向环境中散热,堆肥物料的温度则会上升。此时,热敏感的微生物就会死亡,耐高温的细菌就会快速地生长、大量的繁殖。据报道,整个堆肥过程的较佳温度是 35℃～55℃。图 10-2 很好地展示了堆肥物料变化曲线。

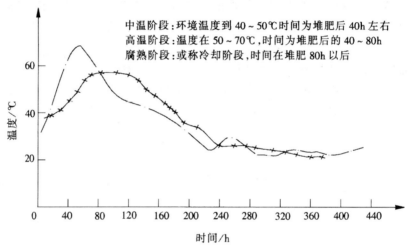

图 10-2　堆肥物料变化曲线

好氧堆肥法有间歇堆积法(又称露天堆积法)和连续堆积法。前者在露天进行,后者在堆肥发酵仓和发酵塔中进行。

(6)pH 值。

理论上,pH 值对城市垃圾堆肥过程跟 pH 值的大小可以说是没有多大关系,而且 pH 值随堆肥过程波动本身就是由于物料降解的结果。在堆肥初期,由于酸性细菌的作用,pH 值降到 5.5～6.0,使堆肥物料呈酸性;随后,由于以酸性物为养料细菌的生长和繁殖,导致 pH 值上升,堆肥过程结束后,物料的 pH 值上升到 8.5～9.0。

【例 10-2】　无锡生活垃圾处理厂。

该厂是我国第一座现代化的高温好氧静态堆肥厂。设计规模 100 t/d。主体工艺采用快速高温堆肥,两次发酵。由预处理工段、一次发酵、后处理、二次发酵共同构成了整个工艺流程。堆肥机械设备主要包括:受料预分选设备(板式给料机、磁选带式输送机、摆动筛);发酵进出料设备(进料小车、螺杆出料机);精分选设备(双层滚筒筛、立锤式破碎机)。

生活垃圾进厂后,先存入受料坑,依次经过板式给料机、磁选机后,送至粗分选机,去除大于 100 mm 的粗大物、铁件及小于 5 mm 的煤灰,从而相对增大垃圾中的有机物比例,以提高发酵仓的有效容积系数,然后经输送带装入一次发酵仓。

一次发酵周期:10 d;从储粪池用污泥泵将粪水按一次发酵含水率 40％～50％要求,分 3 次喷洒,从而与垃圾能够充分混合。碳氮比控制在 25∶1。装仓完毕后加盖密封,强制通风,通风量 $0.1～0.2\ m^3/m^3$ 堆层;控制温度约 65℃,最低 50℃,最高 75℃,维持 7 d。在一次发酵仓底设有排水系统,将渗沥水导入集水井后,经污水泵打回粪池回用。一次发酵的最终指标为:无恶臭,出料符合无害化标准;容积减量 1/3 左右;水分去除率 8％左右;挥发性固体转化率 15％左右;碳氮比 20∶1。一次发酵堆肥由池底经螺杆出料机传送至皮带输送机。

其后进入精分选工序。先由二次磁选机将铁件分离,之后堆肥物料被送入立锤式高效复合筛分破碎机,由双层滚筒筛和立锤式破碎机共同组成该机的筛分部分。在此垃圾被分为大块无机物、高分子化合物、可堆肥物等。分选出的石块、砖瓦、玻璃、塑料等被除去,进行填埋或焚烧处理。粒径处于 12 mm 与 40 mm 之间的可堆肥物送至破碎机,破碎机出料与筛分机堆肥物细料一起送至二次发酵仓进行二次堆肥。

二次发酵周期为 10 d;温度小于 40℃。此时,将一次发酵池的废气,通过风机送入二次发酵仓底部的通风管道。这样,在起到一次发酵气体的脱臭的同时,又使二次发酵仓得以继续通风。二次发酵产品指标:堆肥充分腐熟,含水率＜20％,碳氮比＜20∶1。最终堆肥 pH 值为 7.5～8.5,全氮为 0.3％,速效氮为 0.04％,全磷为 0.1％,全钾为 0.2％,无机物粒径＜5 mm。

2. 厌氧发酵处理技术

厌氧发酵是废物在厌氧的条件下通过微生物的代谢活动而被稳定化,同时还会产生 CH_4 (或称沼气)和 CO_2。厌氧发酵是一种普遍存在于自然界的微生物过程,只要供氧条件不好或有机物含量多的地方,都会发生厌氧发酵现象,如沼泽淤泥、海地、湖底和江湾的沉积物、污泥和粪便、污泥及有机固体废物的厌氧发酵构筑物等。

有机物厌氧发酵是由液化、产酸、产甲烷这三个阶段组成的具体可见图 10-3 所示。每一阶段各有其独特的微生物类群起作用。液化阶段起作用的细菌称为发酵细菌,包括纤维素分解菌、蛋白质水解菌。产酸阶段起作用的细菌是醋酸分解菌。这两个阶段起作用的细菌统称为不产甲烷菌。产甲烷阶段起作用的细菌是甲烷细菌。

图 10-3　厌氧发酵的三个阶段

以下几个因素均会影响到厌氧发酵:

(1)原料配比。

配料时,应当有效控制碳氮比。碳氮比值大的有机物,称为贫氮有机物,如农作物的秸秆等;碳氮比值小的有机物,称为富氮有机物,如人尿粪等。为了满足厌氧发酵时的微生物对碳素和氮素的营养要求,须将贫氮有机物和富氮有机物进行合理配比,才能获得较高的产气量。大量的报道和实验表明,厌氧发酵的碳氮比以 20～30∶1 为宜,C/N 为 35∶1 时产气量明显下降。

(2)pH 值。

对于甲烷细菌来说,维持弱碱性环境是绝对必要的,它的最佳 pH 值范围是 6.8~7.5。pH 值低,将使二氧化碳增加,就会产生大量水溶性有机酸和硫化氢,硫化物含量增加,因而抑制甲烷菌生长。

为使发酵池内的 pH 值保持在最佳范围,可以加入石灰。但是,经验表明,单纯加石灰的方法不好。调整 pH 值的最好方法是调整原料的碳氮比。

(3)温度。

产气量的多少跟温度有直接关系。在一定范围内,温度越高,产气量越高,因为温度高时原料的细菌活跃,分解速度快,使得产气量增加。

(4)搅拌。

搅拌目的是使池内各处温度均匀,进入的原料与池内熟料完全混合,底值与微生物密切接触,防止底部物料出现酸积累,并且使反应产物(H_2S、NH_3、CH_4)迅速排除。

厌氧发酵工艺进一步划分的话可以分为以下两种:高温厌氧发酵工艺和自然温度厌氧发酵工艺。一般在厌氧发酵池内进行。

固体废物的生物处理技术已用于城市垃圾、污泥、家畜粪尿的堆肥和沼气化,厨卫垃圾、秸秆的沼气发酵,固体废物的糖化和生产酒精等。

10.3.4　固体废物的固化处理

固化处理也称稳定化处理,是指利用物理-化学方法将有害固体废物固定或包容在惰性固体基材中的无害化处理过程。固化处理是对危险固体废物进行最终处置前的最后处理,目的在于减少危险固体废物的流动性,降低废物的渗透性,使稳定化、无害化和减量化的目标得以顺利实现。固化处理适用于放射性废物及电镀污泥、汞渣、铬渣等多种无机有毒有害废物。根据固化处理时采用的固化剂不同,可将固化处理分为水泥固化、塑料固化、水玻璃固化和沥青固化等种类。

(1)水泥固化处理。

水泥固化处理是指将普通水泥与水按一定比例掺入危险废物中,拌成泥状混合物,制成一种固态物体,原废物的物理性质就会发生相应变化,并降低渗出率。

(2)水玻璃固化处理。

水玻璃固化处理是指以水玻璃为固化剂,无机酸类(如硫酸、硝酸、盐酸和磷酸等)为辅助剂,在水玻璃的硬化、结合、包容及其吸附性能的基础上,与一定配比的有害污泥混合进行中和与缩合脱水反应,形成凝胶体,经凝结硬化逐步形成水玻璃固化体。

我国已有企业将混合的固体废物经高温高压水解处理和烘干粉碎后,采用水玻璃固化生产地面砖。

(3)石灰固化处理。

石灰固化处理是指以石灰为固化剂,以粉煤灰、水泥窑灰为填料,专用于固化含有硫酸盐或亚硫酸盐类废渣的一种固化处理方法。其原理是粉煤灰、水泥窑灰中含有活性氧化铝和二氧化硅,能与石灰和含有硫酸、亚硫酸废渣中的水反应,具有一定强度的固化体会经凝结、硬化后形成。

石灰固化处理的优点是使用的填料来源丰富、价廉易得;操作简单,不需要特殊设备;处理费用低;被固化的废渣无需对其进行脱水和干燥;可在常温下操作等。缺点表现为石灰固化增容比大,固化体易受酸性介质侵蚀,需对固化体表面进行涂覆,使费用增加。

(4)塑料固化处理。

塑料固化处理是指以塑料为固化剂与有害固体废物按一定配比,并加入适量的催化剂和填料(骨料)进行搅拌混合,使其聚合固化并将有害固体废物包容,形成具有一定强度和稳定性的固化体。

10.3.5　固体废物的最终处置

跟技术先进与否没有多大关系,一些无法利用和处理的固体废物是避免不了的。这些固体废物是多种污染物质存在的终态。处于终态的固体废物要长期存在于环境之中,为了防止其对环境的污染,必须进行最终处置。固体废物的处置就是将这些可能对环境造成危害的固体污染物质放置在某些安全可靠的场所,以最大限度地与生物圈隔离。

概括说来,固体废物的处置可分为海洋处置和陆地处置两大类。

1.海洋处置

海洋处置是基于海洋对固体废物进行处置的一种方法。海洋处置有传统的海洋倾倒和近年发展起来的远洋焚烧这两种。

(1)海洋倾倒。

海洋倾倒是将固体废物直接投入海洋的一种处置方法。其理论基础是海洋是一个庞大废物接受体,对污染物质的稀释能力非常明显。尽管这种方法联合国提出反对,但个别国家仍有使用。装在封闭容器中的有害废物,即使容器破损污染物质浸出,由于海水的自然稀释和扩散作用,可使环境中污染物质达到容许的程度。

进行海洋倾倒时,首先要根据有关法律规定,选择处置场地,然后再根据处置区的海洋学特性,海洋保护水质标准,处置废物的种类及倾倒方式进行技术可行性研究和经济分析,最后按照设计的倾倒方案进行投弃。对于放射性废物及含重金属的有害废物,只有完成固化处理后才能进行海洋倾倒。

(2)远洋焚烧。

远洋焚烧是利用焚烧船在远海对固体废物进行处置的一种方法。处理各种含氯的有机废物时可以使用该方法。

国际有关法律和国际性决议是在做海洋处置时一定要遵守的,在规定的海域内选择处置场地及允许的方式进行。我国政府已同意接受《关于海上处置放射性废物的决议》等三项国际性决议。从 1994 年 2 月 20 日起禁止在其管辖海域处置一切放射性废物和其他放射性物质,在海上处置工业废物以及在海上焚烧废物和阴沟河泥等活动。

2.陆地处置

基于土地对固体废物进行的处置就是陆地处置。根据废物的种类及其处置的地层位置(地上、地表、地下和深地层),陆地处置可分为土地耕作、工程库或贮留池贮存、土地填埋、浅地层埋藏及深井灌注等。

(1)土地耕作。

土地耕作是使用表层土壤处置工业固体废物的方法。这种方法仅用于一般废物,它是把废物当作肥料或土壤改良剂,直接施用在土地上或混入土壤表层。土地耕作根据其处置废物的种类及施用方式还分为土地铺散、土地应用、污泥造田、土壤耕种和土地处置等。

土地耕作是一种简单的固体废物处置方法,它具有工艺简单,费用适宜,对环境影响较小,具有有效改善土壤结构和增加土壤肥力等优点。

(2)卫生土地填埋。

卫生土地填埋是处置一般固体废物使之不会对公众健康及安全造成危害的一种处置方法,在处置城市垃圾中该方法用得比较多。通常把运到土地填埋场的废物在限定的区域内铺撒成 $40\sim75$ cm 的薄层,然后压实以减少废物的体积,每层操作之后用 $15\sim30$ cm 厚的土壤覆盖,并压实。

为了防止地下水污染,目前卫生土地填埋已从过去的依靠土壤过滤自净的扩散型结构发展为密封结构。

(3)安全土地填埋。

实际上,安全土地填埋就是卫生土地填埋方法的进一步改进,对场地的建造技术要求严格程度更高。衬里系统的渗透系数要小于 10^{-8} cm/s;浸出液则要加以收集和处理;地表径流要加以控制。安全土地填埋适于处置多种类型的废物且价格较为便宜,目前许多国家已采用,并取得了大量的生产运行经验。

典型的安全土地填埋场结构如图 10-4 所示。

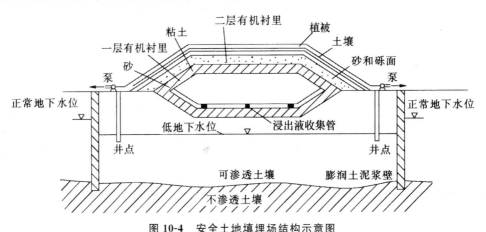

图 10-4 安全土地填埋场结构示意图

【例 10-3】 深圳市红梅危险废物安全填埋场

该填埋厂位于深圳经济特区北部山区的石夹坑,占地面积约 16.61 km²,距离居民区非常远,其北侧为标高245.8 m的高山。场区为一呈 U 字形的低山丘凹,长约 600 m,宽约 40~80 m。一期场容 23 km³,二期场容 100 km³,封场期可使用 15 年以上,并有扩建余地。

场地:填埋场东西两侧边坡利用天然山坡修整而成,坡度为 1:2.5。其南侧边坡为回填土至平台而形成,其北端筑以高 3 m、顶宽 2 m 的堆土坝。防渗层设计参照美国 EPA 最新技术规范,结合现场情况,采用双防渗系统。上部为人工材料防渗层,下部为复合防渗层。

渗沥液导排:场底由北向南设 5% 的底坡,东西两侧分别向中线设 2% 的底坡,这样的结构会使得渗滤液排除起来更加容易。场底渗滤液通过两层渗滤液集排系统进行收集。第一渗滤液集排系统由疏水层加导水干管组成,在场底依次铺设碎石导水层、土工布层。在四周边坡铺设砂层以利于疏水。此层所收集的排水与渗滤液直接流向设于场内的收集井。第二渗滤液集排系统所负担的液量较少,采用排水网格作为疏水层,便于施工,导水性较好,且占用场地容积很少。在已设在场内的初级渗滤液收集井侧加设次级井,此井之底端直接埋于双层防渗膜之间。填埋场的渗滤液最终不会影响市民用水水质。

集排气设施:本场的填埋气体产量非常有限,只布设简单的由竖式导气石笼和顶端弯曲、下段周边带有多孔的排气管组成。竖管采用高密度聚乙烯料,其底端直接与渗滤液收集系统的碎石层相连,上端与填埋废物封场后铺填的顶部粗砂集气层相接触。

封场覆盖:覆盖层依次铺设土工布、粗砂导气层、粘土垫层、防渗膜、土工布层、砾石疏水层、土工布层、覆盖土层、植被层。封场后设计地表坡度为:自北向南为 5%,由中间向东西两侧各为 2%。

危险废物填埋作业过程:将经过预处理的废物用自卸汽车自临时堆场运进场内,卸车后用推土机将废物堆推开摊平,并以压路机分层压实。

封场临时覆盖:为确保与二期工程的衔接,且使其服务期限尽可能地延长,采用临时覆盖处理。在已有的危险废物量全部入场填埋后,铺设 30 cm 厚的压实粘土,修整成由南向北倾斜的坡面,在此坡面之上再铺设一层 1 mm 的防渗膜。场内地表径流导入设于场底的箱涵而排出场外。在场地四周设排水明沟将地表水排出。

(4)深井灌注。

应该指出,需要进行终态处置的废物中,液态物质是避免不了的。利用深井灌注可以安全处置这类废物。

选择适于处置废物的地层是深井灌注处置的关键所在。一般来说,适于深井处置的地层应满足以下条件:①处置区必须位于饮用水源之下;②有不透水的岩层把注入废物的地层隔开,使废物不至流入到有用的地下水源和矿藏中去;③有足够的容量,面积较大、厚度适宜、空隙率高、饱和度适宜;④有足够的渗透性,压力低,能以理想的速率和压力接受废物;⑤地层的结构使其原来所含有的流体与注入的废物相容,或者可把废物处理,使其相容。

10.4　固体废物的综合利用

和自然资源比起来,固体废物这种二次资源有三大优点:生产效率高、能耗低和环境效益高。因此,世界各国都广泛开展了固体废物的综合利用。目前固体废物主要用于生产建材、回收能源、回收原材料、提取金属、化工产品、农用生产资源、肥料、饲料等多种用途。下面简要列出了几类固体废物的综合利用情况。

10.4.1　工业固体废物的综合利用

1.高炉渣

高炉渣是高炉炼铁过程,由矿石中的脉石、燃料中的灰分和助熔剂(石灰石)等炉料中的非挥发性组分形成的废物。其排出率与矿石品位有很大关系,我国一般冶炼 1 t 生铁约产生高炉渣 0.6～0.7 t。目前我国的高炉渣利用技术较为成熟,其得到的利用率可达到 100%。利用途径见图 10-5 所示。

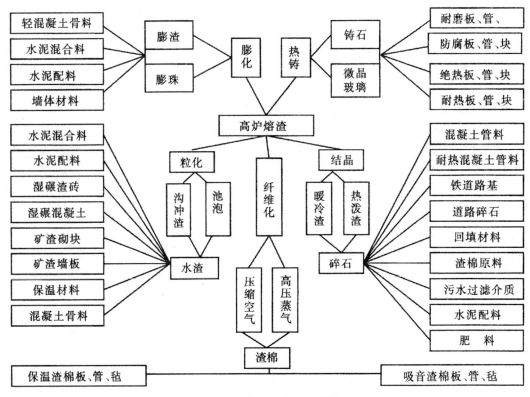

图 10-5　高炉渣的利用途径

2.粉煤灰

粉煤灰是燃煤电厂锅炉和工业锅炉除尘器中收集而得的,是煤粉经高温燃烧后形成的一种似火山灰质混合材料。SiO_2、Al_2O_3、Fe_2O_3、CaO 和未燃炭为其关键成分,另含有少量 K、P、S、Mg 等化合物和 As、Cu、Zn 等微量元素。由于粉煤灰的组成成分复杂程度比较高,粉煤灰的综合利用较为广泛。主要有:将粉煤灰作建筑材料如粉煤灰水泥、粉煤灰混凝土、粉煤灰烧结砖与蒸养砖、粉煤灰砌块等;将粉煤灰作土建原材料和填充土如工程上代替砂石、粘土作土建基层材料,代替砂石回填矿井,代替粘土复垦洼地;将粉煤灰作农业肥料和土壤改良剂或者回收粉煤灰中的煤炭资源、金属物质和空心微珠。图 10-6 列出了粉煤灰溶的利用途径。

3.钢渣

钢渣应尽量返回烧结、炼铁、炼钢等工艺过程中去,以使钢渣中的金属和其他有用成分得到最大程度地应用,也可用于制造钢渣水泥、筑路和回填工程材料、建筑材料、农肥和酸性土壤改良剂等。图 10-7 列出了钢渣的利用途径。

4.矿业尾矿

矿石在选矿过程中选出目的精矿后,剩余的含目的金属很少的矿渣成为尾矿,习惯上称尾砂。通常每处理 1 t 矿石可产生尾砂 0.5~0.95 t。据相关统计显示,我国的金属矿山每年排出尾砂 1 亿 t 左右。但随着科学技术的不断进步和资源的日益枯竭,对尾砂的综合利用主要是回收尾砂中的有价金属,同时利用尾砂生产高附加值的产品如微晶玻璃、玻化砖、建筑陶瓷、美术陶瓷等,用尾砂回填矿山采空区,用尾砂生产矿物肥料或土壤改良剂等。

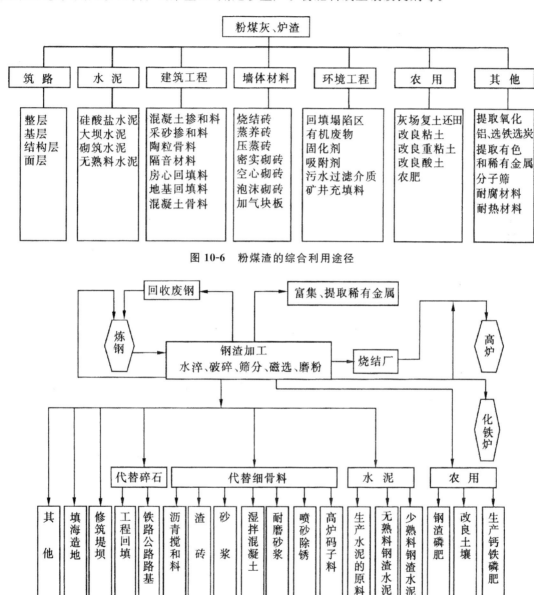

图 10-6　粉煤渣的综合利用途径

图 10-7　钢渣的利用途径

5.化工固体废物的综合利用

化工固体废物种类繁多,成分复杂,治理的方法和综合利用的工艺多种多样,量大面广废物的治理和综合利用是需要重点把握的。表 10-4 列出了主要化工固体废物处理技术概况。

表 10-4 主要化工固体废物处理技术概况

化工行业	主要废物	废物处理与综合利用技术
无机盐工业	铬渣 磷泥 电炉黄磷渣 氰渣	铬渣干法解毒技术、铬渣制玻璃着色剂、制钙镁磷肥和钙铁粉等 磷泥烧制磷酸 掺制硅酸盐水泥 高温水解氧化法处理
氯碱工业	含汞盐泥 非汞盐泥 电石渣	次氯酸钠氧化法处理、氯化硫化焙烧法处理 盐泥制氧化镁、沉淀过滤法处理 电石渣生产水泥、制漂白液和作筑路基层
磷肥工业	电炉黄磷渣 磷泥 磷石膏	制水泥技术 磷泥烧制磷酸技术 制硫酸联产水泥、制 α-半水石膏粉
氮肥工业	造气炉渣 锅炉渣	制煤渣砖 制煤渣砖、制水泥、制钙镁磷肥
硫酸工业	硫铁矿烧渣 废催化剂	烧渣制砖技术、高温氯化法处理技术、氰化法提取金、银、铁 从含钒催化剂中回收 V_2O_5
染料工业	含铜废渣 废母液	从含铜废渣中回收硫酸铜 氯化母液中回收造纸助剂和废酸
感光材料工业	废胶片	给胶片和银的回收

10.4.2 城市垃圾的综合利用

统计资料表明:我国历年垃圾的堆存量已达 65 亿多 t,占用的土地面积超过 5 亿 m^2,而且城市垃圾的产生量以每年 8%~10% 的速度递增,城市人口的人均日产垃圾量已超过 1 kg,接近工业发达国家的水平。近年来,我国每年处理城市垃圾的费用高达 7.5 亿元。如今,垃圾已成为威胁人类生存环境的大问题,全国 2/3 以上的城市仍处于城市垃圾的包围之中,不仅影响着城市居民的生活环境,同时也使城市的发展受到严重影响。

垃圾的处理方法包括填埋法、堆肥法、焚烧法、热解法等。在这些方法中,最基本的方法为填埋法、焚烧法和堆肥法。

1.填埋法

截止到目前,我国城市垃圾采用较多的是填埋法,它具有填埋结果简单、操作方便、施工费用低、还可回收甲烷气体等优点。我国第一座城市垃圾填埋场是杭州市天子岭废物处理总场,1989 年 9 月正式开工,于 1991 年 3 月竣工使用。填埋场采用斜坡作业法,垃圾按单元分层填埋如图 10-8 所示。

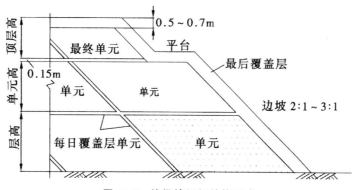

图 10-8　垃圾填埋场结构形式

2. 焚烧法

垃圾的焚烧处理已有 100 多年的历史。但自第二次世界大战后,特别是 1973 年石油危机发生后,能源价格高涨,垃圾能源回收技术得到了长足发展,垃圾焚烧厂如雨后春笋般出现。目前,不发达国家垃圾焚烧处理已经超过了填埋处理量。

根据垃圾的燃烧特性,当垃圾热值大于 3350 kJ/kg 时,不需外加燃料便能维持燃烧。图 10-9 列出了垃圾焚烧处理的典型工艺流程。

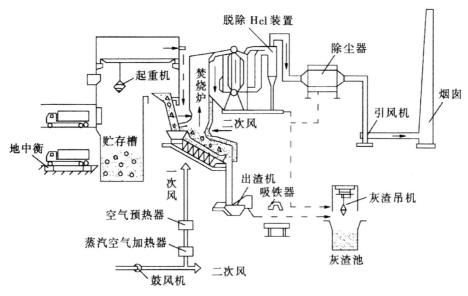

图 10-9　垃圾焚烧处理的典型工艺流程

3. 堆肥法

堆肥法是利用自然界的微生物来氧化、分解城市垃圾中的有机废物,达到无害化和资源化,是现代城市垃圾处理利用的一条重要途径。图 10-10 是国内日处理生活垃圾 100 t 的实验厂工艺流程图。该工艺采用二次发酵方式。第一次发酵采用机械强制通风,发酵期为 10 d,60℃高温保持 5 d 以上,堆料达到无害化。然后将第一次发酵堆肥通过机械分选,去除非堆腐物,送去二次发酵仓,进行二次发酵,一般若想到达到腐熟的话要耗费 10 d 左右。

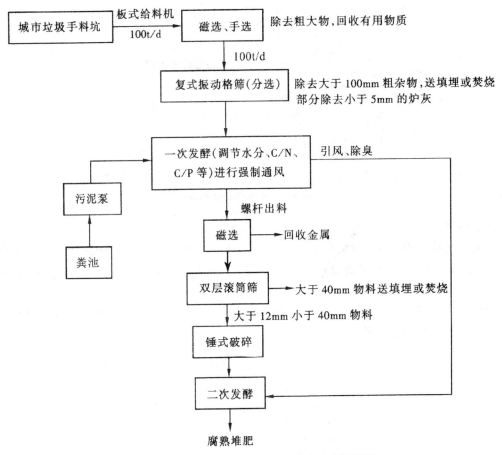

图 10-10 100 t/d 的垃圾处理实验厂工艺流程图

10.4.3 农业固体废物——秸秆的综合利用

1. 秸秆还田利用

秸秆中含有丰富的有机质和 N、P、K、Ca、Mg、S 等肥料养分,具体可见表 10-5 所示,是可利用的有机肥料资源。秸秆直接还田作肥料是一种简单易行的方法,对不同地区都可以适用。秸秆还田利用可改善土壤结构,使土壤容重下降,孔隙度增加;同时,秸秆覆盖和翻压对土壤有良好的调温保墒作用,并可抑制杂草的生长,减轻土壤盐碱度;秸秆还田后,不仅可以增加作物的产量,同时还可以是农作物品质在一定程度上得到提高。

秸秆还田一般采用人工铡碎法和机械粉碎法。后者是农业部作为为农民办的 11 件实事之一。2003 年,全国机械化秸秆还田面积达 1459 万 hm^2,比 2002 年增加 17.9 万 hm^2。

表 10-5 几种作物秸秆中元素成分(质量分数/%)

种类	N	P	K	Ca	Mg	Mn	Si
水稻	0.60	0.09	1.00	0.14	0.12	0.02	7.99

续表

种类	N	P	K	Ca	Mg	Mn	Si
小麦	0.50	0.03	0.73	0.14	0.02	0.003	3.95
大豆	1.93	0.03	1.55	0.84	0.07	—	—
油菜	0.52	0.03	0.65	0.42	0.05	0.004	0.18

2. 秸秆制炭

秸秆制炭的原理是先将秸秆烘干或晒干,然后粉碎并造粒,再把颗粒放置在制炭设备中,同时隔绝空气或只供给少量空气,并对其进行加热,使秸秆发生热解转化成固体木炭。用秸秆制成的炭含碳量为 50%~85%,发热量可达 20940~32600 kJ/kg,和普通木炭比起来,其硬度和密度更好,单位发热量优于煤,可广泛用于有色金属、合金冶炼及日常生活、食品加工等方面。秸秆制炭的工艺流程如图 10-11 所示。

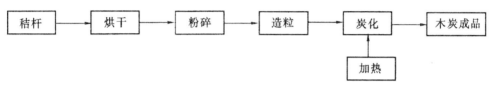

图 10-11　秸秆制炭工艺流程图

3. 秸秆厌氧制沼气

农作物秸秆作为生物质,可以进行厌氧发酵处理生产沼气。这种沼气是一种清洁的可再生能源,不但可以为农村生活提供能源,而且对保护森林资源,净化生态环境意义也非常重大。厌氧发酵后的秸秆还可做鱼饵料和牲畜饲料添加剂;产气后的沼渣、沼液腐殖酸含量高,N、P、K 和微量元素齐全,是高效的有机肥料;沼液还可用于浸种、防治农作物和果树害虫。研究表明,每千克秸秆干物质可产沼气 0.45 m³。

此外,还可以利用秸秆提取酒精;对畜牧业地区,可利用秸秆生产饲料,氨化技术、青贮技术和生物贮存技术为其主要方法。

第 11 章　物理性污染与防治

11.1　噪声污染与防治

11.1.1　噪声概述

1.噪声的概念

噪声是声波的一种,具有声音的所有特征。从环境保护的层面看来,凡是影响人们正常学习、工作和休息的声音,凡是人们在某些场合"不需要的声音",统称为噪声,如机器的轰鸣声,各种交通工具的马达声、鸣笛声,人的嘈杂声及各种突发的声响等。噪声污染属于感觉公害,它与人的生理需要和心理因素对声音的敏感程度有着密切关系。

2.噪声的度量

空气中传播的声波是一种疏密波,波长 $\lambda(m)$、频率 $f(Hz)$ 和声速 $c(m/s)$ 能够对其波动进行准确描述,它们之间的关系见式(11-1)。

$$c = f\lambda \tag{11-1}$$

声音音调的高低是由声波的频率所决定的,频率高的声音叫高音,频率低的声音叫低音。人能听到的声音的频率范围是 $20\sim20000~Hz$,而对频率在 $3000\sim4000~Hz$ 的声音最为敏感。对噪声的量度,主要有噪声强弱的量度和噪声频谱的分析。前者主要包括声强与声强级、声压与声压级、声功率与声功率级。

(1)声压、声强、声功率。

①声压。声波是疏密波,声波传播时,使空气发生压缩和膨胀的变化,压缩时使压强增加,膨胀时使压强减小。声波在空气中传播时,声压 p 实际上随时间迅速变化,对应于某一瞬时的声压叫作瞬时声压。瞬时声压对时间取均方根(把瞬时声压平方,再对时间取平均,然后开方)称为有效声压。在实际问题中,没有意外的话,所谓声压指的是有效声压。

②声强。声波具有能量,声波的传播过程实质上就是声振动能量的传播过程。垂直于声波传播方向上,单位时间内通过单位面积的声能量称为声强,常用符号 I 表示,单位是(W/m^2)。显而易见,声强是跟声音呈正比的。

③声功率。每秒从声源放射出的声波能量叫声功率,其表示可以借助于符号 W 实现,单位是瓦(W)。声功率的大小反映声源辐射声波本领的高低,是从能量角度描述噪声特性的重要物理量。

(2)声压级、声强级、声功率级。

听力正常的青年人对频率为 1000 Hz 的纯音的听觉范围是 $10^{-12}\sim10~W/m^2$,痛阈和听阈之间相差 10^{13} 倍。由于声压和声功率等参量变化范围也很大,用线性标度来表示这些量难度非常大,并且人的听觉机构对声音大小的感觉不是与声强或声压的绝对值呈线性关系,而是呈对数关系,因此,声强、声压或声功率的大小的表示往往是借助于对数标度来表示的。由于对数的自变量是无量纲的,所以用对数标度必须先选定基准量(或称参考量),然后取被量度的量与基准量比值的对数值,这个对数值称为被量度量的"级"。"级"的单位是贝尔,贝尔的 1/10 称为分贝,用符号 dB 表示。

①声压级。声波在表示声压强度相对大小的指标,是一个声音的声压与基准值(相当于人耳所能听到的声音的最低声压,2×10^{-5} Pa)之比值的常用对数乘以 20 的积,单位为分贝(dB)。人耳的听觉能感觉到的声压范围较宽,例如人类的听觉对于 1000 Hz 的纯音,能感觉到的声压范围为 $2 \times 10^{-5} \sim 20$ Pa,相应声压级范围为 $0 \sim 120$ dB。在噪声控制中,声音强弱的衡量常常是借助于声压级实现的,声压级 L_p 可用公式(11-2)表示。

$$L_p = 20\lg(p/p_0) \tag{11-2}$$

式中,L_p 为对应于声压 p 的声压级,dB;p_0 为基准声压,$p_0 = 2 \times 10^{-5}$ Pa。

②声强级。人对声音强弱的感觉并不是与声强成正比,而是与其对数成正比的。同声压级一样,为了使表示得以简化,通常用声强级来表示声强。某一处的声强级,是指该处的声强与参考声强的比值常用对数的值再乘以 10,度量它的单位为分贝。声强级用公式 11-3 表示。

$$L_I = 10\lg(I/I_0) \tag{11-3}$$

式中,I_0 为基准声强,$I_0 = 10^{-12}$ W/m^2。

③声功率级。声功率级定义为被量度声源的声功率与基准声功率比值的常用对数乘以 10,其表示可借助于符号 L_W 实现,按式(11-4)进行计算。

$$L_W = 10\lg(W/W_0) \tag{11-4}$$

式中,W_0 为基准声功率,$W_0 = 10^{-12}$ W。

对于点声源发出的球对称的球面声波,如果声源的声功率为 W,距离声源 r 米处的声强为 I,则:

$$W = SI = 4\pi r^2 I \tag{11-5}$$

式中,S 为离声源 r 处的球面面积,m^2。

声功率级 L_W 与声强级 L_I 及声压级 L_p 的关系用式(11-6)和(11-7)表示:

$$L_W = L_I + 20\lg r + 11.0 \tag{11-6}$$

$$L_W = L_p + 20\lg r + 11.0 + 10\lg(400/c) \tag{11-7}$$

式中,r 为监测点与声源的距离,m。

3. 噪声的分类

通常情况下,根据噪声产生机理的不同其可分为机械噪声、空气动力噪声和电磁噪声三大类。

①机械噪声是固体振动产生的,其形成往往是因为机械部件发生撞击、摩擦和交变机械应力作用下金属板、轴承、齿轮等发生振动,如织布机、球磨机、剪板机和火车车轮滚动等产生的噪声。

②空气动力噪声是由于高速气流和不稳定气流与物体相互作用,或是因气体在流动过程中产生涡流而发出的噪声。通风机、鼓风机、空气压缩机、喷气式飞机以及汽笛产生的噪声,发

电厂或化工厂高压锅炉排气放空时产生的噪声,均属空气动力噪声。

③电磁噪声是指由于电磁场脉动、变压器结构、电源频率脉动等引起电气部件振动而产生的噪声。常见的电磁噪声有整流器、电机、变压器等设备产生的噪声。

此外,还可以对噪声做进一步的划分,如还可根据噪声随时间的变化情况不同将噪声分为稳态噪声(强度不随时间变化或变化很小的噪声,如电机噪声)和非稳态噪声(强度随时间变化的噪声,如施工噪声和交通噪声);根据噪声的空间分布形式不同将噪声分为点声源噪声(如单台风机噪声)、线声源噪声(如直行道路上的车流产生的噪声)和面声源噪声(如一个面积很大的工厂发出的噪声)。

11.1.2 噪声的来源

按照声源的不同,噪声还可以被分为交通噪声、工业噪声、建筑施工噪声和社会生活噪声两大类。前者主要有空气动力性噪声、机械性噪声和电磁性噪声;后者主要有电声性噪声、声乐性噪声和人类语言性噪声。

1.交通噪声

交通噪声主要包括飞机、火车、轮船、各种机动车辆等交通运输工具的行驶、振动和喇叭声。其中,噪声强度最大为飞机。由于交通噪声是流动的噪声源,对环境的影响范围极大。尤其是汽车和摩托车,它们量大面广,几乎影响每一个城市居民。有资料表明,城市环境噪声的70%来自于交通噪声。在车流量高峰期,市内大街上的噪声可高达 90 dB(A)。遇到交通堵塞时,噪声甚至可达 100 dB(A)以上,以致有的国家出现警察戴耳塞指挥交通的情况。一些交通工具对环境产生的噪声污染情况如表 11-1 所示。

表 11-1 典型机动车辆噪声级范围

车辆类型	加速时噪声级/dB(A)	匀速时噪声级/dB(A)
重型货车	89~93	84~89
中型货车	85~91	79~85
轻型货车	82~90	76~84
公共汽车	82~89	80~85
中型汽车	83~86	73~77
小轿车	78~84	69~74
摩托车	81~90	75~83
拖拉机	83~90	79~88

喇叭声(电喇叭 90~95 dB、汽喇叭 105~110 dB)、发动机声、进气和排气声、启动和制动声、轮胎与地面的摩擦声等为机动车辆噪声的主要来源。汽车超载、加速和制动、路面粗糙不平都会增加噪声。

2.建筑施工噪声

建筑施工噪声包括打桩机、混凝土搅拌机、推土机等产生的噪声。它们虽然是暂时性的,但随着城市建设的发展,兴建和维修工程的工程量与范围不断扩大,影响越来越广泛。此外,施工现场多在居民区,有时施工在夜间进行,周围居民的睡眠和休息会受到严重影响。施工机械噪声级范围如表 11-2 所示。

表 11-2 建筑施工机械噪声级范围

机械名称	距声源 15 m 处噪声级/dB(A)	机械名称	距声源 15 m 处噪声级/dB(A)
打桩机	95～105	推土机	80～95
挖土机	70～95	铺路机	80～90
混凝土搅拌机	75～90	凿岩机	80～100
固定式起重机	80～90	风镐	80～100

3.工业噪声

工业噪声主要是机器运转产生的噪声,如空气机、通风机、纺织机、金属加工机床等,还有机器振动产生的噪声,如冲床、锻锤等。表 11-3 所示为一些典型机械设备的噪声级范围。

表 11-3 一些机械设备产生的噪声

设备名称	噪声级/dB(A)	设备名称	噪声级/dB(A)
轧钢机	92～107	柴油机	110～125
切管机	100～105	汽油机	95～110
气锤	95～105	球磨机	100～120
鼓风机	95～115	织布机	100～105
空压机	85～95	纺纱机	90～100
车床	82～87	印刷机	80～95
电锯	100～105	蒸汽机	75～80
电刨	100～120	超声波清洗机	90～100

工业噪声强度大,是造成职业性耳聋的主要原因,它不仅给生产工人带来危害,而且也会深深地影响到厂区附近的居民。但是,工业噪声一般是有局限性的,噪声源是固定不变的。因此,污染范围比交通噪声要小得多,对其的防治也很容易实现。

4.社会生活噪声

主要指由社会活动和家庭生活设施产生的噪声,如娱乐场所、商业活动中心、运动场、高音喇叭、家用机械、电器设备等产生的噪声。一些典型家庭用具噪声级的范围如表 11-4 所示。

社会生活噪声一般在 80 dB(A)以下,虽然对人体没有直接危害,但人们的工作、学习和休息却会受到严重干扰。

表 11-4　家庭噪声来源及噪声级范围

设备名称	噪声级/dB(A)	设备名称	噪声级/dB(A)
洗衣机	50～80	电视机	60～83
吸尘器	60～80	电风扇	30～65
排风机	45～70	缝纫机	45～75
抽水马桶	60～80	电冰箱	35～45

11.1.3　噪声的危害

噪声的危害是由频率和声压级的高低所决定的,同样强度下,中高频声危害更大。噪声不仅影响人体生理,还会对人的心理、生产生活、孕妇和胎儿、动物和物质结构等造成损伤。

1. 对人体的生理影响

噪声对人体生理的影响主要表现为听力损伤、干扰睡眠、影响交谈和思考、诱发各种疾病、影响儿童智力等。

(1)听力损伤。

听力损伤是指人耳暴露在噪声环境前后听觉灵敏度的变化,是噪声对人体危害的最直接表现。听力损伤很多是暂时性的,但也有很多是永久性的。当人初进入噪声环境中,常会感到烦恼、难受、耳鸣,甚至出现听觉器官的敏感性下降,听不清一般说话声,但这种情况持续时间并不长,到安静环境时,较短的时间即可恢复,这种现象称为听觉适应。如果长年无防护地在较强的噪声环境中工作,在离开噪声环境后听觉敏感性的恢复就会延长,且症状随接触次数增加及时间延长而加重,这种可以恢复的听力损失称为听觉疲劳。如果上述情况反复出现,进而发生听力丧失而成为噪声性耳聋。

一般来说,听力损失在 10 dB 之内,尚认为是正常的;听力损失在 30 dB 以内,称为轻度性耳聋;听力损失在 60 dB 以上者,称为重度噪声性耳聋。当听力损失在 80 dB 时,就是在耳边大喊大叫也听不到了。据调查,在高噪声车间里,噪声性耳聋的发病率有时可达 50%～60%,甚至高达 90%。目前大多数国家听力保护标准定为 90 dB(A),但在此噪声标准下工作 40 年后,噪声性耳聋发病率仍在 20% 左右。因此噪声的危害关键主要体现在它的长期作用。表11-5 是长期在不同噪声级下耳聋发病率统计情况表。

表 11-5　不同噪声级下长期工作时耳聋发病率统计

噪声级/dB(A)	国际统计/%	美国统计/%
80	0	0
85	10	8
90	21	18
95	29	28
100	41	40

（2）干扰睡眠。

适当的睡眠是保证人体健康的重要因素,它能够调节人的新陈代谢,使人的大脑得到休息,从而消除疲劳、恢复体力。但是噪声会影响人的睡眠质量和数量,当睡眠受到干扰后,都会对工作效率和身体健康造成一定影响,比如耳鸣多梦、疲劳无力、记忆力衰退等。试验表明,当人们在睡眠状态中,40~50 dB(A)的噪声,就开始对人们的正常睡眠产生影响,40 dB 的连续噪声级可使 10% 的人受影响,70 dB 即可影响 50% 的人。突然响起的噪声,只要有 60 dB(A),就能使 70% 的睡眠人惊醒。对睡眠和休息来说,噪声最大允许值为 50 dB,理想值为 30 dB。

（3）影响交谈和思考。

人们之间的交流和语言思维活动也会受到影响。这种妨碍,轻则降低人们的交流效率,重则损伤语言听力。研究表明,在 50~60 dB(A)的较吵环境中,人们的脑力劳动受到影响,谈话也受到干扰。若噪声高于 65 dB(A)时,谈话会进行得很困难,随着噪声的增加甚至出现听不清和不能对话现象。表 11-6 是噪声对交谈的干扰情况表。

表 11-6　噪声对谈话的干扰情况

噪声级/dB(A)	主观反应	保持正常讲话距离/m	通信质量
45	安静	10	很好
55	稍吵	3.5	好
65	吵	1.2	较困难
75	很吵	0.3	困难
85	太吵	0.1	不可能

（4）诱发各种疾病。

噪声对人体健康的危害,除听觉外,还会影响到神经系统、心血管系统、消化系统、内分泌系统等。噪声长期作用于人的中枢神经系统,会引起失眠、多梦、头疼、头晕、记忆力减退、全身疲乏无力等神经衰弱症状。噪声可使神经紧张,引起血管痉挛、心跳加快、心律不齐、血压升高等病症。有调查表明,长期在强噪声环境中工作的人比在安静环境中工作的人心血管系统发病率要高。噪声对消化系统的影响主要表现为胃肠蠕动缓慢、胃液分泌量降低,引发消化不良、食欲不振、胃溃疡等消化系统疾病。噪声也会影响到人的内分泌机能,导致女性的性机能紊乱、月经失调、孕妇流产率高等。

（5）影响儿童智力。

噪声对儿童身心健康影响更大。由于儿童发育尚未成熟,各组织器官十分脆弱和娇嫩,更容易被噪声损伤听觉器官,使听力减退或丧失。长期暴露于噪声中的儿童比安静环境的儿童血压要高,智力发育略微迟缓。据调查测试,和处于安静环境中的儿童相比,吵闹环境下的儿童智力发育要低 20%。

2.对人的心理影响

噪声引起的心理影响主要是使人烦恼、激动、易怒,甚至失去理智。在日本,曾有过因为受不了火车噪声的刺激而精神错乱,最后自杀的例子。一般来说,噪声越强,引起人们烦恼的可能性越大。短促强烈的噪声比连续噪声引起的烦恼要大,人为噪声(如机器声)比同样响的自然界声音(风声等)更令人生厌,夜间的噪声比白天更易引起烦恼。当然,由于不同人听觉适应性的差异性,其对于噪声的烦恼程度也会有一定的差异。

3. 对孕妇和胎儿的影响

许多研究表明,强烈的噪声会严重影响到孕妇和胎儿。接触强烈噪声的妇女,其妊娠呕吐的发生频率和妊娠高血压综合征的发生率更高,对胎儿也会产生许多不良的影响。噪声使母体产生紧张反应,引起子宫血管收缩,导致供给胎儿发育所必需的养料和氧气受到影响,从而减轻胎儿体重,甚至发生畸形。对机场附近居民的初步研究发现,噪声与胎儿畸形、婴儿体重减轻密切相关。为了妇女及其子女的健康,妇女在怀孕期间应该避免接触超过卫生标准(85 dB)的噪声。

4. 对生产生活的影响

在嘈杂的环境中,人的心情烦躁、容易疲劳、反应迟钝、注意力不集中、工作效率下降,工伤事故增加。另外,由于噪声的掩蔽效应(即一个声音为另一个声音所掩盖,一般如果大声源超过小声源 10 dB,小声源就被掩盖),使人听不到事故的前兆及各种报警信号,导致发生伤亡事故,生产的安全进行也就无法得到保障。因此,我国制定并公布了《工业企业噪声卫生标准》,对生产车间和工作场所的噪声作了明确规定。

5. 对物质结构的影响

对于 150 dB(A)以上的噪声,金属结构会因声波的振动而产生裂纹和断裂现象,这种现象叫声疲劳。实验测试表明,一块 0.6 mm 的铝板,在 168 dB(A)的无规律噪声作用下,只要 15 min 就会断裂。建筑物在 150 dB(A)以上的强噪声作用下会发生墙体震裂、门窗破坏,甚至出现烟囱和老建筑坍塌。高精度的灵敏自控设备和遥控设备会因声疲劳而失灵,导致严重的航空或航天事故。

6. 对动物的影响

噪声可以对动物的听觉器官、内脏器官和中枢神经系统造成一定影响,并使其发生病理性改变。根据测定,120~130 dB(A)的噪声能引起听觉器官的病变,130~150 dB(A)的噪声能引起动物听觉器官的损伤和其他器官的病变,150 dB(A)以上的噪声能造成动物内脏器官发生损伤,甚至死亡。把实验兔放在非常吵的工业噪声环境下 10 周,发现其血胆固醇比同样饮食条件下安静环境中的兔子要高得多;在更强的噪声作用下,兔子的体温升高、心跳紊乱、耳朵全聋,眼睛也暂时失明,生殖和内分泌的规律也发生变化。

11.1.4 噪声标准

噪声控制的基本依据为噪声标准。目前,我国已经制定了声环境质量标准、工业企业噪声标准、交通运输噪声限制标准、建筑施工场界环境噪声排放标准和社会环境噪声排放标准等噪声标准。

1.声环境质量标准

《声环境质量标准》(GB 3096—2008)按照区域使用功能特点和环境质量要求,对于 5 种不同类型的声环境功能区,确定了环境噪声限制要求(见表 11-7)。

表 11-7　《声环境质量标准》(GB 3096—2008)中环境噪声限值　　　单位:dB(A)

声环境功能区类别		昼间	夜间	适用区域
0 类		50	40	康复疗养区等特别需要安静的区域
1 类		55	45	居民住宅、医疗卫生、文化教育、科研设计、行政办公为主要功能,需要保持安静的区域
2 类		60	50	以商业金融、集市贸易为主要功能,或者居住、商业、工业混杂,需要保护住宅安静的区域
3 类		65	55	以工业生产、仓储物流为主要功能,需要防止工业噪声对周围环境产生严重影响的区域
4 类	4a 类	70	55	高速公路、一级公路、二级公路、城市快速路、城市主干路、城市次干路、城市轨道交通(地面段)以及内河航道两侧区域
	4b 类	70	60	
				铁路干线两侧区域

2.工业企业噪声标准

工业企业噪声标准包括《工业企业厂界环境噪声排放标准》(GB 12348—2008)和《工业企业设计卫生标准》(GBZ 1—2010)。其中《工业企业厂界环境噪声排放标准》适用于工业企业噪声排放的管理、评价和控制,规定了工业企业和固定设备厂界环境噪声排放限值和测量方法(见表 11-8)。在新建、扩建、改建项目和技术改造、技术引进项目的职业卫生设计评价中可以考虑《工业企业设计卫生标准》。该标准对工作场所噪声职业接触限值和非噪声工作地点噪声声级限制进行了明确要求(见表 11-9 和表 11-10)。

表 11-8　工业企业厂界环境噪声排放限值　　　单位:dB(A)

厂边界外声环境功能区类别	昼间	夜间	适用区域
0 类	50	40	康复疗养区等特别需要安静的区域
1 类	55	45	居民住宅、医疗卫生、文化教育、科研设计、行政办公为主要功能,需要保持安静的区域
2 类	60	50	以商业金融、集市贸易为主要功能,或者居住、商业、工业混杂,需要保护住宅安静的区域
3 类	65	55	以工业生产、仓储物流为主要功能,需要防止工业噪声对周围环境产生严重影响的区域
4 类	70	55	交通干线两侧一定距离之内,需要防止交通噪声对周围环境产生严重影响的区域

表 11-9　工作场所噪声职业接触限值　　　　　　　单位:dB(A)

接触时间	接触限值	备注
5 d/w,=8 h/d	85	非稳态噪声计算 8 h 等效声级
5 d/w,≠8 h/d	85	计算 8 h 等效声级
≠5 d/w	85	计算 40 h 等效声级

表 11-10　非噪声工作地点噪声限值　　　　　　　单位:dB(A)

地点名称	噪声声级	工效限值
噪声车间观察(值班)室	≤75	
非噪声车间办公室、会议室	≤60	≤55
主控室、精密加工室	≤70	

3.交通运输噪声标准

交通运输噪声是城市噪声的最主要组成部分。目前,我国已经制定并颁布的交通运输噪声限值标准包括以下几个:

· 《摩托车和轻便摩托车定置噪声排放限值及测量方法》(GB 4569—2005);

· 三轮汽车和低速货车加速行驶车外噪声限值及测量方法(中国Ⅰ、Ⅱ阶段)(GB 19757—2005);

· 摩托车和轻便摩托车加速行驶噪声限值及测量方法(GB 16169—2005);

· 汽车加速行驶车外噪声限值及测量方法(GB 1495—2002);

· 汽车定置噪声限值(GB 16170—1996);

· 铁路边界噪声限值及其测量方法及修改方案(GB 12525—90)。

4.社会生活环境噪声排放标准

《社会生活环境噪声排放标准》(GB 22337—2008)规定了营业性文化娱乐场所和商业经营活动中可能产生环境噪声污染的设备、设施边界噪声排放限值和测量方法(见表 11-11),适用于对营业性文化娱乐场所、商业经营活动中使用的向环境排放噪声的设备、设施的管理、评价与控制。

表 11-11　社会生活噪声排放源边界噪声排放限值　　　　　　　单位:dB(A)

边界外声环境功能区类别	昼间	夜间	适用区域
0 类	50	40	康复疗养区等特别需要安静的区域
1 类	55	45	居民住宅、医疗卫生、文化教育、科研设计、行政办公为主要功能,需要保持安静的区域

续表

边界外声环境 功能区类别	昼间	夜间	适用区域
2 类	60	50	以商业金融、集市贸易为主要功能,或者居住、商业、工业混杂,需要保护住宅安静的区域
3 类	65	55	以工业生产、仓储物流为主要功能,需要防止工业噪声对周围环境产生严重影响的区域
4 类	70	55	交通干线两侧一定距离之内,需要防止交通噪声对周围环境产生严重影响的区域

5.建筑施工场界环境噪声排放标准

《建筑施工场界环境噪声排放标准》(GB 12523—2011)适用于城市建筑施工期间施工场地边界噪声排放控制,该标准对昼间和夜间建筑施工场界环境噪声排放限值做了严格规定,具体分别为 70 dB(A)和 55 dB(A)。

11.1.5　噪声的控制

从以上介绍可以知道,噪声在人们的生产和生活中危害程度非常大,为此人们需要采取一系列措施尽可能降低、消除噪声产生的破坏作用。

1.噪声控制的一般原则

噪声控制设计时一般应坚持以下原则:

①科学性原则。首先正确分析噪声的发生机理和声源特性,然后采取具有针对性的控制措施。

②经济性原则。在达到允许控制的目标时,尽可能降低经济成本,在环境效益得到保证的同时,也很好地获得经济效益。

③先进性原则。在能够实施的基础上,尽可能选择先进性的控制技术,但该技术要保证设备的正常运转和技术性能。

2.噪声控制的基本途径

噪声的传播过程有三个基本要素,分别为噪声源、传播途径及接受者,只有这三者同时存在时,才可能产生影响,为此,应针对上述 3 个要素,提出相应的控制措施。

(1)声源控制。

声源是噪声能力集中的地方,是形成噪声的关键部分。控制噪声最常规的做法同时也是最有效的是从噪声源处下手。包括加工材料的选择(选用内阻尼大、内摩擦力大的低噪声新材料)、改进机械设计工艺、改进生产工艺、提高加工精度和装配精度、优化操作过程,尽量降低系统各环节对激发力的产生及其响应。此外"有源消声"也是消除噪声的有效方法:声音由一定频谱的波组成,如果找到一种与所要消除噪声的频谱完全相同,只是相位刚好相反的声音,两者叠加后就可以将这种噪声完全抵消掉。具体做法为从噪声源本身出发,设法通过电子线路将噪声源的相位倒过来,将两相位相反的噪声叠加,即可起到降噪效果,所谓"以噪降噪"。该技术在低频范围、软件可行性及成本等方面有着其他方法无可比拟的优势,已成为噪声控制领域研究的新热点。

(2)传播途径控制。

虽然从声源处控制最有效,但局限于技术和实施条件,从声源上降低噪声实现起来难度非常大。此时,在传播途径上进行控制为使用频率最高的控制措施。包括合理布局,利用闹、静分开的方法降低噪声;充分利用地形、高大建筑物、绿化带等自然屏障降低噪声;利用声源的指向性降低噪声;利用声学控制方法降低噪声,是噪声控制的方法,主要包括吸声、隔声和消声。

①吸声是常用的控制室内噪声的技术,在办公室、会议室等室内空间使用得比较多。通过能够吸收较高声能的吸声材料和吸声结构来降低噪声,这项技术称为吸声降噪,简称吸声。其降噪原理为:声波传播到某一界面时,一部分声能被界面反射或散射回来,一部分声能被转化为热能消耗掉或是转化为振动能沿边界构造传递转移而消损,其余部分则直接透射到边界另一面的空间,对于入射声波来说,后两部分可以看作被边界面吸收,只有反射到原来空间的反射(散射)声能传播出去。由于吸声材料只能降低反射噪声,故该方法的效果很有限。常用的吸声材料有:塑料泡沫、玻璃棉、吸声砖、毛毡等。

②隔声多用于控制机械噪声,是一般工厂控制噪声的最有效措施之一。用隔声材料把发声的物体,或把需要安静的场所封闭在一定空间内,使其与周围环境隔绝。隔声原理为:声波在空气中传播,碰到一匀质界面时,由于特性阻抗的改变,一部分声能被界面反射回去,一部分声能被界面吸收,还有一部分声能透过界面到另一空间去,由此可见,大部分声能无法传播出去,透过的声能仅是入射声能的一部分,从而达到了降噪目的。常用的隔声措施有隔声罩(将声源封闭,可降噪 20~30 dB)、隔声间(可防止外界噪声侵入,能降噪 20~40 dB)及隔声屏(用于露天场合)3 种。上述 3 种隔声措施所用材料的质量较大,要求材料密封性好,无孔洞,一般采用钢筋混凝土、砖、钢板及厚木板等。

③消声利用消声器控制噪声。消声器是一种允许气流通过,又能有效阻止或阻碍声能向外传播的装置。该方法主要用于降低空气动力性噪声,一般安装在气流通过的管道中或进、排气口上,如在通风机、压缩机等设备的进出口管道中安装消声器,可降噪 20~40 dB。一个理想的消声器应具有良好的吸声性能;良好的空气动力性能;体积小、质量轻、构造简单、安装和维修方便;经久耐用、价格低廉等特点。

(3)接收点控制。

当采用上述两种方法仍存在噪声污染问题时,就需要处于噪声环境中的工作人员采取防护措施了。实际上,在很多场合都采用个人防护的方法,个人防护用品包括耳罩、耳塞、防声头盔、防声蜡面等防护用具。为了达到隔声效果,这些防护用具一般要求不透气。个人防护存在如听不到报警信号,交流困难等问题。为此,实际设计成允许部分低频声通过的方法,达到在能够有效降噪的同时还可以保证交流的正常进行。

3.噪声控制的程序

可通过以下几个步骤实现噪声的控制:

①调查噪声源及其物理特性,通过对噪声进行测量、数据处理,分析噪声的频率和时空分

布特征。

②根据基础材料选择控制标准。

③根据降噪量和噪声的频谱特性,选择适宜的控制措施,设计控制方案。

④进行包括控制效果、经济性、适应性评价,论证方案的可能性。

⑤对控制措施实施监控,综合分析控制效果,提出改进措施,直至达到相关标准。

【例 11-1】　道路交通噪声的控制。

随着可持续发展的观念逐步渗入国民经济的各个部门,人们对道路交通噪声的危害的重视程度越来越高。

交通噪声会对人们身体健康造成损害,干扰居民、学校和企事业单位正常的工作和生活秩序,从而影响到人们的生活质量。目前生活在高速公路两侧的人越来越多,据初步计算,中国有 3390 万人受到公路交通噪声影响,其中 2700 万人生活在高于 70 dB 的噪声严重污染的环境中。交通噪声还会影响到公路沿线的经济发展。

1. 控制交通噪声的主要措施

道路交通带来的环境问题的处理要求是综合性的,纵观世界各国,为解决道路交通带来的环境问题,目前,以下几种措施是比较常用的。

(1)设置声屏障以及在道路两侧设置绿化带降低噪声。

广义来讲,声屏障可以分为声障墙和防噪堤,防噪堤一般用于路堑或有控方地区,公路的土方不必运走直接用做防噪堤,在上堤上种上植被形成景观,但华东地区高速公路多采取高路堤。声屏障的另一种方式为声障墙,这又可分为吸声式和反射式两种,吸声式主要采用多孔吸声材料来降低噪声,陕西西三(西安—三原)一级公路,贵州贵黄(贵州—黄果树)一级汽车专用公路均有试验研究,据测试,降噪效果达 10 dB(A);反射式声障墙主要是对噪声声波的传播进行漫反射,降低保护区域噪声。声屏障的优点是节约土地,道路噪声能够得到明显降低。由于可采用拼装式,故有可拆换的优点。局限是:声屏障使行车有压抑及单调的感觉,造价较高,如使用透明材料,又易发生眩光和反光现象,同时还需要经常清洗。

一些发达国家 20 世纪 60 年代就开始研究公路声屏障技术,到七八十年代已在声屏障的设计和施工方面进行了深入研究和大量实践,积累了丰富的经验。日本在 1983 年统计资料显示日本城市中高速公路声屏障设置率高达 80%。到 1986 年美国已修建公路声屏障约 720 km,投入约 3 亿美元,还设计了"公路声屏障专家设计优化系统",从而使公路声屏障的设计水平得到了有效提高。德国早在 1974 年就颁布污染防治法,要求在公路选线时,极力避免对周围环境产生有害影响。如找不到更有利的公路路线,则要修建声屏障,将公路与住宅区隔开。在 1987 年,其修建的公路声屏障总长度已达 500 多千米。在城市内(包括上海)的高架道路上设置声屏障已经较普遍,这些技术可供借鉴。

(2)修建低噪声路面,减小轮胎与路面接触噪声。

对于中小型汽车,随着行驶速度的提高,轮胎噪声在汽车产生的噪声中的比例越来越大,一般说来,当车速超过 50 km/h,轮胎与路面接触产生的噪声就成为交通噪声的主要组成部分。因此,直接修建低噪声路面也是很有意义的。所谓低噪声路面,也称多孔隙沥青路面,又称为透水(或排水)沥青路面。它是在普通的沥青路面或水泥混凝土路面或其他路面结构层上铺筑一层具有高孔隙率的沥青稳定碎石混合料,其孔隙率通常在 15%~25%,有的甚至高达

30%。根据表面层厚度、使用时间、使用条件及养护状况的不同,与普通的沥青混凝土路面相比,此种路面可降低道路噪声 3~8 dB(A)。

此外,改进汽车的设计、减少或限制载重汽车进入噪声控制区域、禁鸣喇叭等也能够有效降低道路噪声。在中国,提高大功率发动机工作性能,改进汽车的整体设计,降低工作噪声,这一系列问题正在越来越受到政府和汽车生产厂的重视。

2.国外公路声屏障技术的发展趋势

(1)注重公路声屏障与景观协调设计。

许多国家在声屏障建造中,除要求满足声学要求外还特别注重屏障的造型与色彩设计。还可以因地制宜建造透明声屏障。目前在许多国家已有各式各样新颖美观的声屏障屹立于公路两侧。

(2)多用低成本材料建造公路声屏障。

公路声屏障从构成材质上可分为:上堤、木质、钢筋混凝土、金属、吸声材料的混合物等几类。对一般公路而言,许多国家从投资少及易维护考虑多用普通混凝土和轻质混凝土建造吸声和不吸声式声屏障。

(3)提倡在声屏障内、前与后面种植各类植物。

在可能的情况下,将声屏障设计成可栽种花草的形式,使声屏障四季常青,在能够减少噪声污染的同时还可以美化环境。

(4)建设降噪绿化林带。

合适的树种、植株的密度、植被的宽度的选择,能够有效达到吸收二氧化硫及有害气体、吸附微尘的作用,能改善小气候,防止空气污染,同时又能吸纳声波降低噪声,截留公路排水和美化环境等作用。据资料介绍,绿化林带宽度大于 10 m,可降低噪声 4~5 dB(A)。

11.2 放射性污染与防治

11.2.1 放射性污染概述

所谓放射性污染是指对人体健康带来危害的人工放射性污染。二次世界大战后,随着原子能工业的发展,核武器试验频繁,核能和放射性同位素的应用日益增多,使得放射性物质大量增加,因此人们对环境污染的关注程度越来越高。

此外,放射性核素污染也是人们关注的问题之一。1986 年,前苏联切尔诺贝利核电站的事故一直持续了十年才得到了有效控制,造成了大量的 ^{131}I、^{137}Cs、^{95}Zr、^{106}Ra、^{103}Ru、^{241}Pu 等放射性核素的污染。

11.2.2 放射性污染源

1.天然放射源

在自然界中存在天然放射性物质,主要来自于宇宙射线和自然界的矿石,如氚(^3H)、碳

(^{14}C)、钾(^{40}K)、铀(^{235}U)、钍(^{232}Th)等。天然放射源所产生的总辐射水平称为天然放射性本底,是判断环境是否受到放射性污染的基准。对大多数人来说,主要的放射性污染源就是天然放射源。

2. 人工放射源

(1)核试验沉降物。

全球放射性污染的主要来源为核试验。在大气层进行核试验时,带有放射性的颗粒沉降物最后沉降到地面,造成对大气、地面、海洋、动植物和人体的污染,这种污染通过大气环流扩散污染全球环境,最后沉降到地面。这些放射性物质主要是铀(U)、钚(Pu)的裂变产物,其中危害较大的有锶(^{90}Sr)、碘(^{131}I)和碳(^{14}C)等。自 1945 年美国在新墨西哥的洛斯阿拉莫斯进行了人类的首次核试验以来,全球已经进行了 1000 多次的核试验,这对全球大气环境和海洋环境的污染是难以估量的,对人类和动植物也会产生深远的负面影响。

(2)核工业的"三废"排放。

核工业于第二次世界大战期间发展起来,刚开始为核军事工业。20 世纪 50 年代以后,核能开始应用于动力工业中。核动力的推广应用,加速了原子能工业的发展。原子能工业在核燃料的提炼、精制及核燃料元件的制造等过程中均会排放放射性废弃物。这些放射性"三废"会给周围环境造成一定程度的污染,其中主要是对水体的污染。由于原子能工业生产过程中的各项操作运行都采取了相应的安全防护措施,"三废"排放受到严格控制,一般情况下对环境的污染并不严重。但是,当原子能工厂发生意外事故,其污染是相当严重的。例如 1986 年前苏联乌克兰境内的切尔诺贝利核电站泄漏爆炸事件等。

(3)医疗照射。

由于辐射在医学上的广泛应用,医用射线源已成为主要的人工放射性污染源,在医学上主要用于对癌症的诊断和治疗上也可以使用辐射。在诊断过程中,患者局部所受的剂量大约是天然源所受年平均剂量的 50 倍;而在治疗过程中,个人所受剂量又比诊断时高出数千倍,而且通常是在几周内集中施加在人体的某部分。除诊断和治疗所用的外照射,内服带有放射性的药物则造成内照射。近年来,人们已经逐渐认识到医疗照射的潜在危险,已把更多注意力放在既能满足诊断要求,又使患者所受实际量最小,甚至免受辐射的方法上面,取得了一定进展。

(4)其他放射源。

其他方面的放射性污染源主要来源两个方面。其一是工业、医疗、军队、核舰艇或研究用放射源,因运输事故、偷窃、误用、遗失及废物处理失控等造成对环境污染;其二是含有天然或人工放射性核素的一般居民消费用品,如放射性发光表盘、夜光表及彩色电视机所产生的照射,虽对环境造成的污染很低,但仍需对其做相关研究。

11.2.3 放射性污染的特点与危害

1. 放射性污染的特点

所谓的放射性污染是指人类活动排放的放射性物质造成的环境污染和对人体的危害。具有以下的特点:

①危害作用的持续性和长时性。一旦放射性污染产生、扩散到环境中,就不断对周围发出

放射线,永不停止。只是遵循各种放射性核同位素内在固定速率不断减少其活性,其半衰期(即活度)减少到一半所需的时间从几分钟到几千年不等。因此,放射性污染的减弱只能通过自然衰变这一条途径实现。

②效果(剂量)累积性。绝大多数放射性核素的毒性,按致毒物本身的重量计算,是要比一般的化学毒物高一些的。电离辐射对于人(生物)危害的效果(剂量)具有累积性非常明显。

③公众无感知性。放射性剂量的大小只有辐射探测仪才可以探测,人的感觉器官是无法感知到它的存在的;不像化学污染(多数有气味、颜色),噪声振动、热、光等污染公众可以直接感知其存在。放射性辐射,哪怕强到直接致死水平,人类的感官对它都无任何直接感受从而采取躲避防范行动,只能继续受害。有研究表明,放射性损伤产生的效应可能遗传给后代而带来隐患。

④自然条件的阳光、温度无法改变放射性核同位素的放射性活度,人们也无法用任何化学或物理手段使放射性核同位素失去放射性。

2.放射性污染的危害

放射性核素进入人体并在体内蓄积是通过三种途径实现的,如呼吸道吸入、消化道摄入、皮肤或黏膜侵入。通常,每人每年从环境中受到的放射性辐射总剂量不超过 2 mSv,其中,天然放射性本底辐射占 50% 以上,其余是人为放射性污染引起的辐射。人体一次或短期内接受大剂量照射,将引起急性辐射损伤,如核爆炸、核反应堆事故等造成的损伤。

放射性物质对人类的危害主要是辐射损伤,所谓辐射损伤是由射线引发人体组织发生有害化学反应引起的。辐射引起的电子激发作用和电离作用使机体分子不稳定和破坏,导致蛋白质分子键断裂和畸变,对人类新陈代谢有重要意义的酶就会遭到严重破坏。因此,辐射不仅可以扰乱和破坏机体细胞、组织的正常代谢活动,细胞和组织的结构也会因它而直接被破坏掉,对人体产生躯体损伤效应(如白血病、恶性肿瘤、生育力降低、寿命缩短等)和遗传损伤效应(如流产、遗传性死亡和先天畸形等)。

11.2.4　放射性污染的防治

放射性污染主要由放射性废物引起,在核工业生产中产生的放射性固体、液体和气体废物,各自的放射水平差异非常明显,为能经济有效地分别处理各类放射性废料,各国按放射性废物的放射性水平制定了分类标准。

1.放射性废液的分类

截止到目前,按放射性废液放射强度分类是较为广泛的分类法。一般认为可分为以下几类:

(1)高水平废液。

称居里级废液,每 L 含放射性强度在 10^{-2}Ci 以上。

(2)中水平废液。

称毫居里级废液,每 L 含放射性强度在 $10^{-2} \sim 10^{-5}$Ci 之间。

(3)低水平废液。

称微居里级废液,每 L 含放射性强度在 10^{-5}Ci 以下。

各国原子能机构采用的这种分类,其强度标准在国际上还是有争议的,大约有一个数量级的出入。

2. 国际原子能机构建议的放射性废物分类标准

1977 年,国际原子能机构推荐一种新的放射性分类标准。分类表如表 11-12 所示。

表 11-12　国际原子能机构建议的放射性废物分类表

相态	类别	放射性强度 A $(3.7 \times 10^{10} \mathrm{Bq/m^3})$	废物表面辐射剂量 D $(2.58 \times 10^{-4} \mathrm{C/kg \cdot h})$	备注
液体	1	$A \leqslant 10^{-6}$		一般可不处理
	2	$10^{-6} < A \leqslant 10^{-2}$		处理时不用屏蔽
	3	$10^{-3} < A \leqslant 10^{-1}$	—	处理时可能需要屏蔽
	4	$10^{-1} < A \leqslant 10^{1}$		处理时必须屏蔽
	5	$10^{4} < A$		必须先冷却
气体	1	$A \leqslant 10^{-10}$		一般处理
	2	$10^{-10} < A \leqslant 10^{-6}$	—	一般用过滤法处理
	3	$10^{-6} < A$		用其它严格方法处理
固体	1	—	$D \leqslant 0.2$	
	2		$0.2 < D \leqslant 2.0$	$\beta \cdot \gamma$ 辐射体占优势
	3		$2.0 < D$	含 α 辐射体微量
	4		α 放射性用 Bq/m^3 表示	从危害观点确定 α 辐射占势,$\beta \cdot \gamma$ 辐射微量

3. 放射性"三废"的处理与防治

放射性污染是关系到人体健康的大问题,应积极研究防治办法,认真做好对"三废"的处理和防治工作。目前,对放射性"三废"的处理与防治是通过以下几个方面实现的:

①核工业厂址应选在周围人口密度较稀,气象和水文条件要对废水废气扩散、稀释有帮助,以及地震烈度较低的地区。核企业工艺流程的选择和设备选型应考虑废物产生量少和运行安全可靠,严格防止泄露事故的发生。

②对从事放射性工作的人员,应做好外照射防护工作。尽量减少外照射时间,增大人体与放射源的距离,进行远距离操作,在放射源与人体间设置屏蔽,阻挡或减弱射线对人体的伤害。Fe、Pb、水泥、含硼聚乙烯等为常用的屏蔽材料。

③加强对核企业周围可能遭受放射性污染地区的监护,经常检查和分析,检测环境介质中的放射水平的变化,使放射性伤害尽可能地远离居民和工作人员。

④加强对核工业废气、废水和废物的净化处理。对于放射性强度较低的废液可采用稀释分散的方法。不少国家均采用直接排入河流、海洋或地下。这样的处理办法势必会对人类环境造成严重影响。我国《放射防护规定》中对放射性废水的规定是:排入本单位下水道的废水浓度不得超过露天水源中的限制浓度的 100 倍,否则必须经过专门净化处理。

a.对于放射性浓度较高的废液,可将其浓缩以便长期贮存处理。例如可采用蒸发法进行浓缩以减小体积,然后装入容器投入海洋或封存于地下。但这仅是权宜之计,因它的体积仍然较大,而且随着原子能工业的发展,有待贮存的量必然增多,长期贮存的话有发生容器渗漏事故的可能性是避免不了的。

图 11-1 是代表了目前一般采用的放射性废液处理系统的整个过程。沉淀、蒸发、离子交换为常用的处理方法,可单独或联合使用。

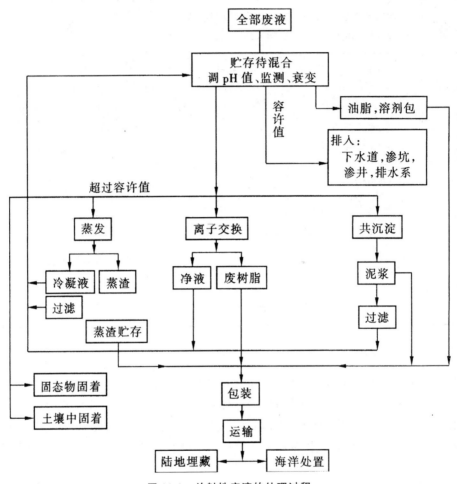

图 11-1　放射性废液的处理过程

b.放射性固体废物可采用埋减、燃烧、再熔化等办法处理。埋减前应用水泥、沥青、玻璃固化。可燃固体废物多用燃烧法,若为金属固体废物多用熔化法。由于核工业的发展,放射性固体废物越来越多,因此核废物的处理是一个急需解决的问题,图 11-2 表示出主要过程。

c.放射性废气的处理比起液体固体废料要简单些。对于含有粉尘、烟、蒸气的放射性废气的工作场所,其解决办法可以是操作条件和通风。如旋风分离器、过滤器、静电除尘器及高效除尘器等空气净化设备进行综合处理。对于难以处理的放射性废气可通过高烟囱直接排入大气。

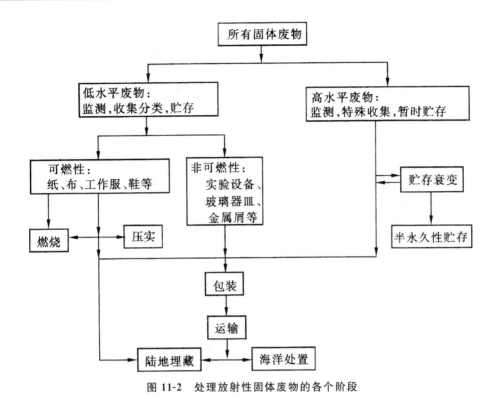

图 11-2　处理放射性固体废物的各个阶段

11.3　电磁辐射污染与防治

11.3.1　电磁辐射及辐射污染

随着科技的发展和人们生活水平的提高,在人们的生活中可以发现各种各样的电子产品、家用电器,这些产品和设备提高了人们的工作效率、改善了人们的生活质量。但是随着这些产品和设备的增多,在我们住房周围的高压电、发射塔也越来越多,现在几乎很难找到没有电子产品的家庭,人们在享受便利的同时,也受到这些电子设备产生的电磁辐射污染的侵害。目前电磁辐射污染已成为继水污染、大气污染、噪声污染之后的又一大环境污染要素。那么,什么是电磁辐射?什么是电磁辐射污染?

所谓电磁波辐射是以电磁波形式向空间环境传递能量的现象或过程,简称电磁辐射。所谓电磁辐射污染就是电磁辐射强度超过人体所能承受的或仪器设备所允许的限度,从而影响到人体机能或仪器设备。

11.3.2　电磁辐射的来源与传播途径

1. 天然源

天然源是由自然现象所引起的。天然的电磁污染最常见的是雷电,由于大气中发生电离作用,导致电荷的积蓄,从而引起放电现象。这种放电的频带较宽,可从几千周到几百兆周,乃至更高的频率,除了可能对电气设备、飞机、建筑物等直接造成危害外,而且会在广大地区从几千赫到几百兆赫的极宽频率范围内产生严重的电磁干扰。火山喷发、地震和太阳黑子活动引起的磁暴等都会产生电磁干扰。天然的电磁污染对短波通信的干扰特别严重。

2.人为源

以下三个方面是人为的电磁辐射污染的主要来源。

①脉冲放电:切断大电流电路进而产生的火花放电,其瞬时电流变率很大,会产生很强的电磁干扰。它在本质上与雷电相同,只是影响区域较小。

②高频交变电磁场:在大功率电机、变压器以及输电线等附近的电磁场,它并不以电磁波形式向外辐射,但在近场区会产生严重电磁干扰,如高频感应加热设备(如高频淬火、高频焊接、高频熔炼等)、高频介质加热设备(如塑料热合机、高频干燥处理机,介质加热联动机等)等。

③射频电磁辐射:无线电广播、电视、微波通信等各种射频设备的辐射,频率范围宽广,影响区域也较大,能危害近场区的工作人员。目前,电磁污染环境的主要因素为射频电磁辐射。重要的射频电磁辐射污染源如表11-13所示。

表 11-13　人为电磁污染源

分类		设备名称	污染来源与部件
放电所致污染源	电晕放电	电力线(送配电线)	由于高电压、大电流而引起静电感应、电磁感应、大地漏泄电流所造成
	辉光放电	放电管	白光灯、高压水银灯及其他放电管
	弧光放电	开关、电气铁道、放电管	点火系统、发电机、整流装置等
	火花放电	电气设备、发动机、冷藏车、汽车等	整流器、发电机、放电管、点火系统等
工频辐射场源		大功率输电线、电气设备、电气铁道	污染来自高电压、大电流的电力线场电气设备
射频辐射场源		无线电发射机、雷达等	广播、电视与通风设备的振荡与发射系统
		高频加热设备、热合机、微波干燥机等	工业用射频利用设备的工作电路与振荡系统等
		理疗机、治疗机	医学用射频利用设备的工作电路与振荡系统等
家用电器		微波炉、计算机、电磁灶、电热毯等	功率源为主
移动通信设备		手持式移动电话机、对讲机	天线为主
建筑物反射		高层楼群以及大的金属构件	墙壁、钢筋、吊车等

11.3.3　电磁辐射污染的危害与控制

电磁辐射不仅对仪器设备具有干扰和破坏作用,还会对人体健康和生态环境造成恶劣影响。

1.电磁辐射对装置、物质和设备的干扰

(1)干扰电器设备。

射频设备、电源线天线等向外辐射的电磁能,一定范围内的各种电子设备的正常工作均会受其影响,造成通信信息、信号失误或中断。电磁辐射干扰电器设备的例子很多,如使电子仪器、精密仪器无法正常工作;使无线电通信、雷达导航、电视、电子计算机及电器医疗设备等电子系统等信号失误,图像失真;使飞机、轮船等运输工具的自动控制系统失灵。当我们看电视时,电视机受到电磁设备的干扰后,引起电视机屏幕上出现活动波纹、斜线,甚至图像消失,影响收看效果。

(2)危害通信电子设备。

通信电子设备会因高强度的电磁辐射而造成物理性损害。如经常发生继电器触点、电线偶合器等元件因感应电压过高引起电弧和电晕放电而损坏固体电路;因电磁感应温度过高引起晶体管、半导体元件及集成电路的损坏等。

(3)引燃或引爆某些特殊物质。

电磁辐射可以引起挥发性液体或气体如酒精、煤油,液化石油气、瓦斯等易燃物质意外燃烧,可以燃烧能点低的物质也会因此而发生爆炸,如火药、炸药及雷管等。

2.危害人体健康

(1)电磁辐射对人体健康的作用机理。

高强度电磁辐射对人体的作用是通过三种方式如:热效应、非热效应和累计效应,导致身体发生机能障碍和功能紊乱,进而造成危害。

①热效应。人体内的水分子受到电磁波辐射后相互摩擦,引起机体温度升高,体内器官的正常工作就会因此而受到影响。如人长期处于电磁辐射功率高于 $10 \ mW/cm^2$ 的环境中,当人体吸收的辐射能转化为热能,超出了人体体温的调节能力时,会引起人体温度明显升高,从而对人体造成影响,长时间打电话引起耳朵发热或头痛就是很明显的例子。

②非热效应。人体内本身存在微弱的电磁场,在没有外加电磁场的条件下,这些微弱的电磁场是稳定和有序的,但受到外界电磁场的干扰后,平衡状态就无法继续维持,人体也会遭受损伤。人长期处于电磁辐射功率小于 $1 \ mW/cm^2$ 的环境中,也会引起人体温度升高,从而引发头晕、烦躁、记忆力减退、植物神经紊乱等症状。

③累积效应。当两次热效应和非热效应作用于人体的时间过短,以致对人体的伤害还没有完成自我修复的话,此时对人体的伤害程度就会发生累积。

(2)电磁辐射对人体的危害。

电磁辐射对人体健康的危害与设备功率、辐射频率、辐射时间、距离、作业人员的年龄和性别及周围环境有关。一般设备输出功率越大,辐射能的波长越短,离辐射源越近,连续辐射时间越长,周围环境温度越高,对人体的影响就越大;比较而言,脉冲波对机体的不良影响,比连续波严重;儿童、女性和老人对射频辐射的刺激敏感性更大。

电磁辐射尤其是微波对人体健康的影响主要表现在以下几个方面。

①诱发癌症并加速人体的癌细胞增殖。调查发现,当人体长期处于 $2 \ mGs(1 \ Gs=10^{-4}$ $T)$ 以上的电磁波照射中,人体患白血病和肌肉癌的可能性分别增加 1.93 倍和 2.26 倍;在高压线附近居住的居民,和常人比起来,患乳腺癌的概率要高 7.4 倍。

②影响血液系统和免疫能力。在电磁辐射的作用下,常发生血液动力学失调,血管通透性和张力降低,人体内会出现红血球和白血球下降的倾向,白血球吞噬细菌的百分率和吞噬的细

菌数均降低,人体免疫力也会因此而有所降低。主要表现为失眠、心悸、部分女性经期紊乱、窦性心率不齐、心动过缓、心搏血量减少、白细胞数量减少等。

③影响视觉系统。眼睛对电磁辐射很敏感,眼组织中含有大量的水分,易吸收电磁辐射,且眼组织中的血液流通量较少,温度自我调节能力有限,故在电磁辐射作用下,眼球的温度很容易升高。眼球温度升高是产生白内障的主要条件。若长期受到低强度电磁辐射可诱发视觉疲劳、眼睛不舒适及眼睛干涩等症状;强度在 $100~\text{mW/cm}^2$ 的微波照射眼睛几分钟,就可以使晶状体出现水肿,诱发白内障;更高强度的微波则会使人失明,由此可见,电磁辐射对视觉系统危害程度非同一般。

④影响生殖系统和遗传。长期接触超短波辐射的男人会出现性机能下降、阳痿等状况;对应的女人会出现月经失调。我国某省对 16 名女电脑操作员进行追踪调查,结果发现,8 人 10 次怀孕中,有 4 人 6 次出现异常妊娠。

⑤危害神经系统。神经系统对电磁辐射的作用比较敏感,脑细胞会因长时间的微波辐射而遭到破坏,使大脑皮质细胞活动能力减弱,已经形成的条件反射受到抑制,从而危害神经系统。长期在微波辐射强度较高的环境中工作的人,常表现出疲惫、头痛、头晕、记忆力减退、食欲不振、工作效率低、手发抖、心电图和脑电图变化、血清蛋白增加、脱发、性功能衰退、睡眠障碍(失眠、多梦或嗜睡),尤其是入睡困难,一般这些症状不会太严重,休息一段时间后即可恢复。

⑥影响儿童发育能力。据最新调查显示,中国每年出生的 2000 万儿童中,缺陷儿占 1.75%,其中智力残缺儿占 1.25%,有专家认为电磁辐射也是其中的影响因素之一。

11.3.4 电磁辐射污染控制措施

电磁辐射污染的传播途径主要有两种,一是通过空间直接辐射,二是借助电磁耦合由线路传导。因此控制电磁辐射污染可从两个方面考虑,即将电磁辐射的强度减小到容许的强度和将有害影响限制在一定的空间范围。

(1)电磁屏蔽。

在电磁辐射传播的途径中安装电磁屏蔽装置,使有害的电磁强度降低到容许范围内,从而达到防止电磁辐射污染的目的。当电磁辐射作用于屏蔽体时,受电磁感应,屏蔽体产生与场源电流方向相反的感应电流而生成反向磁力线,这种磁力线与场源磁力线相抵消,达到屏蔽效果。一般来说,频率越高,屏蔽体越厚,材料导电性能越好,屏蔽效果就越好。屏蔽罩、屏蔽室、屏蔽衣、屏蔽头盔和屏蔽眼罩等为常用的电磁屏蔽装置。

(2)电磁吸收。

采用某种能对电磁辐射产生强烈吸收作用的材料布设于场源的外围,使大范围的电磁辐射污染得以尽可能地防止。应用吸收材料对电磁辐射污染进行防护,大多在要求将电磁辐射能大幅度衰减的场合使用,如微波设备调试过程中。常用的吸收材料利用各种塑料、橡胶、胶木、陶瓷等加入铁粉、石墨、木材和水等物质制成。另外,还可用等效天线吸收电磁辐射能。

(3)合理规划电磁辐射分布区。

严格按照《环境电磁波卫生标准》(GB 9175—88)等相关电磁辐射防护标准,合理规划布局电磁辐射分布区。例如,对不同电视发射台进行合理规划布局,避免相互干扰;划出适宜的安全防护距离;在电视塔附近不规划建设高层建筑、居民区和学校。

(4)线路滤波。

为了减少或消除电源线可能传播的射频信号和电磁辐射能,可在电源线和设备交接处加装电源(低通)滤波器,保证低频信号畅通,将高频信号滤除,高频传导也会因此而得以很好地消除。

(5)远距离控制和自动作业。

根据射频电磁场,特别是中、短波,其场强随距场源距离的增大而迅速衰减的原理,采取对射频设备远距离控制或自动化作业,电磁辐射能对操作人员的损伤会有非常明显地减弱。

(6)个人防护。

正确使用移动电话,尽量减少每次通话时间。在电磁辐射环境中的工作人员应配备电磁辐射防护用品。

11.4　光污染与防治

11.4.1　光与光污染

1. 光

光的本质是电磁波。依据波长可将光分为红外光、可见光和紫外光三类。红外光是红光以外的不可视光波,其波长范围为 760~1000 nm,红外光的热辐射占整个太阳光热能的 50%。可见光是人们肉眼能够看到的光波,由红、橙、黄、绿、青、蓝、紫七种光波组成,波长范围为 390~760 nm。紫外光是波长低于紫光的一组高频率光波,其波长范围为 100~400 nm,紫外光的波长短、能量大,造成伤害的程度最为严重。

2. 光污染

光是人类不可缺少的,但过强、过滥、变化无常的光,也会影响到人体、环境。所谓光污染,是指过量的光辐射对生活、生产环境和人体健康造成的不良影响。光污染主要来源于人类生存环境中的日光、灯光和各种反射、折射光源所造成的过量和不协调光辐射。

11.4.2　光污染分类

按照光线特征可将光污染划分为可见光污染、红外光污染和紫外光污染。

1. 可见光污染

细分的话可见光污染还可以分为眩光污染、灯光污染、视觉污染。

(1)眩光污染。

眩光是指视野中亮度分布或亮度范围不适宜,或存在极端的对比,以致引起不舒服感觉或降低观察细部或目标的能力的视觉现象。眩光污染是由于各种光源(包括自然光、人工直接照射或反射、透射而形成的新光源)的亮度过量或不恰当进入人眼,对人的心理、生理和生活环境造成不良影响的现象。例如,车站、机场、控制室、舞厅过多闪动的灯光,以及电视中为渲染气氛而快速切换画面,使人感觉不舒服,即属于眩光污染;汽车夜间行驶使用的远光灯,球场和厂房中布置不合理的照明设施也会造成眩光污染。

(2)灯光污染。

在城市里灯光污染非常常见。例如,城市夜间不加控制,使夜空亮度增加,影响天文观测;路灯控制不当或建筑工地安装的聚光灯,照进住宅,影响居民休息等。

(3)视觉污染。

杂散光所形成的视觉污染是可见光污染的又一种形式。在现代城市,宾馆、饭店、歌舞厅和写字楼等建筑物使用钢化玻璃、釉面砖、铝合金、磨光大理石及高级涂面等来装饰外墙,在太阳光的强烈照射下,这些装饰材料的反射光比一般的绿地、森林和深色装饰材料大 10 倍左右,人眼所能承受的范围要比这小得多。

2. 红外光污染

近年来,随着红外光在军事、科研、工业、卫生等方面应用的日益广泛,由此产生了红外光污染。

3. 紫外光污染

波长为 220~320 nm 的紫外光对人具有伤害作用,轻者引起红斑反应,重者可导致弥漫性或急性角膜结膜炎、眼部灼烧、高度畏光、流泪和脸痉挛等症状。电焊、紫外线杀菌消毒等是紫外光污染的主要来源。

11.4.3　光污染的危害

(1)可见光危害。

自然光的主要部分就是可见光,也就是常说的七色光组合,其波长范围在 390~760 nm。当可见光的亮度过高或过低,对比度过强或过弱时,长期接触会引起视疲劳,影响身心健康,从而导致工作效率降低。

激光具有指向性好、能量集中、颜色纯正的特点,其光谱中大部分属于可见光的范围。但是由于激光具有高亮度和强度,会对眼睛产生巨大的伤害,严重时机体组织和神经系统也会有一定程度的破坏。所以在激光使用的过程中要特别注意避免激光污染。

来自于建筑的玻璃幕墙,建筑装饰(高级光面瓷砖、光面涂料)的杂散光也是可见光污染的一部分,由于这些物质的反射系数比一般较暗建筑表面和粗糙表面的建筑反射系数大 10 倍。所以当阳光照射在上面时,就会被反射过来,对人眼产生刺激。此外来源于夜间照明的灯光通过直射或者反射进入住户内的杂散光,其光强可能超过人夜晚休息时能承受的范围,人的睡眠质量也会因此而受到影响,人点着灯睡觉不舒服就是这个原因。

在可见光的污染中过度的城市照明对天文观测的影响受到人们的普遍重视,国际天文学联合会就将光污染列为影响天文学工作的现代四大污染之一。各种光污染直接作用于观测系统的结果是观测的数据变得模糊甚至做出错误的判断。

(2)红外线危害。

太阳是自然界中的红外线主要的来源,生活环境中的红外线来源于加热金属、熔融玻璃等生产过程。物体的温度越高,其辐射波长越短,发射的热量就越高。人体受到红外线辐射时会在体内产生热量,造成高温伤害。此外,红外线还会对人的眼睛造成损伤,波长在 750～1300 nm 时会损伤眼底视网膜,超过 1900 nm 时就会灼伤角膜,长期暴露于红外线下可引起白内障。

(3)紫外线危害。

自然界中的紫外线来自于太阳辐射,而人工紫外线是由电弧和气体放电所产生。紫外线辐射的波长范围在 10～390 nm 的电磁波。长期缺乏紫外线辐射对人体不利。比如儿童佝偻病发生最主要的原因就是维生素 D 缺乏症和由于 P 和 Ga 的新陈代谢紊乱所致。但过量的紫外线将使人的免疫系统受到抑制,各种疾病也会因此而得以产生。当波长范围在 220～320 nm 时,会导致眼睛结膜炎的出现及白内障的发生,皮肤表面产生水泡和皮肤表面的损伤,类似一度或者二度烧伤。此外,当紫外线作用于大气的污染物 HC 和 NO_x 时,就会发生光化学反应产生光化学烟雾,也会对人体健康造成间接危害。

11.4.4　光污染的防治

(1)光污染防治法律法规亟须制定。

世界范围内的光污染研究与防护仍有很大发展空间,而光污染的认定缺乏相应法律和可供参考的环境标准。

(2)建立和健全监管机制。

认真做好防止光污染的监督与管理工作。为此有关城市建设、环保和城市照明建设管理部分要建立起相应的制度,制定相应的管理和监控办法,做好照明工程的光污染审查、鉴定和验收工作,在达到建设城市照明的同时,也使光污染得到了有效减少,使建设夜景、保护夜空双达标。

(3)与治理技术相结合。

在技术治理方面以下技术措施是不错的选择:一是尽量不用大面积的玻璃幕墙采光,减少污染源。二是多建绿地,扩大绿地面积,实施绿化工程,改平面绿化为立体绿化,大力植树种草,将反射光改为漫反射,从而达到防治光污染的目的。三是限定夜景照明的时间,改造已有照明装置,研究新型绿色建筑材料和灯具。四是采用新型照明技术,采用节能效果好的照明器材。五是灯光照明设计时,合理选择光源、灯具和布灯方案,尽量使用光束发散角度小的灯具,并在灯具上采取加遮光罩或隔片的措施,将防治光污染的规定、措施和技术指标落实到工程上、生活中,严格限制光污染的产生。

(4)提高公众防治光污染的意识。

人们缺乏对光污染的深刻认识是光污染产生的主要根源,提倡大力宣传夜景照明产生的光污染的危害,提高人们防治光污染的意识,让人们意识到光污染问题,不再扩大光污染。并应引起有关部门工作人员的重视,对那些正在计划建设城市照明的城市务必在计划时就考虑防治光污染问题。同时对已有光污染的城市,应立即采取措施,控制光污染的源头。

(5)注重个人防护。

对于个人来说要增加环保意识,注意个人保健。个人如果不能避免长期处于光污染的工作环境中,应该考虑到防止光污染的问题,采用个人防护措施。光污染的防护眼镜有反射型防护镜、吸收型防护镜、反射-吸收型防护镜、爆炸型防护镜、光化学反应型防护镜、光电型防护镜、变色微晶玻璃型防护镜等类型。对已出现症状的患者应定期去医院眼科作检查,及时发现病情,以防为主,防治结合。

11.5 热污染与防治

11.5.1 热污染概述

热污染是指日益现代化的工农业生产和人类生活中排放出的废热所造成的环境污染。热污染多发生在城市、工厂、火电站、原子能电站等人口稠密和能源消耗大的地区。当前世界各国能源消费正在不断地增加,由此而引起的热污染问题也越来越严重,对地球上的生物将会产生直接或潜在的威胁,其长期效应尚待进一步研究,但从环境保护的角度来看,可以说当前已处在一个热污染时代。

近一个世纪,特别是 20 世纪 50 年代以来,由于社会生产力的发展,消耗了大量的能源,在能源消费和转换过程中,不仅产生直接危害人类的污染物,而且还产生对人体无直接危害的 CO_2、水蒸气、热废水等。这些对环境产生增温作用,使全球气候逐渐趋于变暖。像这种因能源消费而引起环境增温效应的污染,称为热污染(达到损害环境质量的程度)。

随着人口的增长、耗能量的增加,被排入大气的热量日益增多。近一个世纪以来,地球大气中的二氧化碳不断增加,使得温室效应加剧,全球气候变暖,大量冰川积雪融化,海水水位上升,一些原本十分炎热的城市,也变得更热。其中,城市的热岛效应是人们关注度最高的一个问题。

火力发电厂、核电站、钢铁厂的循环冷却系统排出的热水以及石油、化工、铸造、造纸等工业排出的主要废水中均含有大量废热,排入地表水体后,导致地表水温度急剧升高,就造成了水体热污染。一般以煤为燃料的火电站通常只有 40% 的热能转变为电能,剩余的热能则随冷却水带走或排入大气。与一般的火电站比起来,核电站需用的冷却水量要多 50% 以上。

11.5.2 热污染的危害

1.水体热污染危害

(1)使水体溶解氧含量降低。

水温升高可引起水中氧气逸出,水体中溶解氧含量就会有一定程度的降低;同时,水生生物的代谢和底泥中有机物的生物降解过程加快而加速氧耗,造成水中溶解氧缺乏,使水质恶化。

(2)影响水生生物生长。

水体增温使水中的溶解氧减少,水体处于缺氧状态,同时又使水生生物代谢增高而需要更多溶解氧,造成一些水生生物在高温作用下发育受阻或死亡,引发鱼类等水生动植物死亡,破坏水体生态平衡,渔业的正常生产也会受到一定影响。

(3)加剧水体富营养化。

水体增温对富营养化的影响表现在两个方面:其一是增温可增加水体中的氮、磷含量。研究表明,增温可以促进有机物的分解过程,使水体中无机盐浓度增高;同时增温又使水体中溶解氧下降,使底泥处于厌氧状态,而厌氧条件下底泥中氮磷的释放速度又会有一定程度的加快。其二是增温可改变浮游植物群落组成,使喜温的蓝藻、绿藻种类增加。这些种类是水体富营养化藻类的主要成分;同时,增温也使浮游植物繁殖加快,数量和生物量明显增加,进一步加剧水体的富营养化程度。

(4)降低冷却效率,造成资源浪费。

对于电厂来说,电厂的热机效率和发电的煤耗和油耗会因水温的升高而受到影响。因此,含热废水引起水体增温,导致冷却效率下降,不仅影响了热机效率,还增加了对煤、油、水等资源的消耗,造成极大的资源浪费。

2.大气热污染的危害

(1)全球气候变暖。

大量 CO_2 等温室气体的排放,更多的热量通过温室效应保留在大气中,使地球大气的平均温度增加,全球气候变暖。大气温度的升高,在使大气环流发生改变的同时,使大气正常的热量输送受到影响,导致旱涝等极端气候事件出现的可能性增加;同时,持续的升温,使南北两极的冰层大量融化,无数动物因此失去赖以生存的栖息地。

(2)产生城市"热岛"效应。

城市的快速发展,越来越多的城市地表被建筑物、混凝土和柏油覆盖,绿地和水面减少,使蒸发减弱。同时,工厂、汽车、空调、家庭炉灶和饭店等排热机器释放出大量废热进入大气,造成了城市中心区的温度明显高于城市郊区。据统计,大城市市中心和郊区温差在5℃以上,中等城市在4℃～5℃,小城市约为3℃。尤其像我国南京、重庆、武汉等城市的市内外温差有时高达7℃～8℃。

(3)影响农业生产。

钢铁厂、化工厂和造纸厂等工业生产及居民生活向大气排放的大量废热气或热水,使地面、水面等下垫面增温,形成逆温,导致地面上升气流减弱,阻碍云雨形成,造成局部地区干旱少雨,植物的正常生长就会受到影响。

(4)危害人体健康。

热污染导致空气温度升高,为蚊子、苍蝇、跳蚤以及病原体、微生物等提供了较好的滋生条件及传播机制,致病病毒或细菌的耐热性也在一定程度上有所增加,造成疟疾、登革热、血吸虫、流脑等传染病的流行,特别是以蚊虫为媒介的传染病激增。

11.5.3　热污染的防治

能源未能被最有效、最合理地利用是造成热污染的关键因素。随着现代工业的发展和人口的不断增长,环境热污染将日趋严重。专家呼吁应该采取行之有效的热污染防治措施。

(1)限制热排放。

人们尚没有用一个量值来规定其污染程度,科学家呼吁应尽快制定环境热污染的控制标准。与此同时,完全限制热排放是不可能的,但废热排放的减少还是可以实现的。废热是一种宝贵的资源,如通过技术创新(热管、热泵等),可以把过去放弃的低品位的废热变成新能源;用电站温热水进行水产养殖,放养热带鱼类;冬季用温热水灌溉农田使之更适宜农作物的生长;利用发电站的热废水在冬季供家庭取暖等。

(2)开发新能源。

从长远来看,现在应用的矿物能源终将会被已开发和利用的或将要开发和利用的无污染或少污染的能源所代替。这些无污染或少污染的能源有太阳能、风力能、海洋能及地热能等。充分发挥新能源技术,对节约矿物能源、控制环境热污染意义重大。

(3)城市及区域绿化。

城市绿地是城市中的主要自然因素,大力发展城市绿化是减轻热岛影响的关键措施。绿地能吸收太阳辐射,而所吸收的辐射能量又有大部分用于植物蒸腾耗热和在光合作用中转化为化学能,用于增加环境温度的热量大大减少。绿地中的园林植物,通过蒸腾作用,不断地从环境中吸收热量,降低环境空气的温度。此外,园林植物能够滞留空气中的粉尘,也使大气升温有所限制。

(4)提高热能利用率。

目前,所用热力装置的热能利用率一般都比较低,将热直接转换为电能可使热污染得以有效减少,把高效率的热电厂和聚变反应堆联合运行,热能利用率可能高达96%,这种效率的提高可以有效地控制热污染。

(5)冷却。

电力等工业系统的温排水主要来自工艺系统中的冷却水,可以通过冷却的方法使温排水降温,降温后的冷却水可以回到工业冷却系统中重新使用。冷却塔为使用频率比较高的冷却设备。在塔内,喷淋的温水与空气对流运动,通过散热和部分蒸发达到冷却的目的。应用冷却方法,既节约了水资源,又可不向或少向水体排放温热水。

第 12 章　环境规划与环境管理

12.1　环境规划

12.1.1　环境规划概述

环境规划是实行环境目标管理的基本依据和准绳,是环境保护战略和政策的具体体现,也是国民经济和社会发展规划体系的重要组成部分,它在环境管理体系中有着举足轻重的作用。编制和实施环境规划对于人与环境、经济与环境的关系,保证国家长治久安、可持续发展都具有深远的意义。

1.环境规划的概念

环境规划是指为使环境与社会经济协调发展,把"社会—经济—环境"作为一个复合生态系统,依据社会经济规律、生态规律和地学原理,研究其发展变化趋势在此基础上对人类自身活动和环境所做的时间和空间的合理安排。环境规划的定义规定了环境规划的目的、内容和科学性的要求。

2.环境规划的特点

环境规划具有以下特点。

(1)综合性。

环境规划的理论基础是"生态经济学"与"人类生态学",牵扯到了环境化学、环境物理学、环境生物学、环境工程、环境系统工程、环境经济和环境法学等学科。

经济系统与环境系统是环境规划需要从中协调的。经济系统和环境系统都是一个庞大的系统,包括地球物理系统、自然生态系统及社会经济系统。这三个系统之间有物质、能量和信息流动,紧密地联系在一起。这三个系统又各自分为若干个子系统,如地球物理系统可分为大气系统、水环境系统、土壤植被系统、人工建筑物系统等。当然,大气系统、水环境系统还可再分为若干子系统。

(2)涉及面广。

环境规划涉及的问题很多,且范围也比较广。这是由环境问题的复杂性所决定的。

(3)地区性。

各种类型的环境规划的地区差异都非常明显。这是因为各地区的自然环境背景、社会经济状况及发展水平不同,环境管理水平、各地区的主要环境问题也不相同。

(4)长期性。

从时间上看,环境规划要考虑的更长远些,生态系统的变化有些要 20 年、30 年、50 年甚至更长时间才能暴露出来引起人们的重视。微量有机物污染引起异常变异,有的要经过好几代人才能看清其严重性。

(5)预测难。

环境规划过程是指环境预测、决策、规划、执行及检查调整等各阶段。具有实际意义的环境规划的做出要以科学的环境预测为基础。特别是对过去在经济社会活动与环境质量之间的变化关系和变化规律方面还掌握得很少,而今后随着新技术革命的发展又会出现很多新的因素,这些因素会给环境带来什么样的影响、发生什么样的变化更是所知甚少。

3.环境规划的类型

常见的分类方法有:

(1)从范围和层次划分。

可分为国家环境规划、区域环境规划和部门环境规划。

(2)从性质上划分。

可分为生态规划、污染综合防治规划及专题规划。生态规划是考虑国家或区域的经济发展既能够符合生态规律,又能够促进和保证经济发展,不致使当地的生态系统遭到破坏。通常将沙漠治理规划、植树造林规划、珍贵物种资源规划都称为生态规划。污染综合防治规划也称为污染控制规划,是当前我国环境规划的重点,如海河、淮河、辽河、滇池流域水污染防治"十五"规划等。其可分为区域污染综合防治规划和专业污染综合防治规划两种。而专业污染综合防治规划又可分为工业系统污染综合防治规划、农业污染综合防治规划、商业污染综合防治规划和企业污染防治规划等。工业系统防治规划还可以按行业再分为化工污染防治规划、石油工业污染防治规划、轻工业污染综合防治规划、冶金工业污染防治规划等。为某种事业发展需要而作的环境规划称为专题环境规划,常见的专题环境规划有自然保护规划、环境科学技术发展规划等。

4.环境规划的作用

环境规划要符合可持续发展战略的要求:即在考虑环境问题的时候还要兼顾经济社会问题,并在经济社会发展中求得解决,求得经济社会与环境的协调发展。协调发展的重要手段就是环境规划。

12.1.2 环境规划的基本方法

不同类型的环境规划具体实现方法也各不相同。最优化方法是环境系统分析常用的环境规划技术,也是环境规划普遍采用的方法。

1.系统分析方法

以下几个方面均包含在系统分析方法中:

(1)系统目标。

系统目标是进行环境规划的目的,也是系统分析、模型化和环境规划的出发点。系统目标往往不止一个。如做河流水质规划时,规划目标可以有两个:①使河流水质满足给定的水质目标;②使达到河流水质目标污染控制费用为最小。

(2)费用和效益。

一个系统的建设需要投入大量的费用,系统运行后,又要一定的运行费用,同时可以获得一定的效益。我们可以把费用和效益都折合成人民币的形式,以此作为对替代方案进行评价的标准之一。

(3)模型。

模型是描述实体系统的映象。根据需要建立的模型,可以用来预测各种替代方案的性能、费用和效益,对各种替代方案进行分析、比较,最后有效地求得系统设计的最佳参数。总之,系统分析方法重要一环就是模型的建立。

(4)替代方案。

对于具有连续型控制变量的系统,意味着需要有替代方案作为支撑,建立的数学模型中就包含无穷多个替代方案。求解过程即是方案的分析和比较过程。

(5)最佳方案。

我们通过对系统的分析给出若干个替代方案,然后对这些方案进行分析、比较,找出最佳方案。可见,最佳方案是通过替代方案的分析、比较得出满足环境目标的方案,整个系统设计的输出就是最佳方案。

2. 环境规划决策方法

环境规划是环境决策在时间和空间上的具体安排,规划过程也是环境规划的决策过程。由于环境系统的复杂性,决策者主观认识的局限性,环境决策难免出现失误,为了及时做出科学的环境规划,几种常用的环境规划决策方法如下所示。

(1)线性规划。

线性规划是数学规划中理论完整、方法成熟、应用广泛的一个分支。它可以用来解决科学研究、活动安排、经济规划、环境规划、经营管理等许多方面提出的大量问题。现在,线性规划方法在环境管理问题中使用的越来越多。线性规划模型是一种最优化的模型。它可以用于求解非常大的问题,可以有包含上千个变量和约束包含在该模型中。这个特性为解决一些复杂的环境管理决策提供了重要的方法和手段。标准线性规划数学模型包括有目标函数、约束条件和非负条件。线性规划问题可能有各种不同表现形式。如目标函数有的要求实现最大化,有的要求最小化,约束条件可以是"≤"形式的不等式,也可以是"≥"形式的不等式,还可以是等式。一旦一个线性规划模型被明确表达,就能迅速而容易地通过计算机求解。

(2)动态规划。

线性规划模型虽然应用方便,但其限制条件非常严格,即数学模型是线性的或转化成线性的,而动态规划模型对线性或非线性模型都能运用,对不连续的变量和函数,动态模型也能求解。动态规划是运筹学的一个分支,它是解决多阶段决策最优化的一种方法。动态规划与线性规划最显著的区别在于,线性规划模型都可以用同一有效的方法——单纯形法求解,而每个动态规划模型没有统一的求解方法,必须根据每一个模型的特点加以处理。

(3)投入产出分析法。

投入产出分析法,是研究现代活动的一种方法。这项技术是经济学家列昂捷夫在 20 世纪 30 年代的一项研究成果,他曾利用这种方法编制了美国经济投入产出表,其他许多国家对其的关注度非常高,也纷纷编制经济投入产出表,我国也于 70 年代开始编制第一个国民经济投入产出表。投入产出用于一个经济系统时,它能阐明该地区内各工业部门所有生产环节间的互相关系。环境中的物质进入生产过程,生产过程中产生的废弃物排入环境。通过建立它们之间的投入产出模型与污染物传播模型,就可以分析废弃物在环境中的扩散,研究它们对环境质量的影响,达到可以协调经济和环境目标的目的,得出可行性的结论。

(4)多目标规划。

在环境管理规划中,大量的问题可以被描述为一个多目标决策问题。因为在进行环境污染控制规划时,不只是要满足某种环境标准,而往往是要提出一连串的目标,这些目标既有先后缓急之分,彼此间又可能是相互矛盾的。例如对一个区域的水资源和水污染控制系统进行综合规划时,这一区域的水污染控制不仅应考虑有效的综合治理手段,还必须同时考虑水资源的合理分配,满足用水需要及保护水资源、节约能源和尽可能降低污染治理费用等问题。这些目标之间虽然相互联系、影响和制约,但对其的度量是没有办法使用一个共同尺度的。因此,一个污染控制规划就必须在代表不同利益的社会集团之间进行协调,并且在最终决策中还反映出了最终决策的偏好。多目标规划为解决这类问题提供了理论和方法。在一系列的非劣解中寻求一个最满意的解。

(5)整数规划。

在一些环境问题中,非整数的决策变量值意义不大。在线性规划中,若要求变量只能取整数值的限制,这类规划问题就称作整数线性规划,简称整数规划。

12.2　环境管理

12.2.1　环境管理概述

1.环境管理的发展

早在20世纪40年代,管理工程就着手开展对工业生产的环境条件进行相关研究,包括车间的污染物控制、环境质量调节,以及在什么环境条件下能保证生产人员出勤率高和生产效率高等问题。20世纪50年代以后,环境保护的主要内容就是污染控制,例如"三废"治理与噪声控制,而环境保护的目的主要是保护人体健康。这只不过是比管理工程所涉及的范围扩大了,由工业环境(车间、厂区)扩大到人类的整个生活环境(主要是城市环境),其实质并没有多大的变化,也可以说这个时期的环境保护只不过是把劳动保护、工业卫生的要求和内容扩大到整个的人类生活环境。

环境科学是在20世纪60年代末、70年代初出现的。它第一次具体地揭示了人类社会活动与人类生存环境的对立统一关系。人类为了生存发展,就要不断地开发利用环境资源,但这种开发利用活动又会消耗环境资源、降低其质量,人类的生存和发展会因这种变化而发生影响。为了避免人类社会活动可能产生的不良后果,人类就要研究、采取措施:一是保证资源的合理开发利用,保持环境的生产能力和恢复能力;二是保证环境质量不断地改善,以适于人类的生活和劳动。

由此看出,全面环境管理不能只限于控制污染,也不是只为保证人体健康和提高工作效率,其中心问题是要掌握"人—环境"系统的发生、发展规律,协调人类社会活动与环境的关系,找出经济发展的限度、方式和布局方案,使发展经济与保护、改善环境的要求统一起来。从这种意义上说,环境管理的基本职能就是预测和决策。

2.环境管理的概念

狭义的环境管理指采取各种措施控制污染的行为。广义的环境管理指国家采用行政、经济、法律、科学技术、教育等多种手段,对各种影响环境的活动进行规划、调整和监督,以协调经济发展与环境保护的关系,规范人的行为,防治环境污染和破坏,维护生态平衡,使人与自然界和谐。

3.环境管理的基本理论

物质生产理论、人口生产理论和环境生产理论为环境管理的基本理论的三大生产理论。

物质生产指人类从环境中索取生产资源并接受人口生产环节产生的消费再生物,并将它们转化为生活资料的总过程。该过程生产出生活资料去满足人类的物质需求,同时产生加工废弃物返回环境。

人口生产指人类生存和繁衍的总过程。该过程消费物质生产提供的生活资料和环境生产提供的生活资源,产生人力资源以支持物质生产和环境生产,同时产生消费废弃物返回环境,产生消费再生物返回物资生产环节。

环境生产指在自然力和人力共同作用下环境对其自然结构、功能和状态的维持与改善,包括消纳污染(加工废弃物、消费废弃物)和产生资源(生活资源、生产资源)。

以上三种生产的关系呈环状结构,世界系统的持续运行会因任何一种"生产"不畅而受到不好的影响;反过来可以说,人和环境这个大系统中物质流动的畅通程度取决于三种生产之间的和谐程度。

环境管理的目的是把人类社会涉及的三种生产运行的行为协同起来,把三个生产子系统自身的利益追求与世界系统物流畅通的要求协调起来。

4.环境管理的分类

立足于管理的范围、属性及环境保护部门的工作领域,环境管理可以分为以下几类:

①从环境管理的范围可划分为流域环境管理、区域环境管理、行业环境管理、部门环境管理。

②从环境管理的属性可划分为资源环境管理、质量环境管理、技术环境管理。

③从环境保护部门的工作领域可划分为计划环境管理、建设项目环境管理、环境监督管理。

5.环境管理的重要性

环境管理工作的预测,就是在对环境过程都比较了解的基础上,预测人类社会活动可能造成的环境影响,远期的不良影响是尤其需要注意的。根据对以往发展情况的调查研究,确定相应的模型,进行发展预测,假定不同的增长趋势,进行各种方案预测的比较分析,并提出增长极限与平衡发展的理论,作为决策的依据。罗马俱乐部的学术界人士提出分析预测五个方面的因素,即人口、粮食、资源(包括能源)、工业发展、环境污染等。现在通常把资源、发展、人口、环境作为四个紧密相连的重要问题,作为一个系统进行分析预测。人口是问题的中心,人类的生产和环境是矛盾的两个方面,而矛盾的主要方面是人类的生产和消费活动。要通过分析预测,找出人口增长与发展的限度,以保证环境资源的质量不会下降,生态系统不会遭到破坏,也就是保证总的环境决策不会失误。

目前,有些预测形式已逐渐被确定下来,并列入了环境保护法,例如发展计划环境影响评价,大型开发工程环境影响评价,改建、扩建工程环境影响评价,生产工艺和产品环境影响说明书等。预测为决策服务,要彻底摆脱环境保护工作中的被动局面,正确的环境决策是必须要保证的。可根据环境影响评价(预测)进行分析、比较,在此基础上做出最后的决策。

12.2.2　环境管理的技术保障

1.环境标准

我国环境标准体系如图 12-1 所示。

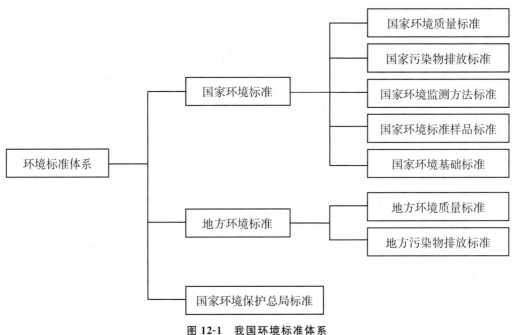

图 12-1　我国环境标准体系

(1)环境标准的概念

环境标准是环境管理目标和效果的表示,是国家环境政策中环境保护规划在技术方面的具体体现,是环境保护行政主管部门依法行政的依据。环境标准推动了环境科技进步,实现了环境管理由定性转成定量,是环境管理工作的一个重要工具和手段,是环境管理的基础。

环境标准是有关保护环境、控制环境污染与破坏的各种具有法律效力的标准的总称。环境标准作为国家环境保护法律体系的重要组成,是一种法规性的技术指标和准则。科学合理的环境标准可以促进经济和环境的协调发展,提高人类生活质量和健康水平,并为制定区域发展载荷量提供数据支撑。

（2）环境标准的类型

根据《中华人民共和国环境保护标准管理办法》，我国的环境标准分 3 大级别 6 小类。其中，环境基础和环境方法标准只有国家级标准。

1）环境质量标准

环境质量标准是为了保护人类健康，维持生态良性平衡和保障社会物质财富，并考虑技术条件，对环境中有害物质和因素所做的限制性规定。它是环境管理和评价环境质量的依据，也是制定污染物排放标准（或污染控制标准）的基础（不同国家、地区采用的标准可以是不相同的）。

2）污染物排放标准（或污染控制标准）

污染物排放标准的目的是通过控制污染源排污量的途径来实现环境质量标准或环境目标，污染物排放标准按污染物形态分为气态、液态、固态以及物理性污染物（如噪声）排放标准。

污染物排放标准按适用范围分为通用排放标准和行业排放标准。

通用排放标准是规定一定范围（全国或一个区域）内普遍存在或危害较大的各种污染物的容许排放量，一般适用于各个行业。有的通用排放标准按不同排向（如水污染物按排入下水道、河流、湖泊、海域）分别规定容许排放量。

行业排放标准是按不同生产工序规定污染物容许排放量，如钢铁工业的废水排放标准可按炼焦、烧结、炼铁、炼钢、酸洗等工序分别规定废水中 pH 值、悬浮物总量和油等的容许排放量。行业的污染物排放标准规定某一行业所排放的各种污染物的容许排放量，只对该行业有约束力。因此，同一污染物在不同行业中的容许排放量可能不同。

3）环境方法标准

环境方法标准是在环境保护工作中以试验、检查、分析、抽样、统计计算为对象制定的标准。

4）环境基础标准

环境基础标准在环境标准化工作范围内。

5）环境样品标准

环境标准样品是在环境保护中，用来标定仪器、验证测量方法、进行量值传递或质量控制的材料或物质。环境标准样品标准是对这类材料或物质必须达到的要求所做的规定。

2．环境监测

（1）环境监测的概念

环境管理的目的是运用经济、法律、技术、教育等手段，使经济和环境保护得到协调发展，它的最基本职能和最大权利就是监督。环境监测在环境监督管理中占有重要地位，它是认识环境、了解和监视环境现状，评价环境质量的手段。掌握了某一地区或某一污染源的监测数据，就可以及时了解某一地区的环境质量变化的动态，或了解某一污染源污染物的排放状况。同时，了解贯彻执行国家和地方各级政府有关环境保护的政策、法律、规定、标准等情况时，也只有根据监测所获得的数据和资料，才能进行综合分析和评价。尤其是那些有数量限制的法规，离开了环境监测，将无法进行监督。因此，环境监测又能为环境管理决策、立法、执法提供依据，实现环境管理的科学化。

具体地说，环境监测是在某时段内，采用各种手段间断或连续的对表征环境状况的因子进行测量,确定环境状况优劣及其变化趋势的过程。环境监测所采取的手段是把分析化学的科学方法应用于环境监测过程。对环境质量的有害物质进行定性、定量地描述,反映环境污染的空间特性和时间特性,它是环境管理工作的一个重要工具和手段。

(2)环境监测的分类

1)按监测目的分类

①监视性监测又称例行监测或常规监测。监视性监测是监测工作的主体,是监测环境中已知有害污染物的变化趋势,建立各种监测网,如大气污染监测网、水体污染监测网,累积监测数据,据此确定一个城市、省、区域、国家,甚至全球的污染状况及其发展趋势。这是监测工作中工作量最大、涉及面最广的工作,是环境监测水平的标志。

这类监测包括如下两个方面。

污染源监测:掌握污染物浓度、负荷总量、时空变化规律。

环境质量监测:定期定点对城市大气、水质、噪声、固体废物等各项环境质量状况的监测。

②特定目的的监测又称为特例或应急监测。特定目的监测有多有少,是第二位的工作。这类监测的内容、形式很多,除一般的地面固定监测外,还有流动监测和低空航测。

根据特定的目可分为以下 4 种。

污染事故监测:如核动力事故发生时受到放射性物质危害的空间;油船石油溢出污染的范围;工业污染源意外事故造成的影响等。

仲裁监测:如目前我国的排污收费仲裁的监测,处理污染事故纠纷时向司法部门提供的仲裁监测等。

考核验证监测:包括人员考核、方法验证和污染治理项目竣工时的验收监测。

咨询服务监测:建设新企业应进行环境影响评价,需要按评价要求进行监测。

③研究性监测又称科研监测。研究性监测是针对特定目的科学研究而进行的高层次的监测。这些研究课题很多。例如,环境本底的监测及研究、研究污染物自污染源排出后其迁移、转化的规律,以及污染物对人体及物体的危害性质和影响程度;研究探索污染物迁移、扩散影响的范围;寻求企业排污与生产的内在联系;研究环境标准相监测方法及企业环境监测技术连续自动化等。

2)按监测介质对象分类

可分为水质监测、空气监测、土壤监测、固体废物监测、生物监测、噪声和振动监测、电磁辐射监测、放射性监测、热监测、光监测、卫生(病原体、病毒、寄生虫等)监测等。

3)按监测的专业部门进行分类

可分为气象监测(气象部门)、卫生监测(卫生部门)、资源监测(资源管理部门)等。

实际中,为了便于管理,一般以监测目的进行分类。

12.2.3 环境评价

(1)环境评价的概念

环境评价也称环境质量评价,是环境科学的一个分支学科,也是环境保护中的一项重要的工作。环境评价一般指对一切可能引起环境质量变异的人类社会行为(包括政策、法令、规划、经济建设在内的一切活动)产生的环境影响,从保护和建设环境角度按照一定的标准和评价方法评估环境质量的优劣,给予定性和定量的说明与描述,预测环境质量的发展趋势和评价人类活动的环境影响。广义上说,环境评价是对环境系统的结构、状态、质量、功能的现状进行分析,对可能发生的变化进行预测,对其与社会、经济发展活动的协调性进行定性或定量的评定。

(2)环境评价的分类

环境是复杂的巨系统,环境评价的分类方法很多,可以按照以下方法分类:

1)按照评价参数分类

按照参数的选择,可分为卫生学评价、生态学评价、污染物(化学污染物、生物学污染物)评价、物理学(声学、光学、电磁学、热力学等)评价、地质学评价、经济学评价、美学评价等。

2)按照环境要素分类

按照评价所涉及的环境要素,可以将环境评价分为综合评价和单要素评价,其中,综合评价包括环境涉及区域所有的重要环境要素。

3)按照评价区域分类

按照行政区划或者自然地理区域划分,按照行政区域进行环境评价易于获取监测数据等原始资料,也有利于环境评价提出的措施和建议的采纳;按照自然地理区域进行环境评价有利于揭示污染物的迁移转化规律。

4)按照评价时间分类

根据评价的时间不同,可分为 3 类:依据某一区域某一历史阶段的环境质量的历史变化的评价,称为回顾性评价;根据近期的环境资料对某一区域环境质量的现状评价,称为现状评价,现状评价是区域环境综合整治和区域环境规划的基础;对重要决策或开发活动可能对环境产生的物理性、化学性或生物性的作用,及其造成的环境变化和对人类健康和福利的可能影响,进行系统的分析和评估,并提出减免这些影响的对策和措施,称为环境影响评价。建设项目环境影响评价工作程序如图 12-2 所示。

12.2.4　我国现行的环境管理制度

环境管理制度属于环境管理对策与措施的范畴,从强化管理的角度确定了环境保护实践应遵循的准则和一系列可以操作的具体实施办法,是关于污染防治和生态保护与管理的规范化指导,是一类程序性、规范性、可操作性、实践性很强的管理对策与措施,是国家环境保护的法律、法规、方针和政策的具体体现。

我国现行的环境管理制度是从探索我国环境保护工作的规律和方法出发,以有计划地控制环境污染、生态破坏和实现环境战略为目标,随着我国环境保护工作的深化而逐步产生的。我国现行的环境管理制度体系如图 12-3 所示。

1.现行环境管理制度

从 1973 年我国环境保护事业起步至今,我国在环境保护的实践中,不断探索和总结,逐步形成了一套能够为优化环境管理提供有效保障的环境管理制度。从最早提出的"三同时"、环境影响评价和排污收费等老三项管理制度,到后来的环境保护目标责任制、城市环境综合整治定量考核、排污许可证制度、污染物集中控制和限期治理等新五项环境管理制度,以及后来又在环境保护的实践中形成了污染事故报告制度、现场检查制度、排污申报制度、环境信访制度和环境保护举报制度,目前,我国的环境管理制度已经远不是单项制度的"构件"的简单堆砌,而是一个由新老制度构成的有机整体。

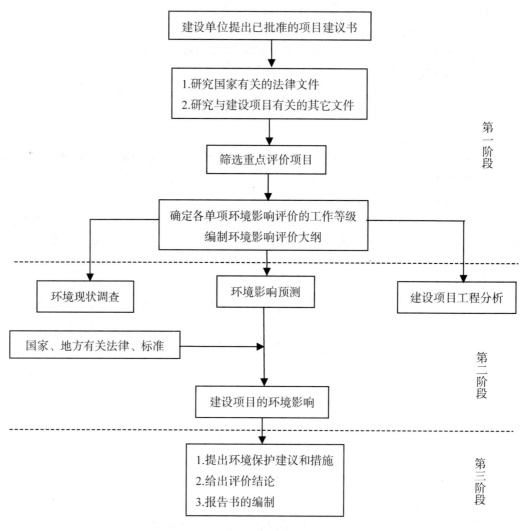

图 12-2 建设项目环境影响评价工作程序

2."三同时"制度

"三同时"制度,是指新建、改建、扩建项目和技术改造项目及区域性开发建设项目的污染治理设施必须与主体工程同时设计、同时施工、同时投产的制度,它与环境影响评价制度相辅相成,是防止新污染和破坏的两大法宝,是我国"预防为主"方针的具体化、制度化。

"三同时"制度要求首次在 1972 年国务院批转的《国家计委、国家建委关于官厅水库污染情况和解决意见的报告》中提出,该报告指出"工厂建设和三废综合利用工程要同时设计、同时施工、同时投产"。1973 年《关于保护和改善环境的若干规定》中首次提出:一切新建、改建和扩建的企业必须执行"三同时"制度。正在建设的企业没有采取污染防治措施的必须补上,各级环保部门要参与审计设计和竣工验收。1979 年《中华人民共和国环境保护法（试行）》以法律形式对"三同时"作了明确的规定，为"三同时"制度的实施提供了法律保证。1981 年 5 月由国家计委、国家建委、国家经委、国务院环境保护领导小组联合下达的《基本建设项目环境保护管理办法》，把"三同时"制度具体化，并纳入基本建设程序。1986 年在《基本建设项目环境保护管理办法》的基础上，国家环境保护委员会、国家计委、国家经委联合发布了《建设项目环境保护管理办法》，对"三同时"制度从内容到管理程序、各部门之间的职责都做出了明确的规定；1998 年，为了适应环境保护事业的发展，国务院 1986 年《建设项目环境保护管理办法》的基础上，补充、修改、完善颁发了《建设项目环境保护管理条例》，其中有关"三同时"制度的规定如下：

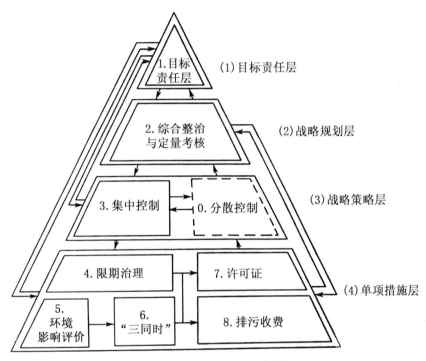

图 12-3　现行的环境管理制度体系

（1）建设项目的设计阶段

建设项目的设计阶段，应对建设项目建成后可能造成的环境影响进行简要的说明，在可行性研究报告中，应有环境保护的专门论述。初步设计中必须有环境保护篇章。

（2）建设项目的施工阶段

建设项目施工阶段，环境保护设施必须与主体工程同时施工。建设项目在施工过程中，环境保护部门可以进行现场检查，建设单位应提供必要的资料。

（3）建设项目正式投产或使用前

建设项目正式投产或使用前，建设单位必须向负责审批的环境保护部门提交《环境保护设施竣工验收报告》，说明环境保护设施运行的情况，治理的效果，达到标准的经过环境保护部门验收合格并发给《环境保护设施验收合格证》，方可正式投入生产或者使用。

（4）各有关部门的职责

环境保护部门对建设项目的环境保护实施统一的监督管理，负责对初步设计中的环境保护篇章的审查及建设施工的检查,负责对建设保护设施的竣工验收,负责对环境保护设施运转和使用情况的检查监督。

(5)对违反"三同时"制度规定的处罚

违反"三同时"制度规定的,对建设单位及其单位负责人处于罚款。建设项目的环境保护设施未经过验收或验收不合格而强行投入生产或使用的,要追究单位和有关人员的责任。

3.排污收费制度

排污收费制度是指国家环境保护行政主管部门依据环境法,对向环境排放污染物以及向环境排放污染物超过国家或地方污染物排放标准的排污者,按照污染物的种类、数量和浓度,根据排污收费标准,征收一定的污染治理或环境破坏恢复费用的法律制度。

1978年10月,国务院环境保护领导小组的《环境保护工作汇报要点》中首次提出在我国实行排污收费制度。1979年《中华人民共和国环境保护法(试行)》对排污收费做了法律规定。1982年国务院发布的《征收排污费暂行办法》则是我国一个排污收费的单项法规。2002年1月国务院第54次常务会议通过《排污费使用管理条例(国务院令(第369号))》,对污染物排放种类数量的核定、排污费的征收、排污费的使用及处罚等方面进行规定。

4.排放污染物许可证制度

环境保护部早在1986年就开始进行排放水污染物许可证制度的试点工作。第三次全国环境保护工作会议后,按照国务院《进一步加强环境保护工作的决定》中关于"逐步推行污染物排放总量控制和排污许可证制度"的要求,在水污染物许可证试点工作的基础上,于1991年又确定在上海、天津、太原、广州、沈阳等16个城市进行排放大气污染物许可证制度试点工作。随着"九五"以来全国主要污染物排放总量控制计划的实施,排污许可证制度的重要性日益突出。

5.污染物总量控制制度

污染物总量控制制度是国家对一定时间、一定区域内排放单位排放污染物的总量进行控制的一项法律制度。污染物总量控制框图如图12-4所示。

图12-4　污染物总量控制框图

6.城市环境综合整治定量考核制度

(1)城市环境综合整治定量考核制度的确立

城市是人口高度集中的区域,而且工业发达,人类活动强度大,因此是我国环境破坏最为严重的区域,也是我国环境保护工作的重点。中国城市环境保护经历了三个阶段:第一阶段是工业污染的点源末端治理阶段(1973—1978 年);第二阶段是区域污染的综合防治阶段(1979—1983 年);第三阶段是城市环境综合整治阶段(1984 年至今)。

城市环境综合整治是把城市环境作为一个系统整体,以城市生态学理论为指导,以发挥城市综合功能和整体最佳效益为前提,采用系统工程的理论和方法,采用多功能、多目标、多层次的综合战略、手段和措施,对城市环境进行综合规划、综合管理和综合控制,以最小的投入换取城市环境质量的最优化,解决复杂的城市环境问题,实现城市的可持续发展。城市环境综合整治的目的在于解决城市环境污染问题,从而提高城市环境质量,使城市环境更适合于居住。城市环境综合整治定量考核工作是实行地方政府环保目标责任制的重要组成部分。考核对象是各城市人民政府,考核重点是城市环境质量、环境基础设施建设、污染防治工作和公众对环境的满意率等。通过城市环境综合整治定量考核工作,提高城市环境管理水平,改善城市环境质量,促进城市可持续发展。基本做法是:①结合城市基础设施建设,改善城市环境面貌;②依靠科技进步,减少工业污染;③实行集中治理城市重点污染源;④以大企业为骨干,进行产业集聚,集中治理污染;⑤充分利用自然净化能力和环境容量。

基于此,1988 年,国务院环境保护委员会发布《关于城市环境综合整治定量考核的决定》,指出环境综合整治是城市政府的一项重要职责,规定城市环境综合整治定量考核工作自 1989 年 1 月 1 日起实施。1990 年,国务院发布的《关于进一步加强环境保护工作的决定》明确规定:省、自治区、直辖市人民政府环境保护部门对本辖区的城市环境综合整治工作进行定量考核,每年公布结果。直辖市、省会城市和重点风景游览城市的环境综合整治定量考核结果由国家环保局核定后公布。至此,城市环境综合整治定量考核作为我国城市环境管理的一项制度确立下来,并在全国广泛实施。

(2)城市环境综合整治定量考核制度的内容

自 1989 年开展城市环境综合整治定量考核以来,考核指标基本包括环境质量、污染控制、环境建设及环境管理四个方面。随着城市环境综合整治工作的不断深入,考核指标也不断地进行调整,指标设置与调整的原则主要是:第一,代表性。各项指标分别反映城市环境质量、污染控制、环境建设、环境管理,从而使整个指标能够概括反映城市环境综合整治的工作成效。第二,可比性。指标设置尽可能照顾到不同性质、不同地域、不同规模和不同发展水平城市间的差异,使之具有可比性,做到纵向可比,横向也相对可比。第三,可行性。考核指标要具备实施的基本条件,特别是经济、技术可行,而且经过努力可能达到或逐步提高。第四,可靠性。考核指标与相关部门的工作指标尽可能保持一致,测算可以通过正常的管理渠道认证,从理论和实践上保障指标值的可靠性。第五,可分解性。考核指标的内容能按实施操作的需要进行分解,便于实现各级管理部门的落实。经过多年的实践,城市环境综合整治的指标确定在不断调整中更加趋于完善。

(3)城市环境综合整治定量考核制度的意义

①促进了城市政府对环境保护工作的高度重视。由于定量考核的对象是城市政府,通过

开展城考工作,提高了城市政府领导开展城市环境综合整治的自觉性,把环境保护工作摆上了重要议事日程。

②环保投入力度加大,促进了城市环境建设,提高了城市防治污染的能力。通过城市环境综合整治定量考核,加大了环境保护投入力度,"十五"期间,全国环保投资累计突破 7000 亿元,环境保护投入占 GDP 的比重逐年上升,加强了城市污水排放管网、污水处理厂、垃圾填埋厂等城市环境保护设施的建设水平,提高了环境自净能力,促进了环境质量的改善。

③加强了统一监督管理,提高了环境管理的水平。通过城市环境综合整治定量考核工作,建立了"在城市政府统一领导下,各部门分工负责,广大群众积极参与,环保部门统一监督管理"和"制订规划,分散落实,监督检查,考核评比"的运行机制,调动了市民参与环境保护工作的积极性,提高了企业决策者的环境意识,尤其是考核由定性向定量的转变,使环境管理工作操作性更强,大大地提高了管理的效率。

④城市环境质量明显改善。通过城市环境综合整治定量考核,使全国城市环境质量从整体上趋于好转,部分城市的环境质量有明显改善,一大批环境保护模范城市涌现出来。现在城市环境已经成为全民关注的、与民生息息相关的重点和热点问题。

7. 污染集中控制

(1)污染集中控制

中国的环境保护实践证明,环境污染的治理,必须以改善环境质量为目的,以提高经济效益为原则。长期以来,我国的环境保护工作过分强调单个污染源的治理,追求处理率与达标率。在这一方面投入了大量的资金;另一方面整体效益不高,对改善区域的环境质量效果并不明显。基于此,与单个点源的控制相对应,污染物集中控制制度在环境管理中出现并发展起来。

污染集中控制是指在一个地区里,集中力量解决最主要的环境问题,而不是分散解决每个污染源。概括来说,就是要以改善流域、区域的环境质量为目的,依据污染防治规划,按照废水、废气、固体废物等污染源的性质、种类和所处的地理位置,以集中处理为主,用尽可能小的投入获取尽可能大的环境、经济和社会效益。

(2)污染集中控制的作用

①污染集中控制在污染防治战略和投资策略上带来了重大转变,能够根据区域的污染特点,集中力量有针对性地控制主要的污染源。有利于调动各方面的积极性,把人力、物力和财力集中起来,重点解决最敏感或者最严重的环境污染问题。

②污染集中控制有利于采用新技术、新工艺、新设备等综合治理措施,对污染物进行治理,尤其是有利于废物的综合利用,从而提高了污染控制的效果并促进了资源再生利用。

③污染集中控制,降低了治污的成本,减少了投入,提高了污染治理设施的运行效率,解决了某些企业由于资金、技术和管理等方面的困难而难以承担污染治理的问题,在很大程度上避免了偷排现象。

(3)实施污染集中控制的保障措施

为了有效地推行污染集中控制制度,必须有一系列的有效措施加以保障。

①污染集中控制是以城市环境的整体效益最佳为目的的,然而城市各部门、各行业、各企

业间的条块分割,是城市环境问题的实质,同时也阻碍了污染的集中控制,因此协调各部门、各行业、各企业之间的关系,使它们之间信息流通,实现物质资源的循环再生利用,废物集中控制,从根本上解决环境污染问题。那么协调工作责无旁贷地应由地方政府来承担,其协调作用能否有效发挥将成为城市污染控制能否有效实施的关键。

②污染集中控制是一项复杂的系统工程,必须以科学的规划为前提,才能保证污染集中控制有效地实施。因为每一个项目的实施,都涉及土地利用、自然环境的影响等多个因素之间的关系,只有科学合理的规划与布局,才能保证集中控制的整体效益最好。

③污染集中控制必须有大量的资金投入作为保障。污染集中治理设施建设的一次性投资比较大,必须多方筹措资金,建立相应的经济激励机制,实行"污染者付费",使排污者和受益者承担必要的责任,或者从城市建设资金中支出。

④污染集中控制,不能取代分散治理,尤其是对于一些危害严重、不易集中治理的污染源,以及一些排污大户或者远离城镇的企业,应以单独点源治理为重点。

(4)污染集中治理的形式

①废水污染集中控制制度。有 4 种形式:一是以大企业为骨干,利用不同水质的特点,实行企业联合集中治理;二是同种类的工厂联合治理,如造纸行业、食品加工业、石油化工业等,都可以通过产业集聚,集中处理废水;三是对特殊废水集中处理,如电镀废水;四是工厂只对废水进行预处理,然后排入城市污水处理厂进行处理。

②废气污染集中控制制度。合理规划,调整产业结构和城市布局,特别是改善能源的利用方式。实行集中供热和工厂的余热利用,提高能源利用率,扩大绿地覆盖率,减少碳排放。

③有害固体废物集中利用,实行废物的综合利用。

8.限期治理污染制度

(1)限期治理的含义

限期治理是以污染源调查、评价为基础,以环境保护规划为依据,突出重点,分期分批对污染危害严重、群众反映强烈的污染物、污染源、污染区域采取的限定治理时间、治理内容及治理效果的强制性措施,是人民政府为了保护人民的利益对排污单位采取的法律手段。被限期的企事业单位必须依法完成限期治理任务。

限期治理不是指随便哪个污染源污染严重,就限期治理哪个污染源。限期治理是在经过科学地调查和评价污染源、污染物的性质、排放地点、排放状况、污染物迁移转化规律、对周围环境的影响等各种因素的基础上,在总体规划的指导下,由县级以上人民政府做出的决定。限期治理必然突出重点,分期分批解决污染危害严重、群众反映强烈的污染源和污染区域。同时凡是限期治理都要有限定时间、治理内容、限期对象、治理效果四个因素,四者缺一不可。限期治理决定是一种法律程序,具有法律效力。为了完成限期治理任务,限期治理项目应该按基本建设程序无条件地纳入本地区、本部门的年度固定资产投资计划之中,在资金、材料、设备等方面予以保证。

(2)限期治理的类型

1)区域性限期治理

指对污染严重的某一区域、某个水域的限期治理,如国家重点治理的三河(淮河、海河、辽河)、三湖(太湖、巢湖、滇池)、两区(酸雨、二氧化硫控制区)、一市(北京市)、一海(渤海)是限期治理的重点区域。这类治理整体效益好,可以直接促使区域环境质量改善。区域性限期治理的措施多样,包括点源治理、技术改造、调整工业布局、调整经济结构等综合性的治理措施。

2)行业性限期治理

指对某个行业性污染的限期治理,如对造纸行业制浆黑液污染的限期治理。行业性限期治理包括产品结构、原材料和能源结构、工艺和设备的调整和更新。

3)点源限期治理

指对污染严重的排放源进行限期治理,如对某企业、某个污染源、某个污染物的限期治理。如吉林市对吉林碳素厂沥青烟的限期治理,齐齐哈尔市对齐齐哈尔钢厂煤气发生炉酚氰的限期治理等。

(3)限期治理的重点

①污染危害严重、群众反映强烈的污染物和污染源,治理后能够在较大程度上改善环境质量、解决企业与群众矛盾、保障社会安定的项目。

②位于居民稠密区、水源保护区、风景游览区、自然保护区、温泉疗养区、城市上风向等环境敏感区,污染物排放超标、危害职工和居民健康的污染企业。

③区域或流域环境质量十分恶劣,可能影响到居民健康和经济发展的项目。

④污染范围较广、污染危害较大的行业污染项目。

⑤其他必须限期治理的污染企业,如有重大污染事故隐患的企业。

(4)限期治理程序

限期治理的工作程序包括三个阶段:

1)准备阶段

通过对人群和污染源的调查以及环境评价,并根据经济发展和环境保护规划,提出并确定限期治理的名单。

2)实施阶段

由政府下达限期治理的决定,并将限期治理项目纳入经济和社会发展计划,为限期治理项目提供资金和物资方面的保证。同时建立责任制,落实限期治理单位的环境保护责任。在实施过程中,环保部门对限期治理项目的实施进行监督检查。

3)验收阶段

限期治理单位在完成污染治理后,向环保部门提交竣工报告。之后由有关部门(包括限期治理单位的主管部门和环保部门)组织进行竣工验收。对未完成限期治理任务的单位,按有关法律法规进行处罚。

9.污染排放总量控制制度

长期以来,我国环境管理主要采取污染物排放浓度控制,浓度达标即视为合法。"总量控制"是相对于"浓度控制"而言的。浓度控制是指以控制污染源排放口排出污染物的浓度为核心的环境管理方法体系。其核心内容为国家环境污染物排放(主要是浓度排放)标准。我国的"排污收费"、"三同时"、"环境影响评价"等制度都是以浓度排放标准为主要评价标准的。近年来,国家适当提高了主要污染物排放浓度标准,但由于受技术经济条件的限制,单靠控制浓度达标,无法有效遏制环境污染的加剧,必须对污染物排放总量进行控制。

(1)总量控制的概念

污染物排放总量控制(简称总量控制)是将某一控制区域(如行政区、流域、环境功能区等)作为一个完整的系统,采取措施将排入这一区域的污染物总量控制在一定数量之内,以满足一定时段内该区域的环境质量要求。

总量控制首先是一种环境管理的思想,同时也是一种环境管理的手段,即为了使某一时空范围的环境质量达到一定的目标标准而控制一定时间该区域内排污单位污染物排放总量的环境管理手段。它包含了三个方面的内容:一是排放污染物的总量;二是排放污染物总量的地域范围;三是排放污染物的时间跨度。

(2)总量控制的类型

总量控制可以分为目标总量控制、容量总量控制和行业总量控制。

①目标总量控制是以排放限制为控制基点,从污染源可控性研究入手,进行总量控制负荷分配。目标总量控制的优点是:不需要过高的技术和复杂的研究过程,资金投入少;能充分利用现有的污染排放数据和环境状况数据;控制目标易确定,可节省决策过程的复杂性和交易成本;可以充分利用现有的政策和法规,容易获得各级政府的支持。但目标总量控制具有明显的缺点:在污染物排放量与环境质量未建立明确的关系前,不能明确污染物排放对环境造成的损害及其对人体的损害和带来的经济损失。所以,目标总量控制的"目标"实际上是不准确的,这意味着目标总量控制的整体失灵。

②容量总量控制是以环境质量标准为控制基点,从污染源可控性、环境目标可达性两方面进行总量控制负荷分配。容量总量控制是环境容量所允许的污染物排放总量控制,它从环境质量要求出发,在充分考虑环境自净的基础上,运用环境容量理论和环境质量模型,计算环境允许的纳污量,并据此确定污染物的允许排放量;通过技术经济可行性分析、优化分配污染负荷,确定出切实可行的总量控制方案。总量控制目标的真正实现必须以环境容量为依据,充分考虑污染物排放与环境质量目标间的输入响应关系,这也是容量总量控制的优点所在——将污染源的控制水平与环境质量直接联系。

③行业总量控制以能源、资源合理利用为控制基点,以最佳生产工艺和实用处理技术两方面为依据进行总量控制负荷分配。

我国目前的总量控制计划主要采用目标总量控制,同时辅以部分的容量总量控制。

(3)实施总量控制的污染物指标

我国实施总量控制的污染物指标根据以下三个原则确定:一是对环境危害大的、国家重点控制的主要污染物;二是环境监测和统计手段能够支持的;三是能够实施总量控制的。

目前国家将化学需氧量、二氧化硫、烟尘、工业粉尘、石油类、氰化物、砷、汞、铅、镉、六价铬、工业固体废物等 12 种主要污染物列为总量控制指标,有关部门正在开展环境容量总指标的设定和总量分配方法的科学研究。

12.2.4　环境保护法律法规

1.我国环境法律体系现状

环境法的体系是由各种环境法律规范所组成的相互联系的统一整体,它是国家法律体系的第二层次的部门法体系。我国环境法成为一个独立的法律部门并形成自己较为完备的体系，在时间上要比其他部门法晚一些。但是，由于它所调整的对象与社会关系十分广泛，因此，其立法的数量远远超过其他部门法，构成了一个庞大的二级部门法体系。目前，我国环境法体系大致由以下六个部分组成。

（1）宪法性规定

宪法中关于环境保护的规定是环境法体系的基础，是各种环境法律、法规、制度的立法依据。我国宪法中这类规定主要包括：国家环境保护职责、公民环境权利义务、环境保护的基本政策和原则。例如，我国宪法第 26 条规定"国家保护和改善生活环境和生态环境，防治污染和其他公害"；第 9 条规定"国家保障自然资源的合理利用，保护珍贵的动物和植物。禁止任何组织或个人用任何手段侵占或者破坏自然资源"；第 10 条规定"一切使用土地的组织和个人必须合理地利用土地"。

（2）综合性环境基本法

1989 年 12 月 26 日颁布实施的《中华人民共和国环境保护法》是我国环境保护的综合性基本法，该法对环境保护的重大问题做出了规定，如：规定了环境保护法的基本任务，环境保护的对象，环境保护的基本原则和要求，保护自然环境、防治环境污染的基本要求和相应的法律义务，环境管理机构对环境监督管理的权限、任务以及单位和个人保护环境的义务和法律责任等。

（3）环境与资源保护单行法

环境保护单行法是以宪法和环境保护基本法为依据，针对特定的保护对象或特定的污染防治对象而制定的单项法律法规。在效力层次上可分为法律、法规、部门规章、地方法规和规章。在内容上可分为以下几个组成部分：一是污染防治法，这类规定是在环境保护基本法之下的单行法，是传统的环境保护法中最重要的规范，在单行法中数量也最多，较重要的单行法包括《水污染防治法》、《大气污染防治法》、《环境噪声污染防治法》等；二是自然资源保护法，这类规定以保护某一环境要素为主要内容，也包括对自然资源管理和防治对该类自然资源污染和破坏的法律规范，比较重要的法律法规有《水法》、《土地管理法》、《渔业法》、《森林法》等；三是环境管理行政法规。这类法律规范主要是关于环境管理机构的设置、职权、行政管理程序和行政处罚程序等方面的规定。

（4）环境标准

传统意义上的环境标准主要指国内环境标准，是国家为了防治环境污染、保证环境质量、维护生态平衡、保护人群健康，在综合考虑国内自然环境特征、社会经济条件和现有科学技术的基础上，规定环境中污染物的允许含量和污染源排放物的数量、浓度、时间和速率及其他有关的技术规范。现代意义上的环境标准包括国内的和国家认可和推行的国际环境标准。这些环境标准是具有法律性的技术规范，是环境法中不可或缺的组成部分。

（5）其他部门法中的环境保护规范

由于环境保护的广泛性和复杂性，虽然专门的环境立法数目庞大，但仍然不能将涉及环境的所有社会关系纳入调整范围，而其他的部门法，如民法、刑法、行政法、经济法、劳动法、诉讼法等部门法中包含了关于环境保护的法律规范，可以从不同的角度对涉及环境的社会关系进行调整，因而丰富了环保法律法规的惩治与救济的内涵。这些法律规范也是我国环境法体系的组成部分。

（6）国际法中的环境保护规范

主要是指我国参加并已对我国生效的一般性国际条约中的环境保护规范和专门性国际环境保护条约中的环境保护规范，包括我国参加或缔结的有关环境资源保护的双边、多边协定和国际条约等。这些也是我国环境法体系的重要组成部分。

2.我国环境保护法律制度概要

（1）综合性环境保护法律制度

1）《环境保护法》

《中华人民共和国环境保护法》是我国环境保护的基本法，在环境体系中占有核心地位，它对环境保护的重大问题做出了全面的原则性规定，基本内容包括：

- 关于立法目的的规定；
- 关于环境保护监督管理体制的制定；
- 关于环境保护监督管理制度的制定；
- 关于保护和改善环境的具体措施的制定；
- 关于防治环境污染和其他公害的具体措施的规定；
- 关于法律责任的规定。

2）环境影响评价立法

我国的环境影响评价立法主要有《环境影响评价法》、《建设项目环境保护管理条例》、《规划环境影响评价条例》、《专项规划环境影响报告书审查办法》、《环境影响评价审查专家库管理办法》、《建设项目环境影响评价文件分级审批规定》、《环境影响评价公众参与暂行办法》等。基本内容包括：

- 关于环境影响评价对象与原则的规定；
- 关于规划环境影响评价的规定；
- 关于建设项目环境影响评价的规定；
- 关于法律责任的规定。

3）清洁生产立法

我国的清洁生产立法主要有《清洁生产促进法》、《清洁生产审核暂行办法》、《关于加快推行清洁生产的意见》、《国家环境保护总局关于贯彻落实（清洁生产促进法）的若干意见》等。其中，《清洁生产促进法》的基本内容包括：

- 关于清洁生产促进工作的监督管理体制的规定；
- 关于国家推行清洁生产的措施的规定；
- 关于清洁生产实施措施的规定；
- 关于实施清洁生产的鼓励措施的规定；
- 关于法律责任的规定。

4）循环经济立法

我国的循环经济立法主要有《循环经济促进法》、《再生资源回收管理办法》、《国务院关于加快发展循环经济的若干意见》、《废弃电器电子产品回收处理管理条例》等，基本内容包括：

- 关于循环经济促进工作管理体制的规定；
- 关于循环经济的基本管理制度的规定；
- 关于减量化、再利用和资源化的规定；
- 关于发展循环经济的激励措施的规定；
- 关于法律责任的规定。

（2）污染防治法律制度

1）大气污染防治立法

我国的大气污染防治立法主要有《大气污染防治法》、《城市烟尘控制区管理办法》、《关于发展民用型煤的暂行办法》、《汽车排气污染监督管理办法》等，基本内容包括：

- 关于国务院和地方各级人民政府防治大气污染职责的规定；
- 关于大气污染防治监督管理体制的规定；
- 关于排污单位的责任和公民权利义务的规定；
- 关于大气环境保护标准制定机关及其权限的规定；
- 关于通过合理的规划和布局防治大气污染的规定；
- 关于对严重污染大气环境的落后生产工艺和落后生产设备实行淘汰制度的规定；
- 关于大气污染防治监督管理制度的规定；
- 关于防治烟尘污染的规定；
- 关于防治废气、粉尘和恶臭污染的规定；
- 关于法律责任的规定。

2）水污染防治立法

我国的水污染防治立法主要有《水污染防治法》、《淮河流域水污染防治暂行条例》、《饮用水源保护区污染防治管理规定》等，基本内容包括：

- 关于水污染防治标准和规划的规定；
- 关于水污染防治监督管理体制与基本制度的规定；
- 关于水污染防治的一般措施以及工业水污染、城镇水污染、农业和农村水污染、船舶水污染防治措施的规定；
- 关于饮用水水源和其他特殊水体保护的规定；
- 关于水污染事故处置的规定；
- 关于法律责任的规定。

3）噪声污染防治立法

我国的噪声污染立法主要是《环境噪声污染防治法》，基本内容包括：

- 关于噪声污染监督管理体制的规定；
- 关于环境噪声标准的规定；
- 关于防治噪声污染的综合性制度和措施的规定；
- 关于工业噪声污染防治措施的规定；
- 关于建筑施工噪声污染防治措施的规定；
- 关于交通运输噪声污染防治措施的规定；
- 关于社会生活噪声污染防治措施的规定；

· 关于法律责任的规定。

4）固体废物污染防治立法

我国的固体废物污染防治立法主要是《固体废物污染环境防治法》，基本内容包括：

· 关于固体废物污染环境防治原则的规定；

· 关于固体废物污染环境防治监督管理体制的规定；

· 关于固体废物污染环境防治监督管理制度的规定；

· 关于工业固体废物污染环境防治措施的规定；

· 关于生活垃圾污染环境防治措施的规定；

· 关于危险废物污染环境防治的特别规定；

· 关于法律责任的规定。

5）有毒有害物质污染控制立法

环境立法中的有毒有害物质主要有化学品、农药和放射性物质。我国目前已经制定了《放射性物质污染防治法》，但尚无综合性的化学品污染控制法，也没有单行的农药控制法，只有一些相关的行政法规的行政规章，如《危险化学品安全管理条例》、《监控化学品管理条例》、《新化学物质环境管理办法》、《农药管理条例》等。

其中，放射性污染防治立法的基本内容包括：

· 关于放射性污染防治监督管理体制的规定；

· 关于放射性污染防治监督管理制度的规定；

· 关于核设施的放射性污染防治的规定；

· 关于核技术利用的放射性污染防治的规定；

· 关于铀（钍）矿和伴生放射性矿开发利用的放射性污染防治的规定；

· 关于放射性废物管理的规定；

· 关于法律责任的规定。

化学品污染控制立法的基本内容包括：

· 关于对化学危险品的生产、使用、储存、经营、运输、装卸等实行严格管理的规定；

· 关于对监控化学品实行特殊管理的规定；

· 关于对铬、镉、汞、砷、铅等严重污染环境的化学物质的生产和使用采取严格的污染防治措施的规定；

· 关于对化学品的进出口实行严格管理的规定。

农药污染控制立法的基本内容包括：

· 关于农药登记制度的规定；

· 关于对购买、运输和保管农药的规定；

· 关于农药使用范围的规定；

· 关于安全使用农药的规定。

6）海洋污染防治立法

我国的海洋污染防治立法主要有《海洋环境保护法》、《防止船舶污染海域管理条例》、《海洋石油勘探开发环境保护管理条例》、《海洋倾废管理条例》、《防治陆源污染物污染损害海洋环境管理条例》、《防治海岸工程建设项目污染损害海洋环境管理条例》等，基本内容包括：

　　·关于海洋环境保护管理体制的规定;

　　·关于防治海岸工程建设项目对海洋环境污染损害的规定;

　　·关于防止海洋石油勘探开发污染损害海洋环境的规定;

　　·关于防治陆源污染物污染损害海洋环境的规定;

　　·关于防止船舶污染海洋环境的规定;

　　·关于防止拆船污染海洋环境的规定;

　　·关于防止倾废污染海洋环境的规定;

　　·关于法律责任的规定。

　　(3)自然资源保护法律制度

　　1)土地资源立法

　　我国的土地资源立法主要有《土地管理办法》及其实施条例、《外商投资开发经营成片土地管理办法》、《水土保持法》及其实施条例、《土地复垦规定》、《基本农田保护条例》等,基本内容包括:

　　·关于全面规划与合理利用土地的规定;

　　·关于进行土地复垦、恢复土地功能的规定;

　　·关于严格用地审批程序、避免乱占和浪费土地的规定;

　　·关于建立基本农田保护区、严格控制占用耕地的规定;

　　·关于防止土壤污染的规定;

　　·关于防止水土流失、土壤沙化、盐渍化等土地破坏的规定;

　　·关于法律责任的规定。

　　2)矿产资源立法

　　我国的矿产资源立法主要有《矿产资源法》及其实施细则、《石油及天然气勘查、开采登记管理暂行办法》、《矿产资源补偿费征收管理规定》、《煤炭法》、《煤炭生产许可证管理办法》、《乡镇煤矿管理条例》等,基本内容包括:

　　·关于矿产资源所有权、探矿权和开采权的规定;

　　·关于矿产资源保护监督管理体制的规定;

　　·关于矿产资源保护监督管理制度的规定;

　　·关于矿产资源保护措施的规定;

　　·关于集体和个体采矿的规定;

　　·关于开采矿产资源活动中保护环境的规定;

　　·关于法律责任的规定。

　　3)水资源立法

　　我国的水资源立法主要有《水法》、《城市供水条例》、《取水许可和水资源费征收管理条例》、《河道管理规定》等,基本内容包括:

　　·关于水资源规划的规定;

　　·关于水资源开发利用的规定;

　　·关于水资源监督管理体制的规定;

　　·关于水资源、水域和水工程的保护的规定;

- 关于水资源配置和节约使用的规定；
- 关于水事纠纷处理与执法监督检查的规定；
- 关于法律责任的规定。

4）森林资源立法

我国的森林资源立法主要有《森林法》及其实施细则、《森林和野生动物类型自然保护区管理办法》、《退耕还林条例》、《森林防火条例》、《森林病虫害防治条例》、《森林采伐更新管理办法》、《城市绿化条例》等，基本内容包括：

- 关于森林权属的规定；
- 关于森林经营管理的规定；
- 关于森林监督管理体制的规定；
- 关于植树造林的规定；
- 关于森林采伐管理的规定；
- 关于法律责任的规定。

5）草原资源立法

我国的草原资源立法主要有《草原法》、《草原防火条例》等，基本内容包括：

- 关于草原所有权和使用权的规定；
- 关于草原规划的规定；
- 关于草原建设的规定；
- 关于合理利用草原的规定；
- 关于草原保护的规定；
- 关于草原建设、利用与保护的监督检查的规定；
- 关于法律责任的规定。

6）渔业资源立法

我国的渔业资源立法主要有《渔业法》及其实施细则、《水生野生动物保护实施条例》、《水生资源繁殖保护条例》等，基本内容包括：

- 关于渔业生产实行"以养殖为主,养殖、捕捞、加工并举,因地制宜,各有侧重"的方针的规定；
- 关于发展养殖业的规定；
- 关于规范捕捞业的规定；
- 关于渔业资源增殖和保护的规定；
- 关于渔业资源保护管理体制的规定；
- 关于法律责任的规定。

7）可再生能源立法

我国的生物多样性保护立法主要有《可再生能源法》、《可再生能源发展专项资金管理暂行办法》、《电网企业全额收购可再生能源电量监管办法》等，基本内容包括：

- 关于可再生能源资源调查与发展规划的规定；
- 关于可再生能源产业指导与技术支持的规定；
- 关于可再生能源推广与应用的规定；

· 关于可再生能源发电价格管理与费用分摊的规定;

· 关于促进可再生能源产业发展的经济激励措施与监督管理措施的规定;

· 关于法律责任的规定。

(4)生态保护法律制度

1)生物多样性保护立法

我国的生物多样性保护立法主要有《野生动物保护法》、《水生野生动物保护实施条例》、《陆生野生动物保护实施条例》、《水生资源繁殖保护条例》、《野生植物保护条例》、《野生药材资源保护管理条例》、《进出境动植物检疫法》、《植物检疫条例》等。

其中,野生植物保护立法的基本内容包括:

· 关于野生植物保护基本方针和综合性措施的规定;

· 关于野生植物保护的监督管理体制的规定;

· 关于野生植物保护的监督管理制度的规定;

· 关于通过建立自然保护区、控制野生植物的经营利用等措施保护野生植物生境的规定;

· 关于法律责任的规定。

野生动物保护立法的基本内容包括:

· 关于野生动物资源属于国家所有的规定;

· 关于保护野生动物生境的规定;

· 关于保护野生动物的监督管理体制的规定;

· 关于单位、个人保护野生动物的权利、义务的规定;

· 关于对珍贵、濒危野生动物实行重点保护的规定;

· 关于控制对野生动物的猎捕的规定;

· 关于鼓励驯养野生动物的规定;

· 关于对野生动物及其制品的经营利用和进出口活动实行严格管理的规定;

· 关于法律责任的规定。

动植物检疫立法的基本内容包括:

· 关于动植物检疫管理体制的规定;

· 关于动植物检疫范围的规定;

· 关于检疫对象和划定检疫区的规定;

· 关于防治检疫对象传人措施的规定;

· 关于对检疫不合格动植物处理办法的规定;

· 关于法律责任的规定。

2)水土保持和荒漠化防治立法

我国的水土保持和荒漠化防治立法主要有《防沙治沙法》、《水土保持法》及其实施条例。此外,《环境保护法》、《土地管理法》、《农业法》、《水法》、《森林法》、《草原法》等法规中也有相应规定。基本内容包括:

· 关于水土保持工作实行"预防为主,全面规划,综合防治,因地制宜,加强管理,注重效益"的方针的规定;

· 关于水土保持管理制度的规定;

・关于开展和鼓励有利于水土保持的活动的规定；

・关于禁止可能造成水土流失和荒漠化的某些活动的规定；

・关于修建铁路、公路、水利工程,开办大中型企业以及从事林业活动等可能造成水土流失的活动者采取水土保持措施的规定；

・关于法律责任的规定。

3)自然保护区立法

我国的自然保护区立法主要有《自然保护区条例》、《自然保护区土地管理办法》、《森林和野生动物类型自然保护区管理办法》等,基本内容包括：

・关于自然保护区管理体制的规定；

・关于自然保护区分级的规定；

・关于建立自然保护区的条件和程序的规定；

・关于自然保护区分区的规定；

・关于自然保护区管理措施及其开发利用的规定；

・关于法律责任的规定。

4)风景名胜区和文化遗迹地保护立法

我国的风景名胜区和文化遗迹地保护立法主要有《文物保护法》及其实施细则、《地质遗迹保护管理规定》、《风景名胜区条例》等。此外,《环境保护法》、《矿产资源法》、《城乡规划法》等法规中也有相应规定。基本内容包括：

・关于制定规划、全面保护的规定；

・关于划分风景名胜区和文物保护单位的级别、确定历史文化名城并对其实行重点保护的规定；

・关于风景名胜区管理机构、管理体制的规定；

・关于禁止侵占风景名胜区的土地及从事破坏环境景观的建设活动的规定；

・关于采取划定建设控制地带、限制文化遗迹地内工程建设、控制文化遗址的迁移、拆除、改作他用等措施保护文化遗迹地的规定；

・关于法律责任的规定。

3.我国环境标准体系

(1)概述

环境标准是为了保护人群健康、防治环境污染、促进生态良性循环,同时又合理利用资源、促进经济发展以获取最佳的环境效益和经济效益,依据环境保护法和相关政策,对环境和污染物排放源中有害因素规定的限量阈值及其配套措施所做的统一规定。环境标准是政策、法规的具体体现。

国家的环境政策是制定环境标准的依据。环境标准是制定环境规划、计划的重要手段,是科学管理环境的技术基础,也是执行环境法规的基本保证。具体来讲,环境标准的作用主要体现在:环境标准是制定环境保护规划和计划的依据,是环境保护的手段,也是环境保护的目标;环境标准是评价环境质量和环境保护工作成果的准绳;环境标准是环境执法部分执法的依据;环境标准是组织现代化生产的重要手段和条件,通过环境标准的实施,可以使资源和能源得到充分的利用,实现清洁生产。

环境标准是随着环境污染和环境科学的发展而产生和发展的。我国环境标准的形成和发展大体上经历了三个阶段:

1)萌芽阶段

新中国成立到1973年。这一阶段,我国制定的环境标准基本上都是以保护人体健康为目的的局部性环境卫生标准。如《工业企业设计暂行卫生标准》(1956年)、《生活饮用水卫生规范》(1959年)等,这些标准对城市规划、工业企业设计和卫生监督的环境保护工作起到了指导和促进作用。

2)发展阶段

1973—1979年。这是我国环境保护史上具有特殊意义的一段时期。1973年,召开了第一次全国环境保护会议,确定了"全面规划、合理布局、综合利用、化害为利、依靠群众、大家动手、保护环境、造福人类"的环境保护工作方针。1979年颁布了《中华人民共和国环境保护法》,标志着我国环境保护工作开始走向法制的轨道。这一阶段,在修订一些标准的同时,制定了一批新的标准,如《放射防护规定》、《工业"三废"排放试行标准》等。

3)完善阶段

1979年至今。随着改革开放和经济建设的飞速发展,我国一方面对原有的环境标准进行修订、充实和完善,另一方面,相继颁布了一系列新的环境标准。主要有:将《大气环境质量标准》修改后更名为《环境空气质量标准》,修订了《地面水环境质量标准》,颁布了《污水综合排放标准》、《大气污染综合排放标准》等。

(2)环境标准的制订原则

环境标准体现了一个国家环境管理的水平,也体现了一个国家的技术经济政策。环境标准的制订应综合考虑现实性和科学性的统一,才能达到既保护环境,又促进经济技术发展的目的。制订环境标准主要遵循以下几条原则。

1)保护人体健康和生态系统免遭破坏

保护人体健康和生态系统是环境保护工作的出发点和最终目的,因此,制订环境标准时,首先要调查环境中污染物质的种类、含量及对人体和环境的危害程度等环境基准资料,并以此作为依据,制订出相应的环境标准。

2)综合考虑科学性和技术性的统一

环境标准的制订,既要与经济发展和技术水平相适应,也不能以牺牲人体健康和生态环境为代价,过分迁就经济、技术水平。即既要技术先进,也要经济合理。

3)考虑地域差异性

我国地域辽阔,不同地区生态系统的差异性决定了各地的环境容量、环境自净能力的差异性。在制订环境标准,尤其是制订地方环境标准时,要充分利用这种差异性,因地制宜制订出合理的环境标准。

4)考虑与相关标准、制度的配套性

环境标准要与收费标准、国际标准等相关标准、制度相互协调,才能贯彻执行。

5)与国际接轨

环境标准要逐步与国际接轨,这对提高环境质量、强化环境管理工作具有重要意义。

（3）环境标准的分类

环境标准可以按照不同方法进行分类。

1）根据性质分类

根据性质分类，我国的环境标准可以分为：环境质量标准、污染物排放标准、环境基础标准和污染方法标准、污染警报标准，详细情况见表 12-1。

表 12-1　我国环境标准根据性质分类

种类	目的	作用	依据	分类	形式
环境质量标准	保护人体健康和正常生活环境	为环保管理部门的工作和监督提供依据	环境质量基准及技术经济条件	空气、水、土壤等	环境中污染物浓度
污染物排放标准	保证环境质量标准的实现，控制排放	直接控制污染源，便于设计规划	环境质量标准及技术经济条件	废气、废水、废渣	污染物排放浓度或质量排放率
环境基础标准和污染方法标准	促进排放标准的实施、控制排放	直接控制污染源，便于设计规划	污染物排放标准或环境质量标准	燃料、原料、净化设备、排气筒、卫生防护带等	含硫量、净化效率、烟囱高度、防护带、距离等
污染警报标准	防止污染事故的发生、减少损害	便于环保部门和社会公众采取必要行动	环境质量标准	警戒、警告、危险、紧急	环境中污染物浓度

2）根据使用范围分类

我国环境标准按照其使用的范围分为国家环境标准和地方环境标准两级。环境质量标准和污染物排放标准既有国家标准，也有地方标准，而环境基础标准和环境方法标准只有国家标准。

国家环境标准是在全国范围（或特定地区）内统一的环境保护技术要求；地方环境标准是根据当地的环境功能、污染状况和地理、气候、生态特点，并结合经济、技术条件，在省、自治区、直辖市范围（或特定地区）内统一的环境保护计划要求。地方标准的主要作用是：①根据地方特点，对国家标准中没有的项目给予规定；②地方标准比国家标准严格，对国家标准进行完善和补充。

（4）环境标准物质

环境样品基体复杂、污染物质浓度低、待测组分浓度范围广、稳定性差，与单一组分的样品有显著差异。因此，常用的相对分析方法中采用的单一组分的标准溶液将带来较大的误差。为了解决这种由于基体效应而产生的误差，从 20 世纪 70 年代开始，美、日等发达国家开始研制环境标准物质。环境标准物质是指基体组成复杂，与环境样品组成接近，具有良好的均匀性、稳定性和长期保存性，能以足够准确的方法测定，组分含量已知的物质。环境标准物质的作用主要体现在以下四点。

①标准物质作为组成和含量已知的样品，可用作实验室之间和实验室内部的监测质量

控制；

②由于组成相似,环境标准物质作为环境监测的标准,可以消除基体效应；

③环境标准物质可以用于校正分析仪器、评价监测方法的准确性和精密度；

④环境标准物质可以用于检验新方法的可靠性。

目前国际上有代表性的环境标准物质有国际标准化组织的"有证参考物质"、以美国国家标准局的"标准参考物质"为代表的发达国家标准物质等。我国目前已有气体、水和固体的多种环境标准物质。我国国家标准局规定以 BM 作为国家标准物质的代号,分为国家一级标准物质和部颁二级标准物质,已有的环境标准物质包括标准水样、固体标准物质和标准气体等。国家一级标准物质需要具备以下条件：

①应具有国家统一编号的标准物质证书；

②定值的准确度应具有国内最高水平；

③用绝对测量法或两种以上不同原理的准确、可靠的测量方法进行定值；

④稳定时间应在一年以上；

⑤应保证其均匀度在定值的精确度范围内；

⑥应具有规定的合格的包装形式。

参考文献

[1]成岳.环境科学概论[M].上海:华东理工大学出版社,2012.

[2]陈立民,吴人坚,戴星翼.环境学原理[M].北京:科学出版社,2003.

[3]李洪枚.环境学[M].北京:知识产权出版社,2011.

[4]樊芷芸,黎松强.环境学概论[M].2版.北京:中国纺织出版社,2004.

[5]何强等.环境学导论[M].3版.北京:清华大学出版社,2004.

[6]刘克峰,张颖.环境学导论[M].北京:中国林业出版社,2012.

[7]莫祥银.环境科学概论[M].北京:化学工业出版社,2013.

[8]黄慧.环境科学导论[M].武汉:武汉理工大学出版社,2014.

[9]崔灵周,王传花,肖继波.环境科学导论[M].北京:化学工业出版社,2014.

[10]胡筱敏.环境科学概论[M].武汉:华中科技大学出版社,2010.

[11]杨永杰.环境科学基础[M].北京:化学工业出版社,2002.

[12]吴彩斌,雷恒毅,宁平.环境学概论[M].北京:中国环境科学出版社,2005.

[13]曲向荣.环境科学概论[M].北京:北京大学出版社,2009.

[14]陈英旭.环境学[M].北京:中国环境科学出版社,2001.

[15]刘培桐等.环境学概论[M].北京:高等教育出版社,1995.

[16]仝川.环境科学概论[M].北京:科学出版社,2010.

[17]何康林.环境科学导论[M].徐州:中国矿业大学出版社,2005.

[18]刘震炎,张维竞等.环境与能源科学导论[M].北京:科学出版社,2005.

[19]左玉辉.环境学[M].北京:高等教育出版社,2002.

[20]文博,魏双燕等.环境保护概论[M].北京:中国电力出版社,2007.

[21](英)伯恩,(英)琼斯著,张明,张帆译.环境科学[M].上海:上海科学技术出版社,2012.

[22]方淑荣.环境科学概论[M].北京:清华大学出版社,2011.

[23]卢昌义.现代环境科学概论[M].厦门:厦门大学出版社,2014.

[24]王岩,陈宜俍.环境科学概论[M].北京:化学工业出版社,2003.